现代导航技术

孙 蕊 编著

科学出版社

北 京

内 容 简 介

现代导航技术被广泛应用于航空、航天、航海、导弹制导等领域,是衡量一个国家科技水平与军事实力的标志之一,具有巨大的发展潜力和应用前景。

本书介绍了全球导航卫星系统(GNSS)、完好性监测技术、惯性导航系统(INS)、基于性能的导航(PBN)等的基础知识、主要技术及相应原理。

本书可作为空中交通管理、交通信息工程及控制、飞行技术等专业的高年级本科生和研究生教材,同时也可供民航相关领域的技术人员、研发人员和航空爱好者参考。

图书在版编目(CIP)数据

现代导航技术/孙蕊编著. —北京:科学出版社,2020.11
ISBN 978-7-03-066630-7

Ⅰ.①现… Ⅱ.①孙… Ⅲ.①航空导航 Ⅳ.①V249.3

中国版本图书馆 CIP 数据核字(2020)第 214204 号

责任编辑:许 健 / 责任校对:谭宏宇
责任印制:黄晓鸣 / 封面设计:殷 靓

科 学 出 版 社 出版
北京东黄城根北街 16 号
邮政编码:100717
http://www.sciencep.com

南京展望文化发展有限公司排版

苏州市越洋印刷有限公司印刷
科学出版社发行 各地新华书店经销

*

2020 年 11 月第 一 版 开本:787×1092 1/16
2020 年 11 月第一次印刷 印张:14 1/4
字数:330 000
定价:60.00 元
(如有印装质量问题,我社负责调换)

前 言

现代导航技术是现代民用航空从业人员必须掌握的基本理论、基本技能和方法。它涵盖卫星导航定位原理、惯性导航系统、组合导航技术、基于性能的导航以及相关规范与程序设计等。

随着卫星导航技术的推广应用,民用航空导航系统从传统的陆基导航向星基导航转变。围绕卫星导航发展的现代导航新技术为国际民航飞行安全的不断提升提供了技术支撑。现代导航技术对现代科技的进步和社会经济的发展起着巨大的推动作用,并且在军事上也得到广泛的应用,必将对未来世界产生广阔而深远的影响。

当下,现代导航技术在航天、航空、航海、导弹制导等领域已得到广泛应用,是衡量一个国家科技水平与军事实力的标志之一,为充分发挥民用航空器的性能优势、保障飞行安全、提高经济效益,从民用航空器的飞行员、操纵人员到管理人员,都应在整个运行流程中恰当操控、正确管理,以保证航空器安全、高效作业。

本书以卫星导航定位技术为中心,详细介绍了全球导航卫星系统(GNSS)、完好性监测技术、惯性导航系统(INS)、基于性能的导航(PBN)等的基础知识、主要技术及相应原理。本书在确保理论概念无误的基础上,广泛吸收了与现代导航技术相关的理论、技术与成果,同时结合飞行技术、交通信息工程及控制、空中交通管理等专业的教学经验,合理编排教学内容、知识层次,清晰地阐明了所涉及的基本概念与基本方法,力求帮助读者掌握现代导航的基本技术与方法,构建完整的知识框架,提升读者发现问题、分析问题和解决问题的能力。

全书共分为五章,第一章简要介绍了导航技术概论、发展历史及相关应用;第二章为卫星导航定位技术,介绍了全球定位系统(GPS)、格洛纳斯(GLONASS)、伽利略(Galileo)、北斗(BeiDou)等全球卫星导航系统,并以 GPS 为例详细展开;第三章主要介绍了完好性监测需求及各类完好性监测手段;第四章介绍了惯性导航系统及其误差分析与初始对准和组合导航系统;第五章介绍了基于性能的导航、导航规范、PBN 程序设计及应用实例。

本书主要供空中交通管理、交通信息工程及控制、飞行技术等专业高年级本科生和研究生使用,对民航相关领域技术岗位的在职人员、研发人员和航空爱好者也具有一定的参考价值。

鉴于现代导航技术和方法仍处于不断发展前进之中,限于时间、水平和资料的更新进度,本书难免存在不足之处,恳请读者批评指正。

孙 蕊

2020 年 6 月

目 录

iii

第一章 导 航 概 论

1.1 导航技术概念

人们在日常出行中都会不同程度地进行着某种形式的导航。在古代,人们利用太阳、北极星和指南针确定方向,或利用特定的建筑物和地理特征(如山峰、河流、湖泊等)来确定位置的行为就是导航。随着人类社会的发展,人们活动区域不断扩大,无论是在浩瀚的海洋上还是在茫茫的沙漠中,甚至是浩渺的外太空都印上了人类的足迹,人们离开了自己熟悉的土地后,能否实现有效的导航并顺利到达目的地,就显得非常重要。

导航是确定运动载体速度、方位、姿态并记录、规划、控制其行为路径的技术[1]。导航学是航空航天、通信与电子、计算机和大地测量等学科交叉的产物,并逐渐成为一门具有独特研究对象的学科,有一套比较完整的理论和技术体系。随着科学技术的发展和进步,其内涵和外延不断丰富和发展,是一门有广阔发展前景和应用需求的新兴学科。

导航的基本任务包括:

(1)引导运载体进入并沿预定航线航行;

(2)引导运载体在夜间和各种气象条件下安全着陆或进港;

(3)为运载体准确、安全地完成航行任务提供所需要的其他导引及情报咨询服务;

(4)确定运载体当前所处的位置及其航行参数。

能够完成上述导航任务的系统就称为导航系统。

要理解导航,首先了解什么是定位。定位是确定载体的空间位置,而不包括速度和姿态。许多导航系统,严格地讲是定位系统,但工作时频率足够高,可以根据位置变化率推导出速度。因此,把利用某一种技术确定空间目标在一个给定参考下的绝对或相对位置的过程称为定位。

导航的定义至今世界上各国各学派有不同的说辞,学界并没有关于导航的普遍认同的严格定义。有的囿于陈旧的导航概念使定义无现代含义,有的却把导航的领域扩大到导航领域范围外的其他领域。有学者认为用普通导航时代以前的导航定义包含不了现代导航的某些概念,但是用现代导航设备的全部功能来给导航定义,却又超出了导航本身真正的含义。尽管随着科学技术的发展,导航系统中的某些设备很可能完成导航以外的许多功能,甚至能与其他类(如通信、武器装备、管理等)联系起来,但导航的定义也不该无限地包含这些概念。

《简明牛津词典》将导航定义为:"通过几何学、天文学、天线电信号等任何手段确定或规划船舶、飞机的位置及航线的方法。"这里包含了两个概念:① 确定运动物体相对已知参考系的位置和速度;② 由一个地方到另一地方航线的规划与保持,采用最有效的方法并以规定的所需导航性能,引导运载体航行的过程[引导运动载体按一定航线从一个地点(出发点)到另一个地点(目的地)的过程],回避障碍并避免碰撞,有时也称为导航方法,针对不同的运动载体也可称为制导、领航或航线规划。

本书将导航定义为:利用几何、天文、无线电信号、特征匹配等方法中的一种或几种方法的组合,确定移动载体的位置、速度和姿态并规划其航路的技术。导航过程中需要用来完成导航任务的参数称为导航参数,这些参数包括运载体的位置、速度、姿态(角度)等,其中最重要的参数是运载体的位置。

导航是一种广义的动态定位,所需最基本的导航参数为运载体的航向、航速和航迹。它的基本作用是引导飞机、船舰、车辆等(总的称作运载体)和个人,沿着所选定的路线,安全准时地到达目的地。能够提供运载体运动状态,完成引导任务的设备被称为导航定位系统。按照导航的定义,导航由两个部分构成:

(1) 定位;

(2) 引导。

导航要回答的三个基本问题:

(1) 我现在在哪儿?

(2) 我要去哪儿?

(3) 我如何去?

确定我在哪儿是定位,引导我如何去目的地的过程就是导航,在此过程中需要实时地进行定位。

1.2 导航技术发展历史

导航的历史比人类文明史还要长。早在定居文明出现之前,游猎时代的人类就经常要在迁徙中寻路,并因此发现了位置不变的北极星,并认识到靠南的一面树枝比较茂密。自从人类出现最初的政治、经济和军事活动以来,便有对导航的需求。远古时期的人类在狩猎或寻找猎物时,在夜晚行进中需要依靠星空辨识方向,因此天文学成了人类研究最早的科学,天文导航也就成为人类最早的导航系统之一。天文导航也是古丝绸之路的导航系统。当人类的经济与军事活动还较简单时,因为只要在前进方向上不出现错误,便可以到达目的地,所以人们主要依赖的、同时也最为需要的导航信息就是方向。随着人类运输和交通工具的不断改进,为了提高安全性和经济性,天空被划分为具有一定向度与宽度的航路,近海和港口被划分为不同的航道,人们对导航的要求也从航向转变为对未知的准确判断与预测,使导航的功能从主要提供运载体的航向转变为主要提供运载体的位置信息以及速度信息。尤其是军事领域的需求,出于自身安全和有效打击敌方的目的,对运载体的位置和速度信息的精度要求越来越高,现代科技的发展为这些需求提供了必需的基础,无线电导航与惯性导航在此背景下出现并不断发展。无线电导航的发明,使导航系统成为航行中真正可以依赖的工具,因此具有划时代的意义。

根据导航技术出现及应用的年代,大致可将导航的发展划分为:原始导航阶段、普通导航阶段、近代导航阶段和现代导航阶段四个阶段。

1.2.1　原始导航阶段

原始导航阶段为 19 世纪中叶以前,以指南车、指南针和天文导航为主要代表。

1. 指南车

人类历史上研制最早的导航设备要数四千年以前黄帝部落使用的指南车(图 1.1)。指南车利用机械装置实现定向性,指南车的发明标志着我国古代对齿轮系统的应用在当时居于世界领先的地位。传说黄帝部落和蚩尤部落在公元前 2 600 多年发生的逐鹿大战中,黄帝部落在战争中发明了指南车。指南车使得黄帝的军队在大风雨中仍能辨别方向,从而取得了战争的胜利。这体现了人类研制的导航设备在战争中显示出的巨大作用。

图 1.1　指南车[2]

2. 指南针

早在春秋战国时期,我们的祖先就了解并利用磁石的指极性制成最早的指南针——司南(图 1.2)。战国的《韩非子》中提到了用磁石制成的司南。司南有指南的意思,东汉思想家王充在其所著《论衡》中也有关于司南的记载。司南由一把“勺子”和一个“地盘”两部分组成。司南勺由整块磁石制成,它的磁南那一头琢成长柄,圆的底部是它的重心,琢得非常光滑。地盘是个铜质的方盘,中央有个光滑的圆槽,四周刻着格线和表示 24 个方位的文字。

图 1.2　司南[3]

由于司南的底部和地盘的圆槽都很光滑,司南放进了地盘就能灵活地转动;在它静止的时候,磁石的指极性使长柄总是指向南方,这种仪器就是指南针的前身。由于当初使用司南必须配上地盘,所以后来指南针也叫罗盘针。在制作中,天然磁石因打击受热容易失磁,磁性较弱,司南不能广泛流传。到宋朝时,有人发现了人造磁铁。钢铁在磁石上磨过就带有磁性,这种磁性比较稳固不容易丢失。人们后来在长期实践中发明了指南鱼。在指南鱼基础上再加以改进,把带磁的薄片改成带磁的钢针,就创造了比指南鱼更先进的指南仪器,把一支缝纫用的小钢针,在天然磁石上磨过,使它带有磁性,人造磁体的指南针就这样产生了。

指南针发明后很快就应用于航海。世界上最早记载指南针应用于航海导航的文献是北宋宣和年间(1119～1125 年)朱彧所著的《萍洲可谈》。朱彧之父朱服于 1094～1102 年任广州高级官员。他追随其父在广州住过很长时间,该书记录了他在广州时的见闻。当时的广州是我国和海外通商的大港口,有管理油船的市舶司,有供海外商人居留的蕃坊,航海事业相当发达。《萍洲可谈》记载着广州蕃坊、市舶等许多情况,记载了中国海路上航海很有经验的水手。他们善于辨别海上方向:"舟师识地理,夜则观星,昼则观日,阴晦观指南针"。"识地理"表明当时舟师已能掌握在海上确定海船位置的方法。说明我国人民在航海中已经知道使用指南针了。这是全世界航海史上使用指南针的最早记载。我国人民首创的这种仪器导航方法,是航海技术的重大革新。

中国使用指南针导航不久,就被阿拉伯海船学习采用,并经阿拉伯人把这一伟大发明传到欧洲。恩格斯在《自然辩证法》中指出:"磁针从阿拉伯人传至欧洲人手中在 1180 年左右。"1180 年是我国南宋孝宗淳熙七年。中国人首先将指南针应用于航海比欧洲人至少早 80 年,北宋著名科学家沈括(《梦溪笔谈》著者),在制作和应用指南针的科学实践中发现了磁偏角的存在。他精辟地指出,这是因为地球上的磁极并不正好在南北两极的缘故。指南针及磁偏角理论在远洋航行中发挥了巨大的作用,使人们获得了全天候航行的能力,人类第一次得到了在茫茫大海中航行的自由。从此开辟了许多新的航线,缩短了航程,加速了航运的发展,促进了各国人民之间的文化交流与贸易往来。指南针对航海事业的重要意义怎么说也不为过。

3. 天文导航

在无边无际的大海中航行,没有导航定位手段是不可能的。为了确定船舶的位置,人们就利用星体在一定时间与地球的地理位置具有固定规律的原理,发展了通过观测星体确定船舷位置的方法——天文导航。

中国古籍中有许多关于将天文应用于航海的记载,西汉时代的《淮南子》中记载,如在大海中乘船而不知东方或西方,那观看北极星便明白了。《淮南子·齐俗训》:"夫乘舟而惑者,不知东西,见斗极则寤矣。"晋代葛洪的《抱朴子外篇》上也说,如在云梦(古地名)

中迷失了方向,必须靠指南针来引路;在大海中迷失了方向,必须观看北极星来辨明航向("夫群迷乎云梦者,必须指南以知道;并乎沧海者,必仰辰极以得反")。东晋法显从印度搭船回国的时候说,当时在海上见"大海弥漫,无边无际,不知东西,只有观看太阳、月亮和星辰而进。"一直到北宋以前,航海中还是"夜间看星星,白天看太阳"。只是到北宋才加了一条"在阴天看指南针"。

大约到了元明时期,我国天文航海技术有了很大的发展,已能通过观测星的高度来确定地理纬度,这种方法当时叫"牵星术"。在明代时,古代航海知识积累和应用达到了鼎盛。郑和"七下西洋"创造了世界航海史上的奇迹,完成了极其艰难复杂而且史无前例的航行。郑和的船队要在浩瀚无边的海洋中航行,仅靠观测星辰和指南针是远远不够的。郑和"七下西洋"形成了一套行之有效的"过洋牵星"的航海技术。所谓"过洋牵星",是指用牵星板测量所在地的星辰高度,然后计算出该处的地理纬度,以此测定船只的具体航向。这种航海技术是郑和船队在继承中国古代天体测量方面所取得的成就的基础上,创造性地应用于航海,从而形成了一种自成体系的先进航海技术,从而使中国当时天文航海技术达到了相当高的水平,这个水平代表了 15 世纪初天文导航的世界最高水平。

欧洲在 15 世纪以前仅能于白昼顺风沿岸航行。15 世纪出现了用北极星高度或太阳中天高度求纬度的方法,当时只能先从南北向驶到目的地的纬度,再从东西向驶抵目的地。16 世纪虽然已有观测月距(月星之间角距)求经度法,但不够准确,而且解算繁冗。18 世纪的六分仪和天文钟问世,前者用于观测天体高度,大大提高了准确性;后者可以在海上用时间法求经度。1837 年,美国船长萨姆纳发现天文船位线,从此可以在海上同时测定船位的经度和纬度,奠定了近代天文定位的基础。1875 年,法国海军军官圣伊莱尔发明截距法,简化了天文定位线测定作业,至今仍在应用。

1.2.2　普通导航阶段

普通导航阶段为:19 世纪中叶至 20 世纪 30 年代末,以惯性导航为代表。

1687 年牛顿三大定律的建立,为惯性导航奠定了理论基础。1852 年,傅科提出陀螺的定义、原理及应用设想。1908 年,由安修茨研制出世界上第一台摆式陀螺罗经。1910 年,舒勒提出了"舒勒摆"理论。上述这些惯性技术和理论奠定了整个惯性导航发展的基础。

惯性导航技术的真正应用开始于 20 世纪 40 年代火箭发展的初期,首先是惯性技术在德国Ⅴ-Ⅱ火箭上的第一次成功应用。到 20 世纪 50 年代中后期,速度为 0.5 海里每小时的单自由度液浮陀螺平台惯导系统研制并应用成功。1968 年,漂移约为每小时 0.005°的 G6B4 型动压陀螺研制成功。这一时期,还出现了另一种惯性传感器——加速度计。在技术理论研究方面,为减少陀螺仪表支承的摩擦与干扰,挠性、液浮、气浮、磁悬浮和静电等支承悬浮技术被逐步采用;1960 年,激光技术的出现为后续激光陀螺(ring laser gyro,RLG)的发展提供了理论支持;捷联惯性导航(strapdown inertial navigation system, SINS)理论研究趋于完善。

20 世纪 70 年代初期,第三代惯性技术发展阶段,出现了一些新型陀螺、加速度计和相应的惯性导航系统(inertial navigation system, INS),其目标是进一步提高 INS 的性能,并通过多种技术途径来推广和应用惯性技术。这一阶段的主要陀螺包括:静电陀螺、动力调谐陀螺、环形激光陀螺、干涉式光纤陀螺等。除此之外,超导体陀螺、粒子陀螺、固态陀螺等基于不同物理原理的陀螺仪表相继设计成功。20 世纪 80 年代,伴随着半导体工艺的成熟,采用微机械结构和控制电路工艺制造的微机电系统(micro-electro-mechanical system, MEMS)开始出现。

当前,惯性技术正朝着高精度、高可靠性、低成本、小型化、数字化的方向发展,应用领域更加广泛。一方面,陀螺的精度不断提高;另一方面,随着环形激光陀螺、光纤陀螺、MEMS 等新型固态陀螺仪的逐渐成熟,以及高速大容量数字计算机技术的进步,SINS 在低成本、短期中等精度惯性导航中呈现取代平台式系统的趋势。惯性导航已成为一种最重要的无源导航技术。

1.2.3　近代导航阶段

近代导航阶段为: 20 世纪 40 年代至 60 年代,导航进入了无线电导航时代。

19 世纪电磁波的发现,直接推动了近代无线电导航系统的发展。20 世纪 20 年代至 30 年代,无线电测向是航海与航空领域主要的一种导航手段,而且一直沿用至今。不过,后来它成为一种辅助手段。第二次世界大战期间(无线电导航技术发展迅速)出现了双曲线导航系统,雷达也开始在舰船和飞机上用作导航手段,如雷达信标、敌我识别器和询问应答式测距系统等。远程测向系统也是在这一时期出现的。飞机着陆开始使用雷达手段和仪表着陆系统。20 世纪 40 年代后期,伏尔(VHF omnidirectional range, VOR)导航系统研制成功。20 世纪 50 年代出现塔康导航系统、地美依导航(distance measuring equipment, DME)系统、多普勒导航雷达和罗兰 C 导航系统等。与天文导航相比,无线电导航定位系统无论在定位的速度还是自动化程度方面都有了长足的进步,但是无线电导航定位系统的作用距离(覆盖范围)和定位精度之间存在矛盾(作用距离长,定位精度低;作用距离短,定位精度高)。

1.2.4　现代导航阶段

现代导航阶段为 20 世纪中叶至今,以卫星导航为标志,同时向多手段融合集成方向发展。

随着 1957 年苏联第一颗人造地球卫星的发射和 20 世纪 60 年代空间技术的发展,各种人造卫星相继升空,人们很自然地想到如果从卫星上发射无线电信号,组成一个卫星导航系统,就能较好地解决覆盖面与定位精度之间的矛盾,于是出现了卫星导航系统(星基无线电导航系统)。约翰斯·霍普金斯大学应用物理实验室研究人员通过观测卫星发现:接收的频率与发射的频率存在多普勒频移现象。因此,已知用户机的位置,测得多普勒频移,便可得卫星的位置;反过来,已知卫星位置,测得多普勒频移,便可得用户机的位置。

最早的卫星定位系统是美国的子午仪系统,1958 年开始研制,1964 年正式投入使用。由于该系统卫星数目较少(5~6 颗),运行高度较低(平均高度为 1 000 km),从地面站观测到卫星的时间间隔较长(平均时间间隔为 1.5 h),因而它无法提供连续的实时三维导航,而且精度较低。为满足军事部门和民用部门对连续实时和三维导航的迫切要求,1973 年美国国防部制订了 GPS 计划,并于 1993 年全面建成。目前比较成熟的有美国的全球定位系统（Global Positioning System，GPS）、俄罗斯的格洛纳斯系统（Global Navigation Satellite System，GLONASS）和中国的北斗卫星导航定位系统。

1.3　导航系统分类及简介

依据导航定位技术的方法不同，导航系统可分为地标目视导航、航位推算导航、天文导航、无线电导航、惯性导航、特征匹配、卫星导航和组合导航。

1.3.1　地标目视导航

地标目视导航可以说是人类使用的最古老的一种导航方法，人类的祖先外出狩猎，进入森林，在树上用刀刻下标记，以便找到回来的路，用的就是一种目视导航。直到现在，我们每天都在利用目视导航。比如，你从宿舍走到教室，就要用到目视导航。所谓的目视导航就是靠人眼观测熟悉的地标来确定自身的位置及运行方向的导航方法。目视导航易受天气影响，不能实现全天候观测。沿岸、港口和内陆河道设置的各类航标（助航标志），就是为行船提供目视导航服务。

1.3.2　航位推算导航

航位推算导航是一种常用的自主式导航定位方法，它是根据运动体的运动方向和航向距离（或速度、加速度、时间）的测量，从过去已知的位置来推算当前的位置或预期将来的位置，从而可以得到一条运动轨迹，以此来引导航行。航位推算导航系统的优点是成本低、自主性和隐蔽性好，且短时间内精度较高；其缺点是定位误差会随时间快速积累，不利于长时间工作，另外，它得到的是运动物体相对于某一起始点的相对位置。

1.3.3　天文导航

天文导航是利用对自然天体的测量来确定自身位置和航向的导航技术。由于天体位置是已知的，测量天体相对于导航用户参考基准面的高度角和方位角就可计算出用户的位置和航向。天文导航经常与惯性导航、多普勒导航系统组成组合导航系统。这种组合式导航系统有很高的导航精度，适用于大型高空远程飞机和战略导弹的导航。把星体跟踪器固定在惯性平台上并组成天文-惯性导航系统时，可为惯性导航系统的状态提供最优估计和进行补偿，从而使得一个中等精度和低成本的惯性导航系统能够输出高精度的导航参数。

1.3.4　无线电导航

无线电导航的依据是电磁波的恒定传播速率和路径的可测性原理。无线电导航系统是借助运动体上的电子设备接收无线电信号，通过处理获得的信号来获得导航参量，从而确定运动体位置的一种导航系统。无线电导航是目前广为发展与应用的导航手段，它不受时间、天气的限制，定位精度高、定位时间短，可连续、实时地定位，并具有自动化程度高、操作简便等优点。但由于辐射或接收无线电信号的工作方式，使用时易被发现、隐蔽性差。

1.3.5　惯性导航

惯性导航(inertial navigation)是以牛顿力学三定律为基础的,将惯性空间的运动载体引导到目标地的过程。惯性导航系统是利用惯性仪表(陀螺仪和加速度计)测量运动载体在惯性空间中的角运动和线运动。用三个加速度计和三个陀螺仪组成惯性测量系统,把运动载体在它的三个轴上的角度变化率(角加速度)和加速度分别测出来,再用计算机对这些数据进行运算就能得出运动载体在任一时刻的速度、姿态数据。进一步就可以算出运动载体已运动的距离、方向和实际的位置。计算机还可以提前为运动载体算出应该采用什么样的航向、速度以使运动载体按照预先设定的航线飞行。惯性导航系统不依赖地面设施的帮助,飞机可以用它实现自主导航。当今,飞机在飞越大洋和大面积的无人区时,惯性导航是使用最为广泛的有效导航手段,在有航路的地区,惯性导航的精度不如VOR/DME 系统,此外,惯性导航系统设备的价格也比较昂贵,目前仅在大中型飞机上装备有这种导航设备。

1.3.6　特征匹配

特征匹配导航技术通过测量环境特征,如地形高度、道路信息等,并与基准数据库进行比较来确定用户的位置,就像人们在地图上比较地标一样。特征匹配系统必须初始化一个近似位置来限定数据库的搜索区域,这样可以降低计算量,并减少特征测量值与数据库发生多重匹配的情况。为了确定所测特征量的相对位置,大多数特征匹配系统还需要惯性导航系统或其他航位推算传感器提供的速度信息。因此,特征匹配不是一种独立的导航技术,它仅能用作组合导航系统的一部分。此外,由于数据库过期,或者选择了多种匹配可能中的错误匹配,特征匹配系统有时会得到错误的匹配结果,这时必须用组合算法进行处理。根据特征信息源的种类,特征匹配导航包括:基于地形的特征匹配导航技术、图像匹配导航技术、地图匹配导航技术、重力梯度匹配导航技术和地磁场匹配导航技术等。

1.3.7　卫星导航

卫星导航是以人造卫星作为导航台的星基无线电导航,是一种利用人造地球卫星作为动态已知点,导航设备通过接收导航卫星发送的导航定位信号,实时地测定运动载体的在航位置和速度,进而完成导航。卫星导航在军事和民用领域具有重要而广泛的应用。它可为全球陆、海、空、天的各种类军民载体,全天候提供高精度的三维位置、速度和精密时间信息。卫星导航系统以美国的 GPS、俄罗斯的 GLONASS、欧洲的伽利略系统和中国北斗卫星导航定位系统为代表。

1.3.8　组合导航

组合导航是指把两种或两种以上不同导航系统以适当的方式组合在一起,使其性能互补、取长补短,以获得比单独使用单一导航系统时更高的导航性能。由于单一导航系统都有各自的独特性能和局限性,把几种不同的单一导航系统组合起来,采用先进的信息融合技术,运用一些先进的智能算法,以达到最佳的组合状态。组合导航系统具有系统精度高、可靠性好、多功能、实时、对系统要求低等特点。此外,组合导航系统还可大大提高系统的可靠性和容错性,因此被广泛采用且成为导航技术的一个明显发展方向。

1.4 导航在民航系统中的应用

随着导航技术的持续进步与发展,新的导航系统不断出现并应用。为保障空中交通安全与高效运行,在全球范围内,民用航空正向通信、导航、监视/空中交通管理(communication, navigation, surveillance/air traffic management, CNS/ATM)空域体系结构发展。CNS/ATM 的显著特点是地空、空空数据链通信能力强,导航由航路导航改变为区域导航,监视由地面雷达监视过渡到自动相关监视,即飞机通过数据链自动向地面航管中心和周围飞机报告其当前位置等信息,使其具有监视周围空情的能力,为未来的自由飞行打下基础。导航系统是 CNS/ATM 的核心系统,它引导飞机沿规定的航线,安全、按时、准确地从一点飞到另一点。为此,导航系统必须在任何飞行时间和各种飞行环境下具有下述功能[4]。

1)给出高精度的定位信息(时间、经度、纬度、高度)。

2)获得必要的导航要素,如速度、姿态、航向、风速/风向及周围空情态势等。

3)引导飞机按预定计划飞行。

4)所需导航性能(required navigation performance, RNP)和实际导航性能(actual navigation performance, ANP)估计。

此外,为满足民机的安全飞行及经济性,要求导航系统工作可靠,配置经济、合理,少维护且维护方便、快捷。

除了对导航系统的功能要求外,还有性能要求。根据国际民用航空组织(International Civil Aviation Organization, ICAO)最新颁布的要求,对导航系统的性能要求体现在导航精度、完好性、连续性和可用性等几个方面。以航路/终端区飞行阶段的导航性能要求为例,其导航精度(95%)要求:海洋与边远陆地导航精度满足 4n mile,其他航路巡航阶段满足 1~2n mile,起飞、下降及终端区域满足 0.3~1.0 n mile,进近阶段满足 0.1~0.3 n mile;完好性要求:导航精度超过上述规定的容值两倍而被检测的概率小于 10^{-5}/h(飞行小时);连续性要求:飞行过程导航精度超出规定的容值两倍,即出现丧失规定的导航能力的概率应小于 10^{-4}/h(飞行小时)。表 1.1 列出了现代民用客机常用的导航设备及其功能、性能特点。

表 1.1 现代民用客机常用的导航设备及其功能、性能特点

序号	设 备 名 称	功 能 描 述	主 要 性 能
1	大气数据系统(atmospheric data system, ADS)	感受飞机飞行环境条件和飞行使用数据	
2	惯性基准系统(intertial reference system, IRS)、姿态航向系统(attitude and heading reference system, AHRS)	利用磁力、重力、惯性力感测飞机加速度、角速度、姿态、航向、速度、经纬度等信息	ARS 航向:2.0°,横滚/俯仰:0.5°;INS 位置:0.8n mile/h,速度:1 m/s

序号	设 备 名 称	功 能 描 述	主 要 性 能
3	仪表着陆系统（instrument landing system，ILS）、微波着陆系统（microwave landing system，MLS）、GPS 着陆系统（GPS landing system，GLS）、多模接收机（multi-mode receiver，MMR）即上述 3 种系统的三合一接收机	进场、着陆和滑跑期间给飞机提供引导信息	MLS 角精度：0.017°，分辨率：0.005°；GLS 定位精度优于 1 m
4	自动定向仪（automatic direction finder，ADF）、甚高频全向信标（VHF omnidirectional radio range，VOR）、测距仪（distance measuring equipment，DME）、无线电高度表（radio altimeter，RA）、指点信标（marker beacon，MKR）	提供飞机相对导航台的方位、距离信息，确定飞机位置	ADF：优于 0.9°；VOR：±2°；DME：3%；RA：±0.3 m 或 2%
5	飞行管理系统（flight management system，FMS）	导航数据综合、实际性能评估、航路规划与管理	
6	电子飞行仪表系统（electronic flight instrumentation system，EFIS）	显示飞行指引、导航和系统咨询信息	
7	空中交通告警和防撞系统（traffic collision avoidance system，TCAS）、气象雷达（X-Band weather radar，XWR）、近地告警系统（ground proximity warning system，GPWS）	提供飞机周围空情态势感知、回避与报警	

　　显而易见，要全天候、全程满足上述导航功能和性能要求，任何一种单一的导航设施都难以做到。因此，对民机导航系统而言，无论是其功能的实现，还是其导航性能的保障，导航信息都应该是多源的。从功能实现的角度，导航系统应由惯性系统、大气数据系统、无线电导航系统、气象雷达、着陆引导系统、雷达高度表、显示指引系统等构成，而从保障导航性能的角度，为确保导航信息的完好性与连续性，各导航分系统需双套甚至多套配置。

　　由于惯性系统提供的航向姿态、加速度和角速率等信息是飞行控制系统的关键信息，因此惯性导航系统的冗余设计成为大型飞机导航系统的核心技术之一。从未来新航行系统的发展趋势来看，最终的导航模式是卫星导航、惯性导航和大气数据系统的综合导航，同时兼顾已经建立起符合统一技术和运行标准的完备的陆基无线电导航台网络，通过多种导航手段的合理配置，以大气/惯性/卫星组合导航为主，辅以陆基无线电导航，形成当一个重要子系统发生故障时导航系统仍能正常工作，当两个重要子系统发生故障时仍能保证飞行安全，即故障/故障/工作或安全的综合导航系统，以确保大型飞机任务使命的完成。

参 考 文 献

[1] 张小红，李征航，乔俊军，等.导航学[M].武汉：武汉大学出版社，2017.

[2] 魏德勇.祖冲之巧制指南车[EB/OL]. http://story. kedo. gov. cn/c/2016 - 04 - 13/836301.shtml[2016 - 07 - 07].

[3] 王振铎.司南指南针与罗经盘——中国古代有关静磁学知识之发现及发明——（上）[J].考古学报，1948，（3）：119 - 259.

[4] 程农，李四海.民机导航系统[M].上海：上海交通大学出版社，2015.

第二章　卫星导航定位技术

2.1　全球导航卫星系统简介

全球导航卫星系统,在定位和授时方面得到了广泛的应用。最初只用于军事,到后来在交通、测绘、海洋、通信、石油勘探以及地震、气象形变监测等特殊行业发挥了越来越重要的作用,现在卫星导航系统已经深入到人们的日常生活中,显现了非常广阔的应用前景,改变了人们的出行方式和习惯,并对科学研究、经济建设和改善民生的诸多领域产生了深刻的影响,目前成为现代社会的三大信息产业之一。GNSS 系统不仅是国家安全和经济的基础设施,也是体现现代化大国地位和国家综合国力的重要标志。由于其在政治、经济、军事等方面具有重要意义,世界主要军事大国和经济体都在竞相发展独立自主的卫星导航系统。"十三五"规划中,我国已将卫星导航作为新兴产业列入空间和海洋发展蓝图,未来卫星导航定位技术的研发及应用推广被放在重要位置。GNSS 包括美国的 GPS、中国的北斗(BeiDou)系统、俄罗斯的 GLONASS 以及欧洲的 Galileo 系统。此外还有区域性导航系统,如日本的准天顶卫星导航系统(QZSS)、印度的 IRNSS。增强系统有美国的 WAAS、日本的 MSAS、欧洲的 EGNOS、印度的 GAGAN 以及尼日利亚的 NIG - GOMSAT - 1 等。

2.1.1　美国 GPS 概况

GPS 是一种以空中卫星为基础的高精度无线电导航定位系统,它在全球任何地方及近地空间都能够提供准确的地理位置、车行速度及精确的时间信息。GPS 自问世以来,就以其高精度、全天候、全球覆盖、方便灵活吸引了众多用户。本节对 GPS 系统的组成及其导航定位原理进行了介绍,作为本书研究的基础。GPS 由三个部分组成[1-2]:空间部分(GPS 卫星)、地面监控部分和用户部分。

1. 空间部分

GPS 空间部分由一组向用户发送无线电信号的卫星组成。美国致力于在 95% 的时间内保持至少 24 颗可运行的 GPS 卫星。GPS 卫星分布在大约 20 200 km 高的六个等距中地球轨道(medium earth orbit, MEO)中,轨道倾角为 55°,各个轨道平面之间相距 60°。当地球对恒星来说自转一周时,GPS 卫星围绕地球运行两周。位于地平线以上的卫星颗数随着时间和地点的不同而不同,最少可见到 4 颗,最多可见 11 颗。GPS 卫星可分为试验卫星和工作卫星两类,其中工作卫星又可分为 Block Ⅱ、Block ⅡA、Block ⅡR、Block ⅡF、Block Ⅲ 等类型。截至 2019 年 4 月 24 日,GPS 星座中总共有 31 颗可运行卫星,其中不包括退役的在轨卫星,如表 2.1 所示。

表 2.1 GPS 在轨卫星数量汇总(截至 2019 年 4 月 24 日)

名称 Block	发射期间	发射卫星数量/颗	当前在轨卫星数/颗
Ⅰ	1978~1985 年	11	0
Ⅱ	1985~1990 年	9	0
ⅡA	1990~1997 年	19	1
ⅡR	1997~2004 年	13	11
ⅡR - M	2005~2009 年	8	7
ⅡF	2010~2016 年	12	12

2. 地面监控部分

GPS 地面监控部分指 GPS 的地面监测和控制系统,又称运控系统(operational control system,OCS),它包括主控站、卫星监测站和上行信息注入站(又称地面天线)以及把它们联系起来的通信和辅助系统。地面监控部分主要是收集在轨卫星运行数据,计算导航信息,诊断系统状态,调度卫星。卫星上的各种仪器设备是否正常工作,以及卫星是否一直沿着预定轨道运行,都要由地面设备进行监测和控制。地面控制部分另一重要作用是保持各颗卫星处于同一时间标准,即 GPS 时,这就需要地面站监测各颗卫星的星载原子钟信息,求出钟差,然后由地面注入站发给卫星,卫星再由导航电文发给用户设备。地面控制段可以出于美国国家政治、军事和安全考虑而有意干扰导航信号从而降低特定区域的定位精度。

主控站有一个,位于美国科罗拉多的法尔孔(Falcon)空军基地,它的作用是根据各监控站对 GPS 的观测数据,计算出卫星的星历和卫星钟的改正参数等,并将这些数据通过注入站注入卫星中;同时,它还对卫星进行控制,向卫星发布指令,当工作卫星出现故障时,调度备用卫星,替代失效的工作卫星工作;另外,主控站还负责监测整个地面监测系统的工作,检验注入给卫星的导航电文,监测卫星是否将导航电文发送给了用户。备用主控站也只有一个,位于美国加利福尼亚州的范登堡(Vandenberg)空军基地。它的作用和主控站完全一样,当某些特殊情况发生时启用。一旦需要,主控站的工作人员能在 24 h 以内集结于备用主控站并展开工作。为确保万无一失,备用主控站每年都要进行实际操作演练。

监控站是无人值守的数据自动采集中心。GPS 共有 17 个监测站,其中有 6 个为美国空军的监测站,分别位于科罗拉多泉城(Colorado Springs)、卡纳维拉尔角(Cape Canaveral)、夏威夷(Hawaii)、阿松森(Ascension)、迪戈加西亚(Diego Garcia)和夸贾林(Kwajalein)。为了进一步提高广播星历的精度,美国从 1997 年开始实施精度改进计划。首期加入了国防部所属的国家地理空间情报局(National Geospatial-Intelligence Agency,NGA)的 6 个监测站,分别位于华盛顿特区的美国海军天文台(United States Naval

Observatory, USNO)、英国(England)、阿根廷(Argentina)、厄瓜多尔(Ecuador)、巴林(Bahrain)和澳大利亚(Australia)。此后又加入了其他5个NGA站：阿拉斯加(Alaska)、韩国(Korea)、南非(South Africa)、新西兰(New Zealand)和塔希提岛(Tahiti)。其主要作用是对GPS卫星数据和当地的环境数据进行采集、存储并传送给主控站。站内配备有GPS双频接收机、高精度原子钟、计算机和若干环境参数传感器。接收机用来采集GPS卫星数据、监测卫星工作状况。原子钟提供时间标准。环境参数传感器则收集当地有关的气象数据。所有数据经计算机初步处理后存储并传送给主控站，再由主控站做进一步的数据处理。

注入站有4个，分别位于阿松森岛(Ascension Island)、迪戈加西亚(Diego Garcia)、夸贾林(Kwajalein)和佛罗里达州(Florida)卡纳维拉尔角(Cape Canaveral)。注入站的作用是将接收到的导航电文存储在微机中，当卫星通过其上空时，再用大口径发射天线将这些导航电文和其他命令分别"注入"卫星。

通信和辅助系统是指地面监控系统中负责数据传输以及提供其他辅助服务的机构和设施，由地面通信天线、海底电缆及卫星通信等联合组成。

3. *用户部分*

用户部分指各种GPS用户终端，其主要功能是接收卫星信号，提供用户所需要的位置、速度和时间等信息。包括天线、接收机、微处理机、数据处理软件、控制显示设备等，有时也统称为GPS接收机。用户部分的主要任务是接收GPS卫星发射的信号，获得必要的导航和定位信息以及观测量，并经数据处理进行导航和定位工作。

2.1.2　俄罗斯GLONASS概况

GLONASS是苏联从20世纪80年代初开始建设的与美国GPS系统类似的卫星定位系统，由卫星星座、地面监测测控站和用户设备3部分组成，现在由俄罗斯空间局管理。

如图2.1所示，GLONASS系统的卫星星座由24颗卫星组成，均匀分布在3个近圆形的轨道平面上，每个轨道面有8颗卫星，轨道高度为19 100 km，运行周期为11 h 15 min，轨道倾角为64.8°。

与美国GPS不同的是，GLONASS系统采用频分多址(frequency division multiple access, FDMA)方式，根据载波频率来区分不同卫星[GPS是码分多址(code division multiple access, CDMA)，根据调制码来区分卫星]。每颗GLONASS卫星发播的两种载波频率分别为 $L_1 = 1\,602 + 0.562\,5k$ (MHz) 和 $L_2 = 1\,246 + 0.437\,5k$ (MHz)，其中，k (1～24) 为每颗卫星的频率编号。所有GPS卫星的载波频率是相同的，均为 $L_1 = 1\,575.42$ MHz 和 $L_2 = 1\,227.6$ MHz。

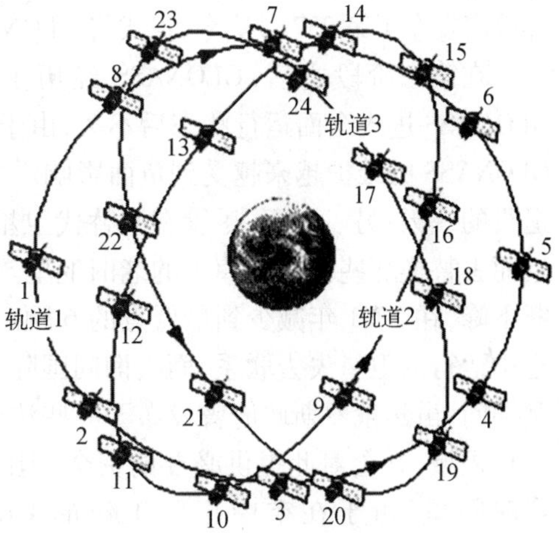

图2.1　GLONASS卫星星座

(图片来源：国际互联网)

GLONASS 卫星载波上也调制了两种伪随机噪声码：S 码和 P 码。俄罗斯对
GLONASS 系统采用了军民合用、不加密的开放政策。GLONASS 系统单点定位精度水平
方向为 16 m，垂直方向为 25 m。

GLONASS 基本上是与 GPS 在同一时代被开发和建成的，它的开发过程可分为以下几
个阶段[3-5]。

在 1982~1985 年的运行前阶段，对 GLONASS 的开发工作主要是进行实验测试和对
系统概念的改进。起初的 GLONASS 是一个军用系统，故它在设计上主要是针对军事应
用，其期望用户也主要是苏联空军和海军。第一颗 GLONASS 卫星于 1982 年 10 月 12 日
发射升空，可是它并没有成功投入运行。限于苏联的卫星和电子设计水平，GLONASS 测
试卫星的设计寿命很短，只有一年，实际寿命平均也只有 14 个月左右。

在 1985~1993 年的第二阶段，随着对系统飞行测试的完毕，GLONASS 开始了正式建
设，卫星被密集发射升空，系统也开始运行。虽然被发射升空的 GLONASS 型卫星不断被
改进，但是它们的设计与实际寿命还是很短，为 2~3 年。

在 1993~1995 年的第三阶段，GLONASS 星座被建成，系统也具备了完全工作能力。
1993 年 9 月 24 日，时任俄罗斯总统的叶利钦宣告 GLONASS 正式开始服役运行。然而，
直到 1996 年 1 月 8 日，GLONASS 才第一次实现了由 24 颗卫星组成的完整星座，至此完成
了卫星发射任务，前后共耗资 30 多亿美元。于是，1996 年 1 月 8 日常被视为 GLONASS 进
入全面运行能力（full operational capability，FOC）状态的里程碑式的日子。

作为一个军用系统，有关 GLONASS 的信息原本很少公开向外透露；然而，在 1988 年
5 月 ICAO 的一次关于未来航空导航系统的专门会议上，一篇关于 GLONASS 技术细节的
论文指出了苏联将免费向全世界提供 GLONASS 导航信号，这是 GLONASS 向民用领域开
放的第一步。在 1990 年和 1991 年，苏联两次公布了 GLONASS 的信号接口控制文件
（interface control document，ICD），这为 GLONASS 的广泛应用提供了方便。出于对 GPS 所
采用的选择可用性（selective availability，SA）政策的担忧和认识到 GLONASS 与 GPS 的联合
所能带来的潜在优势，美国等西方国家随后逐渐地关注起了 GLONASS。1995 年，俄罗斯联
邦政府发布了第 237 号法令，正式将 GLONASS 向民用领域开放这一想法制定成为法律。

在第三阶段之后，GLONASS 经历了短暂的荣耀而又随即转为败落。在 1996 年
GLONASS 进入全面运行状态后不久，由于遭到俄罗斯工业与经济连续衰退、下滑的牵连，
GLONASS 的维护越来越受到负面影响。一方面，老旧卫星即便超期服役，它们终究仍有
退役的一天；另一方面，尽管有些替代卫星已经被制造完成，但是它们最终未能被发射升
空而去替换那些被注销掉了的老旧卫星。于是，GLONASS 星座中正常工作的卫星数目不
断下降，在 2001 年减少到最低点的 6 颗。另外出现的尴尬局面是，如俄方自身有时会与
空中运行的卫星失去联系，而去询问国际上有哪个机构观测到了该卫星。在这一困难、混
乱期间，虽然俄罗斯政府曾发布了一些法令，声明支持对 GLONASS 的继续开发及其用于
民用领域，并会对此提供必要的资金，但终究还是力不从心。可以想象，在过去很长的一
段时间里，由于在空中正常工作的 GLONASS 卫星数目不足，运行不太可靠，因而
GLONASS 不能独立建网运行，它也就没有受到人们应有的关注。

2001 年，俄罗斯政府在联邦 GLONASS 计划中批准了在 2002 年至 2011 年保证对

GLONASS 提供足够资金,并决心在 2011 年前完成对系统的恢复并对其进行现代化改造。庆幸的是,俄罗斯经济到了 21 世纪初逐步好转,GLONASS 也开始恢复元气,推出了 GLONASS－M 和 GLONASS－K 两款新型卫星来更新星座。至 2011 年,GLONASS 确实基本恢复到全面运行能力的状况。与 GPS 一样,GLONASS 也启动了其现代化计划,对其空间星座部分和地面监控部分特别是对信号的改进,而事实上,比在卫星数量方面上增加更为重要的是 GLONASS 作为整个系统在质量方面上的提升[6]。例如,对空间星座部分,GLONASS 通过发射各款新型卫星来增加星座中工作卫星数目的同时,它提高了卫星时钟的稳定度和对卫星状态确定的精度,而卫星有限的设计寿命也为星座卫星的现代化提供了契机;对地面监控部分,GLONASS 已大幅度地增加监测站的数目,并且改进了坐标系统,改进了时间同步系统。此外,俄罗斯政府还与美国发布联合声明,将致力于改进 GLONASS 与 GPS 和 Galileo 之间的兼容与互操作性,计划改用 GPS 频率为信号播发频率,并已经增加发射了 CDMA 型导航信号[7]。GLONASS 向 CDMA 转移并不意味着 GLONASS 将彻底放弃 FDMA,而事实上,考虑到安全和向后兼容等因素,它的 FDMA 和 CDMA 信号将共存,只不过这样会增加卫星载荷,在实体上表现为卫星质量和能耗的增加。

尽管 GLONASS 与 GPS 同为全球卫星导航系统,但彼此有许多不同之处。GLONASS 定位精准度和 GPS 相比有一定差距,但其具有更强的抗干扰能力。由于坐标和时间上的使用标准不同,GLONASS 虽在国际通用上有其局限性,但在至关战略存亡的安全重要性上,此设计避免了战时自己卫星信号被敌干扰。

GLONASS 系统的主要用途是导航定位,当然与 GPS 系统一样,也可以广泛应用于各种等级和种类的测量应用、地理信息系统(geographic information system, GIS)应用和时频应用等。

2.1.3　欧洲伽利略系统概况

伽利略(Galileo)系统是欧洲以民用为目的而独立自主设计的一个 GNSS,它由欧盟和欧洲空间局一起创建、开发。这一节简单地介绍 Galileo 系统的发展概况,以及它的空间星座部分和地面监控部分。

正当 GPS 为军用和民用开创提供革命性服务的机遇之际,欧洲国家很快意识到拥有一个可靠、高效的导航定位系统对一些公共安全与保护应用的必要性,最后的结论是欧洲需要一个独立并且性能更好的全球卫星导航定位系统。1994 年,欧洲共同体决定按照分两步走的构想开发其自身的 GNSS 能力:第一步是星基增强当时的 GNSS(即 GPS 和 GLONASS),通过民用服务提供更高的定位精度和完好性信息数据,这一项目最后发展成为已于 2005 年投入运行的欧洲地球静止导航重叠服务(European Geostationary Navigation Overlay Service, EGNOS),而 EGNOS 在其创建的初始阶段被视为通向一个欧洲独立自主、全面运行 GNSS 的桥梁;第二步是实施 Galileo 计划,开始为创建欧洲版民用 GNSS 做设计与组织上的准备工作[3]。

不甘在卫星导航定位技术领域落后,不愿在利用卫星导航定位服务上受制于美国,欧洲委员会于 1999 年 2 月 9 日做出了对 Galileo 系统进行开发的决定[8]。可见,这一欧洲版的 GNSS 是以意大利天文学家伽利略的名字命名的。Galileo 系统被定义为一个开放的、主要以全球民用为目的的全球系统,它在设计上采取更为开放的理念、更为先进的技术,以迎头赶上而成为 GNSS 大家庭中的一员,而相对于 GPS 的军方控制而言,Galileo 系统的全球定位服务均在民用控制之下。不但 Galileo 是一个独立的系统,而且它的最后目标是建成一个能与 GPS 和 GLONASS 系统相兼容与互操作,还能提供局部辅助信息和搜救信息服务,综合性能优于现行 GPS 的民用卫星导航定位系统。

由于经济衰退和美国反对,Galileo 计划差一点胎死腹中,但正是美国的反对,使得欧洲越发意识到拥有一个独立自主的卫星导航定位系统的重要性。2002 年,欧盟 15 国交通部长会议一致决定,正式启动 Galileo 计划。Galileo 的系统定义于 2003 年完成,它确定了 Galileo 系统的一些基本规范。目前,Galileo 系统的开发部署正在按照以下四个阶段分步实施:第一阶段是 2005~2011 年的 GIOVE A/B 阶段,它通过发射 GIOVE A/B 卫星,以建立 Galileo 系统测试平台,定义地面监控部分的算法;第二阶段是 2011~2012 年的在轨验证(in-orbit verification, IOV),其目标是建立地面监控部分的一些核心元素和一个由 4 颗卫星组成的、可实现 Galileo 定位的最小卫星星座,并进行系统在轨验证;第三阶段是 2013~2015 年的初始运行能力(initial operational capability, IOC),包括部署 18 颗卫星和更多的地面监控部分元素;第四阶段是 Galileo 系统的全面运行能力[9]。

然而,在系统开发过程中,Galileo 项目始终面临经费不足的问题、外来政治因素和欧盟内部对系统领导权竞争等多方面的困扰,使得其步履艰难,卫星发射不断延期,进入全面运行的预计日期也就被再三推迟。Galileo 原本计划采用公私合营(PPP)的运行机制,但是由于民间企业缺乏对其的投资热度,Galileo 现在全由政府部门管理运行。当然,由于其他 GNSS 现代化项目的向后推迟和位置服务(location based services, LBS)等应用市场的缓慢开发,这为 Galileo 系统的不断延期创造了外部许可条件。美国政府在对待 Galileo 的政策上也一直在变化,从起先的冷落与反对,到后来的合作,美国与欧盟在 2004 年就 GPS 与 Galileo 的兼容性和互操作性问题达成了一致意见,签订了相关协议[10]。值得庆幸的是,Galileo 是一个国际合作最为广泛的卫星导航定位系统,中国、以色列、印度和乌克兰等非欧盟成员国曾纷纷加入对该系统的建设。Galileo 系统的现代化改进计划于 2007 年启动,它将引入像 GPS 和 GLONASS 所同样具有的一些现代化新元素,如星间链路等。关于 Galileo 系统的建设情况,读者可查阅它的一个官方网站 www.esa.int。

如图 2.2 所示,不计用户设备部分,Galileo 将其系统构成定义为全球性、区域性和局域性三个主要组成部分[3]。全球性组成部分可以分为空间星座部分和地面监控部分,它是 Galileo 的核心[11]。地面监控部分主要包括两个地面控制中心、5 个遥测遥控站、9 个向

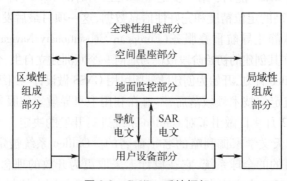

图 2.2 Galileo 系统框架

卫星上传导航电文和完好性信息的 C 波段发射站,以及约为 40 个用来监测 Galileo 空间信号的监测站,其中除两个地面控制中心位于欧洲本地的德国和意大利外,其余设施遍布全球。地面监控部分通过分布全球的遥测遥控站在 S 波段内发送对卫星的控制指令,并在 C 波段将导航电文发送给卫星。

区域性组成部分由一个完好性监测站网络和一个完好性控制中心组成,它计算生成针对某一区域的完好性信息,并将完好性信息上传给卫星,而 Galileo 能将内容不同的完好性信息播发给 5 个不同的区域,以满足严格的完好性要求。局域性组成部分针对直径为几百米至几千千米的某些特定范围,它可能表现为局域差分系统、伪卫星和辅助系统等,用以提高准确性、完好性、有效性等导航性能,增强对信号的捕获与跟踪能力,从而满足一些特定应用的要求。

建成后的 Galileo 卫星星座将呈 Walker 型星座形式,它将由 30 颗 MEO 卫星组成,其中的 27 颗为工作卫星,3 颗作为备用卫星。如图 2.3 所示,这些卫星将分布在 3 个圆形轨道面上,两两轨道面之间相隔 120°,而每个轨道面上安置着 10 颗卫星,其中 1 颗为备用卫星,其余的 9 颗工作卫星均匀地分布在轨道面上,即同一轨道面上的两两相邻工作卫星之间均相隔 40°。可以想象,因为 Galileo 卫星星座中的 27 颗工作卫星均匀地分布在 3 个轨道上,所以由它们所构成的卫星几何精度衰减因子(dilution of precision, DOP)值在全球呈经向的带状分布,也就是说,地球上的同纬度地区在概率上有着相同的 DOP 值分布。由于 Galileo 星座与 GLONASS 星座同为 Walker 型星座形式,因而它的平面展开图与图 2.1 很相似,所不同的只是轨道倾角、同一轨道上的卫星数目和卫星相隔角度。

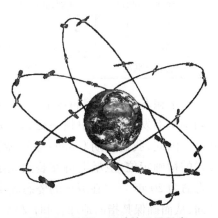

图 2.3 Galileo 系统的卫星星座

卫星运行轨道的长半径为 29 601 km,轨道高度为 23 222 km,相对于地球赤道面的轨道倾角为 56°。与 GPS 和 GLONASS 相比,Galileo 卫星星座的一个特点是其卫星运行在轨道高度较高的轨道上,这可让 Galileo 卫星信号覆盖一个范围更广的区域,在直至 75° 的高纬度地区也可以有着较好的信号覆盖性能。在设定卫星截止高度角为 10° 和不计备用卫星的条件下,Galileo 卫星星座能保证全球各地在任何时刻都至少能看到 6 颗卫星。

Galileo 卫星的轨道运行周期约为 14 小时 4 分 45 秒,这相当于 Galileo 卫星的空间分布每 10 天重复一次,其中每颗卫星在 10 天内旋转 17 周圈。考虑到和其他多个 GNSS 一起会在天空中散布着 100 多颗 GNSS 卫星,Galileo 系统不再认为一个 GNSS 星座中卫星的空间分布能够每天重复一次的这一特点是重要的,而它不再遵循具有如此特点的设计却能帮助克服由于卫星运行与地球重力场共振而需要经常多次调整卫星位置的困难[12]。为了让卫星具有这种轨道周期,因此 Galileo 卫星的轨道高度也就比 GPS 卫星轨道高度超出约 3 000 km。表 2.2 对 GPS、GLONASS 和 Galileo 这三大系统,特别是它们的空间星座部分进行了比较。

表 2.2　各类 RNP 的类型、定位精度及应用

项　　目	GPS	GLONASS	Galileo
星座类型	非 Walker 型	Walker 64.8°：24/3/2（工作卫星数/轨道平面数/相位参数）	Walker 56°：27/3/1（工作卫星数/轨道平面数/相位参数）
卫星设计数目	21+3=24(目前 30)	21+3=24	27+3=30
轨道形状	近圆形	近圆形	近圆形
轨道高度	20 200 km，MEO	19 100 km，MEO	23 222 km，MEO
轨道运行周期	11 小时 58 分	11 小时 15 分 44 秒	14 小时 4 分 45 秒
星座分布重复周期	2 圈/1 天	17 圈/8 天	17 圈/10 天
轨道倾角/(°)	55	64.8	56
轨道平面数目	6	3	3
每个轨道卫星数目	4 颗，非均匀分布	8 颗，均匀分布	10 颗，均匀分布
信号多址体制	CDMA	FDMA	CDMA
实施 SA 状况	有(已于 2005 年取消)	无	无
实施 AS 状况	有(P 码)	无	—

　　每颗 Galileo 卫星将配置一台氢原子激射器和两台铷原子钟作为卫星上的时钟和频率基准发生器，其中频率更为稳定的氢原子激射器在国际上首次被用在 GNSS 卫星上。因此，我们预期 Galileo 系统能发射品质比 GPS 更好的卫星信号。为实现对卫星位置的精确定位，卫星上将安装激光定位反射器。Galileo 卫星的设计寿命为 12 年，其星座寿命为 20 年[13]。在卫星的姿态确定与控制部分，卫星将利用红外传感来调整天线的方向，从而确保其指向地球，同时又利用可见光探测器来调整太阳能板的面向，从而确保其指向太阳。

　　2005 年 12 月 28 日，称为 GIOVE－A 的第一颗 Galileo 试验卫星在位于哈萨克斯坦境内的俄罗斯拜科努尔航天发射基地成功发射，它的质量约为 660 kg，运行在高度为 23 257 km 的轨道上，运行周期为 14 小时，并于次年 1 月 12 日开始播发导航信号。Galileo 发射 GIOVE－A 卫星的主要目的是为了确保在由国际电信联盟所管辖的频谱分配中占据 Galileo 信号设计波段，并着手进行在轨测试与验证导航信号、星载原子时钟、空间辐射环境以及卫星激光测距(SLR)等一些关键技术项目。由两台铷(Rb)原子钟中的其中一台驱动，GIOVE－A 卫星能够在 E1、ES 和 E6 三个波段中发射 Galileo 信号，可是在任一时刻，该卫星只能同时发射其中两个波段中的信号。

　　2008 年 4 月 27 日，Galileo 系统又发射了称为 GIOVE－B 的第二颗试验卫星，它是 Galileo 卫星的真实原型。顺便提一下，GIOVE 系列卫星在其所发射的导航信号上并不调制着导航电文数据比特，因而它们不具有真正的导航服务功能。

　　2011 年 10 月 21 日，分别称为 PFM 和 FM2 的两颗 Galileo 在轨验证(in-orbit validation，IOV)卫星以"一箭两星"形式被同时发射升空，它们也是第 1 颗和第 2 颗 Galileo 工作卫星。接着，2012 年 10 月 12 日，两颗分别称为 FM3 和 FM4 的 Galileo IOV 卫星又被发射升空。

这样,这 4 颗 IOV 卫星一起来完成 Galileo 系统开发计划的第二阶段,并将成为未来由 30 颗卫星构成的 Galileo 正式星座的一部分。

2.1.4　中国北斗卫星导航系统概况

北斗(BeiDou)卫星导航系统是我国正在实施的自主研发、独立运行的 GNSS,其目标是在全球范围内全天候、全天时为各类用户提供高精度、高可靠的定位、导航、授时服务,并兼具短报文通信能力。寄托着无数国人殷切期望的北斗卫星导航系统举足轻重,举世瞩目,它通常与 GPS、GLONASS 和 Galileo 系统一起被誉为全球四大 GNSS。北斗卫星导航系统建设在根据"质量、安全、应用、效益"的总要求和坚持"自主、开放、兼容、渐进"的发展原则下,按照"先区域、后全球"的总体思路分步实施,采取"三步走"的发展战略稳步推进。这一部分内容主要参考了文献[14]、[15]、[16]。

第一步,在 2000 年初步建成北斗卫星导航试验系统。我国早在 20 世纪 70 年代就开始了导航卫星的论证和研究工作,接着在 20 世纪 80 至 90 年代制定并开展了"北斗一号"(其正式的英文名称为 BeiDou)工程建设,其目的是利用少量的地球静止轨道卫星来完成试验任务,为北斗卫星导航系统建设积累技术经验、培养人才,研制一些地面应用基础设施设备等。我国自 2000 年 10 月起开始陆续发射北斗一号试验卫星,2002 年系统试验运行,使得我国成为继美、俄之后的世界上第三个拥有自主卫星导航定位系统的国家。完整的北斗一号系统由具有 4 颗位于赤道上空 36 000 km 的地球静止卫星的空间星座、1 个地面中心站、地面网管中心、测轨站、测高站和数十个分布在全国各地的地面参考标校站组成,它是一个成功的、实用的、投资很少的初始起步系统。该系统除为中国全境和周边部分邻国提供定位、授时和简易通信服务外,还播发广域差分 GPS 信息和完好性信息。

北斗一号是一种利用卫星对用户进行双向测距的主动式导航系统,不仅用户设备与卫星之间需要接收来自地面中心控制系统的询问信号,而且用户设备还需要向卫星发射应答信号。北斗一号卫星并不发射导航电文,也不配置高精度的原子钟,它的核心功能只是用于在地面中心站与用户之间进行双向信号中继。北斗一号卫星导航系统又称双星定位导航系统,它的工作过程可描述如下:

(1)地面中心站定时向两颗卫星同时发送调制着测距码、电文帧和时间码等信息的询问信号;

(2)卫星接收到询问信号,经卫星转发器的变频放大后向服务区内的用户转发询问信号;

(3)用户响应其中一颗卫星的询问信号,并立即同时向两颗卫星发送包含着特定测距码和用户高程信息的应答信号;

(4)两颗卫星将所收到的用户应答信号经卫星转发器的变频放大后下传到地面中心站;

(5)地面中心站(以及随后的地面网管中心)接收并解调用户的应答信号,并根据用户的申请服务内容进行相应的数据处理;

(6)针对用户的定位申请,地面中心站计算出用户的三维坐标位置,再将它发送给卫星;

（7）卫星又收到地面中心站发来的定位结果坐标数据或者通信内容，经卫星转发器发给用户或者收件人。

北斗一号的定位算法基于如下的三球相交原理：地面中心站检测出用户发出的定位应答信号分别传播到两颗卫星的两个时间延迟，而由于地面中心站和两颗卫星的位置是已知的，因而根据这两个时间延迟量，地面中心站可以计算出用户到第一颗卫星的距离，以及用户到两颗卫星的距离之和；知道了用户处在以第一颗卫星为球心的一个球面和以两颗卫星为焦点的椭球面的交线上，地面中心站接着调用电子高程图，查寻到用户的高程值（即第三个球面），如此计算出用户所在位置的三维坐标。对那些无数字高程图的区域，用户则需要提供所在位置的气压测高信息。

因为北斗接收机需要具有接收和发射无线电信号的双重功能，所以与只需接收信号的 GPS 接收机相比，北斗接收机不但在体积、质量、价格和功耗方面均处于不利地位，而且还失去了无线电隐蔽性。因为北斗导航系统的服务采用询问/应答形式，并且地面中心站还解算用户位置坐标值，所以与 GPS 不同，整个北斗导航系统所能支持的用户设备容量是有限的，地面中心站所给出的定位结果需要经过一定的时延才能被用户最终获得，以及系统由于对地面中心站的过分依赖而变得脆弱。北斗一号在系统设计和定位工作流程上还存在许多其他技术性缺陷，比如无冗余测距信息、定位精度不高和申请使用所需的手续烦琐等问题。显然，北斗一号尚不能满足我国国防建设和国民经济长期发展对卫星导航系统的性能要求。当然，北斗一号也有一些与众不同的优点，比如因为北斗具有定位和通信双重功能，所以它有能力不借助外界其他通信系统而将用户的定位结果转送给他人，而这正是北斗一号在 2008 年汶川大地震后的救灾中能发挥重要作用的原因。

第二步，2012 年北斗卫星导航（区域）系统为中国及其周边地区提供服务。在取得了第一代北斗卫星导航系统建设成果的基础上，我国于 2004 年批准建设第二代北斗卫星导航系统，即“北斗二号”区域系统（其正式的英文名称为 Compass），并于 2007 年开始正式动工。第二代北斗卫星导航系统并不是北斗一号的简单延伸，它一方面采用了与 GPS 一样的单向时间测距的被动式导航体制，以实现单程无源定位，使用户容量不再受到限制；另一方面又继承了北斗一号已有的如星地双向测时、测距和简短报文通信等一些成熟技术。

北斗卫星导航（区域）系统空间星座由地球静止（geostationary earth orbits，GEO）卫星、MEO 卫星和倾斜地球同步轨道（inclined geo-synchronous orbit，IGSO）卫星组成，而这种 GEO 与非 GEO 相混合的星座设计是根据我国国情以及经济与技术实力从众多星座方案中优选出来的。2007 年 4 月 14 日，我国在西昌卫星发射中心用“长征三号甲”运载火箭，成功将第一颗北斗二号 MEO 导航卫星送入太空。2011 年 12 月 2 日，我国北斗二号卫星导航系统的第十颗卫星成功发射，这是中国北斗卫星导航系统组网的第五颗倾斜地球同步轨道卫星。截至 2012 年底，北斗卫星导航（区域）系统的在轨工作卫星有 5 颗 GEO 卫星、4 颗 MEO 卫星和 5 颗 IGSO 卫星，并且该系统早已开始向我国及周边地区提供连续的导航定位和授时服务。

北斗二号提供两种服务方式：开放服务和授权服务。开放服务是在服务区免费提供定位、测速和授时服务，定位精度为 10 m，测速精度为 0.2 m/s，授时精度为 50 ns。授权服务是向授权用户提供更安全的定位、测速、授时和通信服务以及系统完好性信息。2011

年 12 月,中国卫星导航系统管理办公室向外公布了《北斗卫星导航系统空间信号接口控制文件(测试版)》,它给出了关于北斗 B1 频点信号的一些规范[15,17]。正好在一年之后,即 2012 年 12 月,全球翘首以盼的《北斗卫星导航系统空间信号接口控制文件:公开服务信号 B1I》又被正式公开,这充分体现了我国对自己拥有的卫星导航定位系统及其应用技术的坚定信心、对开发北斗系统的豪迈热情以及向全世界北斗用户免费提供高质量服务的郑重承诺。

北斗 B1 信号的载波中心频率为 1 561.098 MHz,周期与码率分别为 2 046 码片与 2.046 Mcps 的伪码属于 Gold 码,采用正交相移键控(quadrature phase shift keying, QPSK)调制,是一种呈右旋圆极化的 CDMA 导航信号。北斗卫星导航系统采用 2000 中国大地坐标系(CGCS2000),北斗时间系统是一个与 GPS 时间系统相仿的连续、不跳秒的时间系统。北斗卫星导航系统一直受到世界各国的关注,人们对北斗卫星信号的跟踪与测量以及对其信号结构的分析与推测曾经一直高度关注。

第三步,2020 年全面建成北斗卫星导航系统。中国自主研制的北斗卫星导航系统从 2009 年起进入了组网高峰期,2020 年 6 月 23 日形成覆盖全球的卫星导航定位系统。基于只针对我国境内用户导航定位要求的北斗二代,北斗卫星导航系统通过发射 MEO 卫星而逐步扩展成一个具有全球覆盖的卫星星座,到时整个星座将由 5 颗 GEO 卫星和 30 颗非 GEO 卫星(包括 3 颗 IGSO 卫星和 27 颗 MEO 卫星)组网而成。除具有前几代北斗系统已经体现出来的开发性、自主性和渐进性外,北斗卫星导航系统的建设与发展还将遵循兼容性与互操作性,即在全球卫星导航系统国际委员会和国际电信联盟的框架下,北斗卫星导航系统将实现与世界上各个 GNSS 的兼容与互操作,让全球用户都能享受到由卫星导航技术发展所带来的成果。

2.1.5　其他区域导航卫星系统

1. 日本准天顶卫星系统

2006 年,日本政府提出了建立一个为日本及其邻近国家提供服务的区域性卫星导航系统,即准天顶卫星系统(QZSS),它除发射与 GPS 和 Galileo 卫星信号兼容的导航信号外,还播发 GNSS 差分校正量。QZSS 卫星星座由 7 颗卫星构成,包括 1 颗 GEO 卫星、3 颗 IGSO 卫星和 3 颗大椭圆轨道(high elliptical orbit, HEO)卫星,其中第 1 颗 QZSS 卫星已于 2010 年 9 月 11 日发射升空。QZSS 星座在设计上保证在任何时刻至少有一颗卫星位于日本的天顶方向附近,它希望通过提供接近于日本天顶方向的卫星信号,帮助解决由于高楼林立而阻挡低仰角 GNSS 卫星信号所造成的城市峡谷问题。QZSS 的地面监控部分包括 1 个主控站和 10 个监测站。

在当前所有的 GNSS 中,QZSS 与 GPS 具有最高的互操作性。QZSS 发射 L_1 C/A、L_1C、SAIF、L_2C、L_5 和 E6LEX 总共 6 个信号,其中除 E6 的 LEX 信号采用一种新型的调制技术外,其余信号几乎等同于 GPS 的相应信号,而 E6 波段又与 Galileo 的 E6 波段相重合,从而有利于实现与 GPS 和 Galileo 的兼容性和互操作性。此外,QZSS 所采用的时间、空间坐标系也可以说是与 GPS 几乎完全一致。关于这些 QZSS 信号的具体结构内容,读者可参阅 QZSS 信号界面规范文件[18]。

2. 印度区域卫星导航系统

2006 年,印度批准了建立一个属于印度自己的印度区域导航卫星系统(IRNSS),并力图使它与其他 GNSS 和区域性增强系统兼容[19]。IRNSS 星座将由 7 颗卫星组成,包括 3 颗 GEO 卫星和 4 颗 IGSO 卫星,其中 3 颗 GEO 卫星原本属于为南亚地区提供服务的印度 GPS 辅助型近地轨道增强导航(GPS-aided Geo-Augmented navigation,FAGAN)卫星,也就是说,GAGAN 被扩展成为 IRNSS 的一部分。IRNSS 卫星在 L_5 和 S 这两个波段上发射 CDMA 导航信号,其中 L_5 波段与 GPS 的 L_5 和 Galileo 的 E5a 波段重合,S 波段位于 2 483.5 ~ 2 500.0 MHz。IRNSS 于 2016 年成功完成七星组网。

2.2 GPS 时间系统及坐标系统

时间和空间是物质存在的基本形式。时间是基本物理量之一,它反映了物质运动的顺序性和连续性。人们在生产、科学研究和日常生活中都离不开时间。物体在空间的位置、运动速度及运行轨迹等都需要在一定的坐标系中来加以描述。因此,时间系统和坐标系统就成为大地测量学中两个非常重要的基本问题。随着科学技术的不断发展,时间系统和坐标系统所涉及的内容也越来越广泛、越来越复杂。本节将对 GPS 测量中所涉及的时间系统和坐标系统进行简单介绍。

2.2.1 时间系统

时间是一个重要的物理量,在 GPS 测量中对时间提出了很高的要求。如利用 GPS 卫星,发射测距信号来测定卫星至接收机间的距离时,若要求测距误差小于等于 1 cm,则测量信号传播时间的误差必须小于等于 $3×10^{-11}$ s(0.03 ns)。

2.2.1.1 有关时间系统的一些基本概念

1. 时间

时间有两种含义:时间间隔和时刻。时间间隔是指事物运动处于两个(瞬间)状态之间所经历的时间过程,它描述了事物运动在时间上的持续状况;而时刻是指发生某一现象的时间。所谓的时刻实际上也是一种特殊的(与某一约定的起始时刻之间的)时间间隔,而时间间隔是指某一事件发生的始末时刻之差。时刻测量也被称为绝对时间测量,而时间间隔测量则被称为相对时间测量。时间系统规定了时间测量的标准,包括时刻的参考基准(起点)和时间间隔测量的尺度基准。时间系统是由定义和相应的规定从理论上来进行阐述的,而时间系统框架则是通过守时、授时以及时间频率测量和比对技术在全球范围内或某一区域内来实现和维持统一的时间系统。但在实际使用时,有时对这两个不同的概念并不加以严格区分。

2. 时间基准

时间测量需要有一个公共的标准尺度,称为时间基准或时间频率基准。一般来说,任何一个能观测到的周期性运动,只要能满足下列条件都可作为时间基准。

(1) 能做连续的周期性运动,且运动周期十分稳定;

(2) 运动周期具有很好的复现性,即在不同的时期和地点这种周期性的运动都可以通过观测和实验来予以复现。

自然界中具有上述特性的运动有很多种,如早期的燃香和沙漏,后来的钟摆及石英晶体的振荡,以及近代的原子跃迁时发出的电磁波振荡信号和脉冲星的脉冲信号等。迄今为止,实际应用较为精确的时间基准主要有下列几种:

(1) 地球自转周期,它是建立世界时所用的时间基准,其稳定度约为 10^{-8};

(2) 行星绕日的公转周期及月球绕地球的公转周期,它是建立历书时所用的时间基准,其稳定度约为 10^{-10};

(3) 原子中的电子从某一能级跃迁至另一能级时所发出(或吸收)的电磁波信号的振荡频率(周期),它是建立原子时所用的时间基准,其稳定度约为 10^{-14}。目前最好的铯原子喷泉钟的稳定度已进入 10^{-16} 级;

(4) 脉冲星的自转周期,最好的毫秒脉冲星的自转周期的稳定度有可能达到 10^{-19} 或更好。目前,世界各国的科学家们还在为建立具有更高精度(比原子时)的脉冲星时而努力工作。

3. 守时系统(时钟)

守时系统(时钟)被用来建立和/或维持时间频率基准,确定任一时刻的时间。守时系统还可以通过时间频率测量和比对技术来评价该系统内不同时钟的稳定度和准确度,并据此给各时钟以不同的权重,以便用多台钟来共同建立和维持时间系统框架。

4. 授时和时间比对

授时系统可以通过电话、电视、计算机网络系统、专用的长波和短波无线电信号、搬运钟以及卫星等设备将时间系统所维持的时间信息和频率信息传递给用户。不同用户之间也可以通过上述设施和方法来实现高精度的时间比对。授时实际上也是一种时间比对,是用户与标准时间之间进行的时间比对。

不同的时间比对方法具有不同的精度,其方便程度和所需费用等也不相同,用户可以根据需要选择合适的方法。

目前,国际上有许多单位和机构在建立和维持各种时间系统,并通过各种方式将有关的时间和频率信息传递给用户,这些工作统称为时间服务。我国国内的时间服务是由国家授时中心提供的。

5. 时钟的主要技术指标

时钟是一种重要的守时工具。利用时钟可以连续地向用户提供任一时刻所对应的时间 t_i。 由于任何一台时钟都存在误差,所以需要通过定期或不定期地与标准时间进行比对,求出比对时刻的钟差,经数学处理(如简单的线性内插)后估计出任一时刻 t_i 时的钟差来加以改正,以便获得较为准确的时间。

评价时钟性能的主要技术指标为频率准确度、频率漂移率和频率稳定度。

1) 频率准确度

一般而言,时钟是由频率标准(频标)、计数器、显示和输出装置等部件所组成的。其中,频标通常用具有稳定周期的振荡器来担任(如晶体振荡器);计数器则用来记录振荡的次数,然后再经分频后形成高精度的秒脉冲信号输出。所谓频率准确度是指振荡器所产生的实际振荡频率 f 与其理论值(标准值) f_0 之间的相对偏差,即 $a = (f - f_0)/f_0$,频率准确度与时间之间具有下列关系:

$$a = \frac{\mathrm{d}f}{f_0} = -\frac{\mathrm{d}T}{T}, \text{即 } \mathrm{d}T = -aT$$

这就表明频率准确度是反映钟速是否正确的一个技术指标。

2)频率漂移率(频漂)

频率准确度在单位时间内的变化量称为频率漂移率,简称频漂。据单位时间的取值的不同,频漂有日频漂率、周频漂率、月频漂率和年频漂率之分。计算频漂的基本公式为

$$b = \frac{\sum\limits_{i=1}^{N}(f_i - \bar{f})(t_i - \bar{t})}{f_0 \sum\limits_{i=1}^{N}(t_i - \bar{t})^2} \tag{2-1}$$

式中, t_i 为第 i 个采样时刻(单位可以取秒、时、日等); f_i 为第 i 个采样时刻测得的频率值; f_0 为标称频率值(理论值); N 为采样总数; $\bar{t} = \dfrac{1}{N}\sum\limits_{i=1}^{N} t_i$ 为平均采样时刻; $\bar{f} = \dfrac{1}{N}\sum\limits_{i=1}^{N} f_i$ 为平均频率。

频漂反映了钟速的变化率,也称老化率。

3)频率稳定度

频率稳定度反映频标在一定的时间间隔内所输出的平均频率的随机变化程度。在时域测量中,频率稳定度是用采样时间内平均相对频偏 $\bar{y}_k$ 的阿伦方差的平方根 σ_y 来表示的:

$$\sigma_y(\tau) = \sqrt{\left\langle \frac{(\bar{y}_{k+1} - \bar{y}_k)^2}{2} \right\rangle} = \frac{1}{f_0} \sqrt{\left\langle \frac{(\bar{f}_{k+1} - \bar{f}_k)^2}{2} \right\rangle} \tag{2-2}$$

式中, $\langle \cdot \rangle$ 表示无穷多个采样的统计平均值; $\bar{y}_k$ 为时间间隔 $(t_k, t_{k+\tau})$ 内的平均相对频率,即

$$\bar{y}_k = \frac{1}{\tau} \int_{t_k}^{t_{k+\tau}} \left(\frac{\bar{f}_k - f_0}{f_0} \right) \mathrm{d}t = \frac{1}{f_0} \left[\frac{1}{\tau} \int_{t_k}^{t_{k+\tau}} f(t) \mathrm{d}t - f_0 \right]$$

令 $\bar{f}_k = \dfrac{1}{\tau} \int_{t_k}^{t_{k+\tau}} f(t) \mathrm{d}t$,则

$$\bar{y}_k = \frac{\bar{f}_k - f_0}{f_0}, \quad \bar{y}_{k+1} = \frac{\bar{f}_{k+1} - f_0}{f_0} \tag{2-3}$$

当测量次数有限时,频率稳定度用下式估计:

$$\hat{\sigma}_y = \frac{1}{f_0} \sqrt{\frac{\sum_{i=1}^{m} (\bar{f}_{k+1} - \bar{f}_k)^2}{2(m-1)}} \tag{2-4}$$

式中, m 为采样次数,一般应不小于 100 次。

频率的随机变化是在频标内部的各种噪声的影响下产生的。各类噪声对频率的随机变化的影响程度和影响方式是不同的,因此采样时间不同,所获得的频率稳定度也不同。在给出频率稳定度时,必须同时给出采样时间,如日稳定度为 10^{-13} 等。频率稳定度是反映时钟质量的最主要的技术指标。频率准确度和频漂反映了钟的系统误差,其数值即使较大,也可通过与标准时间进行比对来予以确定并加以改正;而频率稳定度则反映了钟的随机误差,我们只能从数理统计的角度来估计其大小,而无法进行改正。

2.2.1.2　恒星时与太阳时、世界时和区时

地球自转是一种连续的周期性运动。早期由于受观测精度和计时工具的限制,人们认为这种自转是均匀的,所以被选作时间基准。恒星时和太阳时都是以地球自转作为时间基准的,其主要差异在于量测自转时所选取的参考点不同。

1. 恒星时

恒星时是以春分点作为参考点的。由于地球自转使春分点连续两次经过地方上子午圈的时间间隔为一恒星日。以恒星日为基础均匀分割,从而获得恒星时系统中的"小时""分"和"秒"。恒星时在数值上等于春分点相对于本地子午圈的时角。由于恒星时是以春分点通过本地上子午圈为起始点的,所以它是一种地方时。

由于岁差和章动的影响,地球自转轴在空间的方向是不断变化的,故春分点有真春分点和平春分点之分。相应的恒星时也有真恒星时和平恒星时之分。其中,格林尼治真恒星时(Greenwich apparent sidereal time, GAST)和格林尼治平恒星时(Greenwich mean sidereal time, GMST)在 GPS 中常会出现。GAST 是真春分点与经度零点(格林尼治起始子午线与赤道的交点)间的夹角,GAST 的变化主要取决于地球自转,但也与由于岁差和章动而导致的真春分点本身的移动有关;GMST 则是平春分点与经度零点间的夹角:

$$\text{GAST} - \text{GMST} = \Delta\psi\cos(\varepsilon_0 + \Delta\varepsilon) \tag{2-5}$$

式中, $\Delta\psi$ 为黄经章动; $\Delta\varepsilon$ 为交角章动,以后还将详细介绍。

2. 真太阳时

真太阳时以太阳中心作为参考点,太阳中心连续两次通过某地的子午圈的时间间隔称为一个真太阳日。以其为基础均匀分割后得到真太阳时系统中的"小时""分"和"秒"。因此,真太阳时是以地球自转为基础,以太阳中心作为参考点而建立起来的一个时间系统。真太阳时在数值上等于太阳中心相对于本地子午圈的时角,再加上 12 小时。然而,由于地球围绕太阳的公转轨道为一椭圆,如图 2.4 所示,据开普勒行星运动三定律知,其运动角速度是不相同的,在近日点处,运动角速度最大;远日点处,运动角速度最小,再加上地球公转位于黄道平面,而时角是在赤道平面量度的,故真太阳时的长度是不相同的。也就是说,真太阳时不具备作为一个时间系统的基本条件。

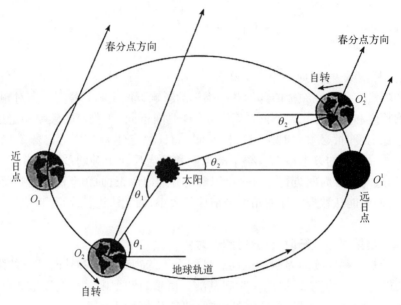

图 2.4　地球公转示意图

3. 平太阳时

在日常生活中,人们已经习惯用太阳来确定时间,安排工作和休息。为了弥补真太阳时不均匀的缺陷。人们便设想用一个假太阳来代替真太阳。这个假太阳也和真太阳一样在做周年视运动,但有两点不同:第一,其周年视运动轨迹位于赤道平面而不是黄道平面;第二,它在赤道上的运动角速度是恒定的,等于真太阳的平均角速度。我们称这个假太阳为平太阳。以地球自转为基础,将上述的平太阳中心作为参考点而建立起来的时间系统称为平太阳时。即这个假想的平太阳连续两次通过某地子午圈的时间间隔叫作一个平太阳日。以其为基础均匀分割后,可获得平太阳时系统中的"小时""分"和"秒"。平太阳时在数值上就等于平太阳的时角,再加上 12 小时。

由于平太阳是一个假想的看不见的天体,因而平太阳时实际上仍是通过观测恒星或真太阳后再依据不同时间系统之间的数学关系归算而得到的。

4. 世界时(universal time)和区时(zone time)

平太阳时是一种地方时。同一瞬间,位于不同经线上的两地的平太阳时是不同的。为日常生活和工作中使用方便,需要有一个统一的标准时间,1884 年在华盛顿召开的国际子午线会议决定,将全球分为 24 个标准时区。从格林尼治零子午线起,向东西各 7.5° 为 0 时区,然后向东每隔 15° 为一个时区,分别记为 1,2,…,23 时区。在同一时区,统一采用该时区中央子午线上的平太阳时,称为区时。中国幅员辽阔,从西向东横跨 5 个时区。目前都采用东八区的区时,称为北京时。采用区时后,在一个局部区域内所使用的时间是相对统一的,不同时区间也可以方便地进行换算。

格林尼治起始子午线处的平太阳时称为世界时。世界时是以地球自转周期作为时间基准的,随着科学技术水平的发展及观测精度的提高,人们逐渐发现以下现象。

(1)地球自转的速度是不均匀的。它不仅有长期减缓的总趋势,而且也有季节性的变化以及短周期的变化,情况较为复杂。

(2) 地极在地球上的位置不是固定不变的,而是在不断移动,即存在极移现象。这就意味着世界时已不再严格满足作为一个时间系统的基本条件,因为它实际上已不是一个完全均匀的时间系统。为了使世界时尽可能均匀,从 1956 年起,在世界时中引入了极移改正 $\Delta\lambda$ 和地球自转速度的季节性改正 ΔT。如果我们把直接根据天文观测测定的世界时称为 UT0,把经过极移改正后的世界时称为 UT1,把再经过地球自转速度季节性改正后的世界时称为 UT2,则有

$$UT1 = UT0 + \Delta\lambda$$
$$UT2 = UT1 + \Delta T = UT0 + \Delta\lambda + \Delta T \tag{2-6}$$

式中,极移改正 $\Delta\lambda$ 的计算公式为

$$\Delta\lambda = \frac{1}{15}(X_P\sin\lambda - Y_P\cos\lambda)\tan\varphi \tag{2-7}$$

式中, X_P、Y_P 为极移的两个分量,由国际地球自转服务(International Earth Rotation Service,IERS)测定并公布;λ、φ 为测站的经度和纬度。

地球自转的季节性改正 ΔT 的计算公式如下:

$$\Delta T = 0.022\sin 2\pi t - 0.012\cos 2\pi t - 0.006\sin 4\pi t + 0.007\cos 4\pi t \tag{2-8}$$

式中,ΔT 单位为 s; t 为白塞尔年, $t = (\text{MJD} - 51\,544.03)/365.242\,2$。经过上述改正后,UT2 的稳定性有所提高(大约能达到 10^{-8}),但仍含有地球自转不均匀中的长期项、短周期项和一些不规则项,因而仍然不是一个均匀的时间系统,不能用于 GPS 测量等高精度的应用领域。

需要特别指出的是,由于 UT1 反映了地球自转的真实情况,与地球自转角是直接联系在一起的,所以是进行 GCRS 和 ITRS(WGS-84)坐标系的坐标转换中的一个重要参数。

2.2.1.3 原子时、协调世界时、GPS 时与 GLONASS 时

1. 原子时

随着生产力的发展和科学技术水平的提高,人们对时间和频率的准确度和稳定度的要求越来越高,以地球自转为基准的恒星时和平太阳时、以行星和月球的公转为基准的历书时已难以满足要求。从 20 世纪 50 年代起,人们逐渐把目光集中到建立以物质内部原子运动为基础的原子时上来。

当原子中的电子从某一能级跃迁至另一能级时,会发出或吸收电磁波。这种电磁波的频率非常稳定,而且上述现象又很容易复现,所以是一种很好的时间基准。1955 年,英国国家物理实验室与美国海军天文台(USNO)合作精确地测定了铯原子基态两个超精细能级间在零磁场中跃迁时所发出的电磁波信号的振荡频率为 9 192 631 770 Hz。1967 年10 月,第十三届国际计量大会通过如下决议:位于海平面上的铯 133(Cs^{133})原子基态两个超精细能级间在零磁场中跃迁辐射振荡 9 192 631 770 周所持续的时间定义为原子时的

1 s。而原子时的起点规定为 1958 年 1 月 1 日 0 时整,此时,原子时与世界时对齐,但由于技术方面的原因,事后发现在这一瞬间原子时 AT 与世界时 UT 并未精确对准,两者间存在 0.003 9 s 的差异,即

$$(AT - UT)_{1958.0} = -0.003\ 9\ s \tag{2-9}$$

据此就能建立原子时。需要说明的是,随后又出现了许多不同类型的原子钟,如铷原子钟、氢原子钟等,并精确测定了它们的跃迁信号频率分别为 6 834 682 605 Hz 和 1 420 405 757.68 Hz,因而原子时的定义也被扩展为以原子跃迁的稳定频率为时间基准的时间系统。

原子时是由原子钟来确定和维持的,但由于电子元器件及外部运行环境的差异,同一瞬间,每台原子钟所给出的时间并不严格相同。为了避免混乱,有必要建立一种更为可靠、更为精确、更为权威的能被世界各国所共同接受的统一的时间系统——国际原子时 (international atomic time,TAI)。TAI 是 1971 年由国际时间局建立的,现改由国际计量局 (Bureau International des Poids et Measures,BIPM) 的时间部门在维持。BIPM 是依据全球约 60 个时间实验室中的大约 240 台自由运转的原子钟所给出的数据,经数据统一处理后来给出国际原子时的。

2. 协调世界时

稳定性和复现性都很好的原子时能满足高精确度时间间隔测量的要求,因此被很多部门所采用。但有不少领域,如天文导航、大地天文学等又与地球自转有密切关系,离不开世界时。由于原子时是一种均匀的时间系统,而地球自转则存在不断变慢的长期趋势,这就意味着世界时的秒长将变得越来越长,所以原子时和世界时之间的差异将越来越明显,估计到 21 世纪末,两者之差将达到 2 min 左右。为同时兼顾上述用户的要求,国际无线电科学协会于 20 世纪 60 年代建立了协调世界时(coordinated universal time,UTC)。协调世界时的秒长严格等于原子时的秒长,而协调世界时与世界时 UT 间的时刻差规定需要保持在 0.9 s 以内,否则将采取闰秒的方式进行调整。增加 1 s 称为正闰秒,减少 1 s 称为负闰秒。闰秒一般发生在 6 月 30 日及 12 月 31 日。闰秒的具体时间由国际计量局在 2 个月前通知各国的时间服务机构。

为了使用方便、及时,各时间实验室通常都会利用本实验室内的多台原子钟来建立和维持一个局部性的 UTC 系统,供本国或本地区使用。为加以区分,这些区域性的 UTC 系统后要加一个括号,注明是由哪一个时间实验室建立和维持的。例如,由美国海军天文台建立和维持的 UTC 系统,写为 UTC(USNO)。GPS 导航电文中给出了 UT1 与 UTC (USNO)之间的差异。而 BIPM 利用全球各个实验室的资料而建立起来的全球统一的协调世界时,则直接标注为 UTC,后面不加括号。

原子时的秒长是根据 1 900.0 时历书时的秒长来定义的,即第 13 届国际计量大会所定义的一个原子时秒的长度与 1 900.0 时历书时的 1 秒的长度是相同的。由于地球自转存在长期变慢的趋势,也就是说,世界时的秒长将变得越来越长。100 多年后,世界时秒长与原子时秒长间已有了明显的差异,因此跳秒也变得越来越频繁(现在大约每年需调整 1 s),给使用带来许多不便。有人建议重新定义原子时的秒长,以便其与当前世界时的秒

长尽量一致,从而减少跳秒的次数,使 UTC 在一个较长的时间段内能保持连续。但"秒"是一个非常重要的基本物理量,它的定义变化后,会引起光速等一系列参数发生变化,所以反对的意见也不少,还需慎重考虑,从长计议。

1979 年 12 月,UTC 已取代世界时作为无线电通信中的标准时间。目前,许多国家都已采用 UTC 来作为自己的时间系统,并按 UTC 时间来播发时号。需要使用世界时的用户可以根据 UTC 以及(UT1-UTC)来间接获取 UT1。表 2.3 是国际地球自转服务 IERS 在地球定向快速服务/预报公报中所给出的地球定向参数,用户内插后即可获得任一时刻 t 的(UT1-UTC)值。

表 2.3　极移(X_P, Y_P)及(UT1-UTC)值

时　间	MJD	极移值/mas				UT1-UTC/ms	
		X_P	误差	Y_P	误差	(UT1-UTC)值	误差
2007 年 8 月 24 日	54 336	206.60	0.09	277.35	0.09	-162.636	0.013
2007 年 8 月 25 日	54 337	204.70	0.09	274.98	0.10	-162.186	0.012
2007 年 8 月 26 日	54 338	202.98	0.09	272.57	0.10	-161.904	0.015
2007 年 8 月 27 日	54 339	201.79	0.09	270.40	0.10	-161.906	0.013
2007 年 8 月 28 日	54 340	200.91	0.09	268.60	0.10	-162.235	0.013
2007 年 8 月 29 日	54 341	200.07	0.09	267.01	0.09	-162.853	0.048
2007 年 8 月 30 日	54 342	199.41	0.09	265.48	0.10	-163.724	0.057

注:表中给出的值均为 0 h 00 min 的数值。

在 GPS 卫星导航电文中给出了 GPS 时与由美国海军天文台所维持的 UTC 时间[即 UTC(USNO)]之差,并用多项式进行拟合,直接给出的是多项式的系数。

3. GPS 时

GPS 时是全球定位系统 GPS 使用的一种时间系统。它是由 GPS 的地面监控系统和 GPS 卫星中的原子钟建立和维持的一种原子时,其起点为 1980 年 1 月 6 日 0 h 00 min 00 s。在起始时刻,GPS 时与 UTC 对齐,这两种时间系统所给出的时间是相同的。由于 UTC 存在跳秒,因而经过一段时间后,这两种时间系统中就会相差 n 个整秒,n 是这段时间内 UTC 的积累跳秒数,将随时间的变化而变化。由于在 GPS 时的起始时刻 1980 年 1 月 6 日,UTC 与国际原子时 TAI 已相差 19 s,故 GPS 时与国际原子时之间总会有 19 s 的差异,即 TAI - GPST = 19 s。从理论上讲,TAI 和 GPST 都是原子时,且都不跳秒,因而这两种时间系统之间应严格相差 19 s 整。但 TAI(UTC)是由 BIPM 据全球的约 240 台原子钟来共同维持的时间系统,而 GPST 是由全球定位系统中的数十台原子钟来维持的一种局部性的原子时,这两种时间系统之间除了相差若干整秒之外,还会有微小的差异 C_0,即 TAI - GPST = 19s + C_0;UTC - GPST = n 整秒 + C_0。由于 GPS 已被广泛应用于时间比对,用户通过上述关系即可获得高精度的 UTC 或 TAI 时间。国际上有专门单位在测定并公布 C_0 值,其数值一般可保持在 10 ns 以内。

4. GLONASS 时

与 GPS 时相类似,GLONASS 为满足导航和定位的需要也建立了自己的时间系统,我

们将其称为 GLONASS 时。该系统采用的是莫斯科时（第三时区），与 UTC 间存在 3 h 的偏差。GLONASS 时也存在跳秒，且与 UTC 保持一致。同样，由于 GLONASS 时是该系统自己建立的原子时，故它与由国际计量局 BIPM 建立和维持的 UTC 之间（除时差外）还会存在细微的差别 C_1。它们之间有下列关系：UTC + 3h = GLONASS + C_1。用户可据此将 GLONASS 时换算为 UTC，也可以将其与 GPS 时建立联系关系式。同样，C_1 值也由专门机构加以测定并予以公布，其值一般为数百个纳秒，近来可能有所改善。

GPS(GLONASS)已被广泛用于精密授时，需要指出的是，利用 GPS(GLONASS)测得的时间是 GPS 时(GLONASS 时)，用户若需要获得精确的 UTC 时，除考虑 n 个整秒(3h)的差异外，还应顾及 C_0 和 C_1 项。

2.2.1.4　建立在相对论框架下的时间系统

1984 年前，在计算自然天体和人造天体的位置、编制天文历表和卫星星历时都采用历书时。历书时是建立在经典的牛顿力学基础上的一种时间系统。牛顿力学认为时间 t 是天体运动方程中的一个独立变量，它与天体在空间的位置以及所受的引力位无关，既可用于卫星围绕地球的运动，也可用于行星绕日公转运动。随着观测技术的改进和计时工具的精度的不断提高，这种经典理论与观测结果之间的矛盾就开始显现出来，并越来越明显。迫切需要用一种新的理论和模型来加以解释和进行数据处理。

为此，1976 年第 16 届国际天文学联合会(International Astronomical Union, IAU)作出决议，正式在天文学领域中引进了相对论时间尺度，给出了地球动力学时(terrestrial dynamic time, TDT)和太阳系质心动力学时(barycentric dynamical time, TDB)的具体定义（但地球动力学时和太阳系质心动力学时这两个名称是在 1979 年的第 17 届 IAU 大会上才正式确定的）。在 1991 年召开的第 21 届 IAU 大会上又决定将地球动力学时 TDT 改称为地球时(terrestrial time, TT)，并引入了地心坐标时(geocentric coordinate time, TCG)和太阳系质心坐标时(barycentric coordinate time, TCB)。在 GPS 新的导航电文中将涉及 TDT(TT)和 TDB 等概念，故在此作一简单介绍。

1. 地球动力学时(TDT)

地球动力学时是用于解算围绕地球质心运动的天体（如人造卫星）的运动方程、编算卫星星历时所用的一种时间系统。TDT 是建立在国际原子时 TAI 的基础上的，其秒长与国际原子时的秒长相等。但起始点间有 32.184 s 的差异，即

$$TDT = TAI + 32.184 \qquad (2-10)$$

这是因为 TDT 在起始时刻 1977 年 1 月 1 日 0 时是与历书时(ephemeris time, ET)相同（这样做是为了保持天体位置的连续性），而此时 ET 与 TAI 已相差了 32.184 s。而 TAI 与 GPS 时之间有 19 s 的差值，所以 TDT 与 GPS 时之间理论上有 51.184 s 的差值：

$$TDT = GPST + 51.184 \qquad (2-11)$$

式(2-11)中未顾及 TAI 与 GPS 时之间实际上还存在的微小的差异项 C_0，因而只是一个理论值。需要说明的是，某一时间系统建立和开始使用的时间与该时间系统的起点不是一回事，起点往往要早于开始使用的时间。

在第 16 届 IAU 大会的决议中,还将 TDT 的基本单位从原子时中的"秒"改为天文学中的基本时间单位"日",并定义 TDT 的 1 日 = 86 400 s(SI)。这种变化并无实质性的意义,只是为了便于天文学计算而已。1991 年,第 21 届 IAU 大会又决定将 TDT 改称为地球时 TT 以避免使用动力学(dynamical)这个容易引起争议的名词。

目前,在计算 GPS 卫星的运动方程、编算其星历时都采用地球时 TT。地球时可以被看成是一种在大地水准面上实现的与 SI 秒一致的一种理想化的原子时。

2. 太阳系质心动力学时(TDB)

太阳系质心动力学时简称为质心动力学时。这是一种用以解算坐标原点位于太阳系质心的运动方程、编制行星星表时所用的一种时间系统。

IAU 在引入 TDT(TT)和 TDB 时,为了不让这两种时间系统之间出现很大的差异,人为地规定了这两种时间系统之间不允许存在长期变化项,而只能存在周期项。即 TT 和 TDB 之间只存在微小的周期性的变化,但在一个周期内这两种时间系统的"平均钟速"是相同的。在上述规定的约束下,TT 和 TDB 之间存在下列关系:

$$\text{TDB} - \text{TT} = 0.001\,658\sin M + 0.000\,014\sin 2M + \frac{\boldsymbol{v}_e \cdot (\boldsymbol{x} - \boldsymbol{x}_0)}{c^2} \qquad (2-12)$$

式中,M 为地球绕日公转中的平近点角;$\boldsymbol{v}_e$ 为地球质心在太阳系质心坐标系中的公转速度矢量;$\boldsymbol{x}_0$ 为地心在太阳系质心坐标系中的位置矢量;$\boldsymbol{x}$ 为地面钟在太阳系质心坐标系中的位置矢量;$(\boldsymbol{x} - \boldsymbol{x}_0)$ 实际上就是地面钟在地心坐标系中的位置矢量;c 为真空中的光速。

TT 与 TDB 之间实际上是存在一个尺度比的,也就是说,TT 中的 1 秒的长度与 TDB 中 1 秒的长度是不相等的,两者之间有下列关系:

$$\frac{\Delta\text{TDB}}{\Delta\text{TT}} = 1 + L_B \qquad (2-13)$$

式中,$L_B = 1.550\,519\,767\,72 \times 10^{-8}$。

这就意味着在地心坐标系和太阳系质心坐标系中,由于坐标系运动速度和所受到的引力位的不同,在相对论的影响下,TT 和 TDB 的时间单位实际上是含有一个系统性的尺度比 L_B,但国际天文协会 IAU 为了不让这两个时间系统之间存在过大的差异,在定义 TDT(TT)和 TDB 时,人为地规定了它们之间不允许存在系统性的时间尺度比,而只允许存在周期性的变化项(让平均的时间单位相等),为了保持光速 c 的恒定,因而只能让地心坐标系中的长度单位与太阳系质心坐标系中的长度单位含有一个尺度比,即

$$L_{\text{TDB}} = \frac{L_{\text{TT}}}{1 - L_B} \qquad (2-14)$$

也就是说,在太阳系质心坐标系中的 1 米要比地心坐标系中的 1 米要长。

3. 地心坐标时(TCG)和太阳系质心坐标时(TCB)

自从引入 TDT(TT)和 TDB 以后,有不少人提出异议如下。

（1）对动力学（dynamical）一词应如何解释。

（2）IAU 规定 TDB 与 TDT（TT）之间只允许存在小的周期性变化。但当时间段较短时，周期项和长期项难以严格区分，周期项也相当于长期项。

（3）为了去掉 TDB 和 TDT 之间的长期项，就需要人为地在地心坐标系和太阳系质心坐标系之间引入一个尺度比，从而导致在不同的坐标系中有不同的天文常数，此外也会使某些概念变得含混不清，因而 1991 年在第 21 届 IAU 大会上又决定引入地心坐标时 TCG 和太阳系质心坐标时 TCB。

地心坐标时 TCG 是原点位于地心的天球坐标系中所使用的第四维坐标——时间坐标。它是把 TDT 从大地水准面上通过相对论转换到地心时的类时变量。

太阳系质心坐标时 TCB 是太阳系质心天球坐标中的第四维坐标。它是用于计算行星绕日运动的运动方程中的时间变量，也是编制行星星表时的独立变量。

在时间系统中，我们通常把可以直接由标准钟所确定的时间称为原时。原时是可以用精确的计时工具来直接测定，如原子时等，而把在相对论框架下所导得的时间称为坐标时或类时，如 TDB、TCG、TCB 等。坐标时是不能由量测来实现的，而需要根据由时空度规则所给出的数学关系式通过计算来间接求得，而时空度规则可以通过爱因斯坦场方程来获得。下面我们不加推导直接给出 TT 与 TCG 之间的关系式：

$$\text{TCG} - \text{TT} = L_C(\text{MJD} - 43\,144.0) \times 86\,400\text{s} \qquad (2-15)$$

式中，L_C 为一常数，其值等于 $6.969\,290\,134 \times 10^{-10}$。TT 和 TCG 的起点时刻规定为 1977 年 1 月 1 日 0 时，用儒略日表示为 2 443 144.5 日，用简化儒略日 MJD 表示为 43 144.0 日，规定在起点时刻 TCG＝TT。

例：求 2007 年 9 月 4 日 0 时时 TCG 与 TT 间的差值。

解：首先求得 2007 年 9 月 4 日 0 时的儒略日 JD＝2 454 347.5 日，该时刻的简化儒略日 MJD＝54 347.0 日，代入式（2-15）后得

$$\text{TCG} - \text{TT} = 6.969\,290\,134 \times 10^{-10} \times (54\,347.0 - 43\,144.0) \times 86\,400\text{s} = 0.674\,6\text{s}$$

而 TCB 与 TCG 之间有下列关系式：

$$\text{TCB} - \text{TCG} = L_C(\text{MJD} - 43\,144.0) \times 86\,400\text{s} + 0.001\,658\text{s} \times \sin M$$
$$+ 0.000\,014\text{s} \times \sin 2M + \frac{\boldsymbol{v}_e \cdot (\boldsymbol{x} - \boldsymbol{x}_0)}{c^2} \qquad (2-16)$$

式中，$L_C = 1.480\,826\,867\,41 \times 10^{-8}$，其余符号的含义同前。

式（2-16）中第一项为长期项，将随着时间间隔的增加而增加，在 2007 年 9 月 4 日 0 时，该项已达 14.333 5 s；第二项为与时间有关的周期项，最大值可达 0.001 658 s；第三项是与原子钟的空间位置有关的周期项，最大值仅为 2.1 μs。

在 GPS 的 L_2C、L_5 上调制的新的导航电文将涉及 TDT（TT）、TDB 等概念，但限于篇幅，本节对建立在相对论框架下的各种时间系统及相互转换关系的推导等未作详细介绍，感兴趣的同学可参阅 IAU 的相关决议及空间大地测量学等参考资料。

2.2.1.5　GPS 中涉及的一些长时间计时方法

在 GPS 导航和 GPS 测量中还会碰到一些计量长时间间隔的计时方法和计时单位,如年月日、儒略日和简化儒略日、年积日等,它们有的涉及历法,有的则是天文学中的一些术语。虽然从严格意义上讲,这些内容已超出时间系统的范畴,但由于经常用到,因而也一并作介绍。

1. 历法

历法是规定年、月、日的长度以及它们之间的关系,制定时间序列的一套法则。由于地球绕日公转周期和月球绕地球公转的周期均不为整天数,而历法中规定的年和月的长度则只能为整天数,所以需要有一套合适的方法来加以编排。目前,各国使用的历法主要有阳历、阴历和阴阳历三种。

1)阳历(solar calendar)

阳历也称公历,是以太阳的周年视运动为依据制定的。太阳中心连续两次通过春分点所经历的时间间隔为一个回归年,其长度为

$$1\text{ 回归年} = 365.242\ 189\ 68 - 0.000\ 006\ 16 \times t(\text{日}) \tag{2-17}$$

式中, t 为从 J2000.0(即儒略日 2 451 545.0)起算的儒略世纪数,即

$$t = \frac{JD - 2\ 451\ 545.0}{36\ 525} \tag{2-18}$$

2009 年 1 月 1 日所对应的回归年的长度为 365.242 189 13 日。

(1)儒略历。儒略历是古罗马皇帝儒略·凯撒在公元前 46 年所制定的一种阳历。该历法规定一年分为 12 个月。其中,1、3、5、7、8、10、12 月为大月,每月 31 日;4、6、9、11 月为小月,每月 30 日;2 月在平年为 28 日,闰年为 29 日。凡年份能被 4 整除的定为闰年,不能被 4 整除的定为平年。按照上述规定,平年的长度为 365 日,闰年为 366 日,其平均长度为 365.25 日。一个儒略世纪则为 36 525 日。在天文学和空间大地测量中,在计算一些变化非常缓慢的参数时,经常会采用儒略世纪作为单位。如求回归年的长度时公式(2-17)中的自变量 t 就采用儒略世纪为单位。

(2)格里历。格里历为现行的公历,被世界各国广泛采用。为了使每年的平均长度尽可能与回归年的长度一致,1582 年,罗马教皇格里高利对儒略历中设置闰年的规定做了修改,规定对世纪年而言,只有能被 400 整除的世纪年才算闰年。这样,1700 年、1800年、1900 年等年份在儒略历中均为闰年,但在格里历中却都成为平年,而 2000 年则成为闰年。这样,公历中每 400 年就要比儒略历中的 400 年少 3 天。即儒略历中 400 年有365.25×400 = 146 100 日,而公历的 400 年中则只有 146 097 日。平均每年的长度为365.242 5 日,与回归年的长度更为接近。

2)阴历(lunar calendar)

阴历是根据月相的变化周期(朔望月)制定的一种历法。该历法规定单月为 30 日,双月为 29 日,每月平均为 29.5 日,与朔望月的长度 29.530 59…日很接近。以新月始见为月首,12 个月为一年,总共 354 日。而 12 个朔望月的长度为 354.367 08…日,比阴历多出0.367 08…日。30 要多出 11.012 4 日。故阴历每 30 年要设置 11 个闰年,规定第 2、5、7、

10、13、16、18、21、24、26、29 年的 12 月底各加上一天,即闰年中有 355 日。伊斯兰国家所使用的回历就是一种阴历。

3) 阴阳历(luni-solar calendar)

阴阳历是一种兼顾阳历和阴历特点的历法,阴阳历中的年以回归年为依据,而月则按朔望月为依据,阴阳历中的月仍采用大月为 30 日,小月为 29 日,平均每月为 29.5 日。为使得阴阳历中年的平均长度接近回归年的长度,该历法规定每 19 年中有 7 年为闰年。闰年中增加一个月,称为闰月。我国长期使用阴阳历,1912 年后又采用阳历,但阴阳历也未被废止,在民间仍被广泛使用,称为农历。

2. 儒略日和简化儒略日

1) 儒略日(Julian day, JD)

儒略日是一种不涉及年、月等概念的长期连续的记日法,在天文学、空间大地测量和卫星导航定位中经常使用。这种方法是由 Scaliger 于 1583 年提出的,为纪念他的父亲儒略而命名为儒略日。计算跨越许多年的两个时刻之间的间隔时采用这种方法将显得特别方便。儒略日的起点为公元前 4713 年 1 月 1 日 12 时,然后逐日累加。我国天文年历中有本年度内公历××月××日与儒略日的对照表,供用户查取。此外,用户也可用下列公式来进行计算。

(1) 根据公历的年(Y)、月(M)、日(D)来计算对应的儒略日 JD。

公式 1:

$$JD = 1\,721\,013.5 + 367 \times Y - \text{int}\left\{ \frac{7}{4}\left[Y + \text{int}\left(\frac{M+9}{12} \right) \right] \right\} + D + \frac{h}{24} + \text{int}\left(\frac{275 \times M}{9} \right)$$

$$(2-19)$$

式中,常数 1 721 013.5 为公元 1 年 1 月 1 日 0 时的儒略日;Y、M、D 分别为公历中的年、月、日数;h 为世界时的小时数;int 为取整符号。

例:求 2007 年 10 月 26 日 9 h 30 min 所对应的儒略日。

$$JD = 1\,721\,013.5 + 367 \times 2\,007 - \text{int}\left\{ \frac{7}{4}\left[2\,007 + \text{int}\left(\frac{19}{12} \right) \right] \right\} + 26 + \frac{9.5}{24} + \text{int}\left(\frac{275 \times 10}{9} \right)$$

$$= 1\,721\,013.5 + 736\,569 - 3\,514 + 26 + 0.396 + 305 = 2\,454\,399.896$$

公式 2:

$$JD = \text{int}(365.25 \times y) + \text{int}[30.600\,1 \times (m+1)] + D + \frac{h}{24} + 1\,720\,981.5 \quad (2-20)$$

当月份数 $M > 2$ 时,有 $y = Y$, $m = M$;$M \leqslant 2$ 时,有 $y = Y - 1$, $m = M + 12$。

仍采用上述例子,有

$$JD = \text{int}(365.25 \times 2\,007) + \text{int}[30.600\,1 \times 11] + 26 + \frac{9.5}{24} + 1\,720\,981.5$$

$$= 733\,056 + 336 + 26 + 0.396 + 1\,720\,981.5 = 2\,454\,399.896$$

（2）根据儒略日 JD 反求公历年、月、日。

$$a = \text{int}(JD + 0.5)$$

$$b = a + 1\,537$$

$$c = \text{int}\left[\frac{b - 122.1}{365.25}\right]$$

$$d = \text{int}(365.25 \times c)$$

$$e = \text{int}\left(\frac{b - d}{30.600}\right)$$

$$D = b - d - \text{int}(30.600\,1 \times e) + \text{FRAC}(JD + 0.5)$$

$$M = e - 1 - 12 \times \text{int}\left(\frac{e}{14}\right)$$

$$Y = c - 4\,715 - \text{int}\left(\frac{7 + M}{10}\right)$$

式中,符号 FRAC(a) 表示取数值 a 的小数部分。

例：求 JD = 2 454 399.896 所对应的公历年、月、日。

$$a = 2\,454\,400$$

$$b = 2\,455\,937$$

$$c = 6\,723$$

$$d = 2\,455\,575$$

$$e = 11$$

$$D = 2\,455\,937 - 2\,455\,575 - 336 + 0.396 = 26.396 \text{ 日}(26 \text{ 日 } 9\text{ h } 30\text{ min})$$

$$M = 10 \text{ 月}$$

$$Y = 6\,723 - 4\,715 - 1 = 2007 \text{ 年}$$

IAU 决定从 1984 年起在计算岁差、章动,编制天体星表时都采用 J2000.0 作为标准历元。任一时刻 t 离标准历元的时间间隔即为 JD(t) − 2 451 545.0（日）。

2）简化儒略日（modified Julian day, MJD）

儒略日的计时起点距今已超过 67 个世纪,当前的时间用儒略日表示时数值很大,使用不便。为此,1973 年,IAU 又采用了一种更为简便的连续计时法——简化儒略日。它与儒略日之间的关系为

$$MJD = JD - 2\,400\,000.5 \qquad (2-21)$$

MJD 是采用 1858 年 11 月 17 日平子夜（JD = 2 400 000.5）作为计时起点的一种连续计时法。表示近来的时间时用 MJD 较为简便。

3）年积日

年积日是仅在一年中使用的连续计时法。每年的 1 月 1 日计为第 1 日,2 月 1 日为第 32 日,依此类推。平年的 12 月 31 日为第 365 日,闰年的 12 月 31 日为第 366 日。用它可

方便地求出一年内两个时刻 t_1 和 t_2 间的时间间隔。公历中的××月××日与对应的年积日之间的相互转换可通过查表或编制一个小程序来实现。

2.2.2 坐标系统

本节将首先解释在 GNSS 领域所经常涉及的惯性坐标系、地球坐标系和站心坐标系这三类空间坐标系统,然后介绍 GPS、Galileo 和 GLONASS 各自所采用的空间坐标系,最后探讨 GPS 的 WGS - 84 与 GLONASS 的 PZ - 90 两空间坐标系之间的转换关系。

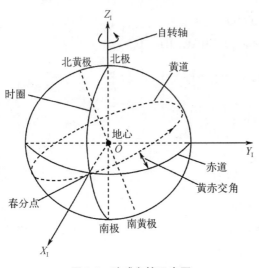

图 2.5　地球自转示意图

为了便于描述空间坐标系统,我们有必要首先介绍几个地理术语。在如图 2.5 所示的地球自转示意图中,地球自转轴与地球表面的两个交点称为南极和北极,两者统称为地极。通过地球质心(即地心)O 并与地球自转轴垂直的平面称为赤道面,赤道面与地球表面相交的大圆称为赤道。包含地球自转轴的任何一个平面都叫子午面,子午面与地球表面相交的大圆叫子午圈,而时圈是以南极和北极为端点的半个子午圈。

地球不仅自转,而且围绕太阳公转。地球绕太阳公转的轨道平面与地球表面相交的大圆称为黄道。在地球上的观测者看来,黄道是太阳相对地球的运动轨道在地球表面上的投影。黄道面与赤道面之间约 23.5° 的夹角称为黄赤交角,而通过地心且与黄道面垂直的直线跟地球表面的两个交点分别称为南黄极和北黄极。黄道与赤道也有两个交点,其中当太阳的投影沿着黄道从地球的南半球向北半球运动时与赤道的交点称为春分点。因为从地心到春分点的方向并不随地球的自转或公转而发生变化,所以春分点成为在天文学和大地测量学中的一个重要空间基准点。

2.2.2.1 惯性坐标系

在空间静止或做匀速直线运动的坐标系称为惯性坐标系,它又称空固坐标系。我们知道,牛顿的万有引力定律是在惯性坐标系中建立起来的,因而惯性坐标系对于描述在地球引力作用下的卫星运行状态相当方便、适宜。然而,在实际操作中,要建立一个严格意义上的惯性坐标系其实相当困难。

图 2.5 是一个坐标中心建立在地球质心点 O 的地心直角惯性坐标系 (X_I, Y_I, Z_I),它常简称为地心惯性(earth-centered inertial reference frame, ECI)坐标系,其中下标"I"的含义为惯性。该坐标系以指向北极的地球自转轴为 Z 轴,X 轴指向春分点,而 X、Y 和 Z 三轴一起构成右手直角坐标系。

很明显,上述地心惯性坐标系实际上并没有满足能成为惯性坐标系的条件:首先,地球及其质心都在围绕太阳做非匀速直线运动;其次,地球自转轴在空间的方向不是固定不变的,而是在做一种非常复杂的运动。地球自转轴的方向在空间的运动通常可以大致被描述成以下两种运动的叠加[20]。

(1)地球自转轴绕北黄极做缓慢的旋转。从北黄极上方观察,地球北极在空间的运动轨迹是一个近似于以北黄极为中心的、顺时针方向旋转的圆周,圆周半径等于黄赤交角乘以地球半径,旋转周期大约为25 800年。伴随地球自转轴的这种旋转运动一起发生的是天文学中的岁差现象,即春分点沿着黄道缓慢地向西移动。

(2)在绕北黄极做圆周旋转的同时,地球自转轴还存在一种称为章动的局部小幅旋转。在岁差现象的任一片段,北极在章动的影响下沿顺时针方向做周期约为18.6年的转动,转动的轨迹接近于小椭圆,椭圆长半径约等于9.2″乘以地球半径。

这样,从上万年的长期来看,地球北极绕北黄极做大圆周运动,而从几年的短期来看,北极又在某一点处做局部的小幅椭圆运动。地球自转轴的这种复杂运动主要是由密度不均匀且赤道隆起的地球在日、月引力共同作用下引起的结果,其中以月球的引力影响为最大。如果地球是一个均质的正圆球体,那么地球自转轴就不存在以上的岁差和章动现象。

GPS卫星绕地球旋转的周期约为12小时。因为该12小时的卫星运行周期值远远小于地球公转、岁差和章动现象的周期,所以对描述GPS卫星轨道而言,地心惯性坐标系在一小段时间内可以近似地视为做匀速直线运动的惯性坐标系。

2.2.2.2 地心地固直角坐标系

地心地固直角坐标系也称为地球坐标系。虽然GNSS卫星的轨道运动在惯性坐标系中服从牛顿运动定律和万有引力定律,因而在地心惯性系中描述卫星运行轨道自然相当方便,但是因为惯性坐标系与地球自转无关,所以地球上任一固定点在惯性坐标系中的坐标会随着地球的自转而时刻改变,这使得它在描述地面上物体的位置坐标时显得极为不便。与惯性坐标系不同,地球坐标系固定在地球上而随地球一起在空间做公转和自转运动,所以它又称地固坐标系。如此一来,地球上的任一固定点在地球坐标系中的坐标就不会由于地球旋转以及与自转轴方位变化有关的岁差和章动而发生变化。

地球坐标系的建设包括坐标系定义和地球参考框架(terrestrial reference frame,TRF)建设两方面,其中坐标系的定义包括坐标系原点、轴向和尺度的制定及其随时间演变的一系列协议、算法和常数,而地球参考框架建设是通过精确测定一系列坐标和速度的物理点集来实现[21,22]。地球自转轴或者与其相垂直的赤道面自然是建立地球坐标系的一个重要基准。如图2.6所示的地心地固直角坐标系(X_T, Y_T, Z_T)和地心大地坐标系(φ, λ, h)均是以地心O为坐标原点的地球坐标系,所以两者又均是地心地固(earth-centered, earth-fixed, ECEF)坐标系,其中,地心直角坐标系通常称为地心地固直角坐标系,或者简称为地心地固坐标系,而地心大地坐标系则通常简称为大地坐标系。我们用下标"T"来代表地球坐标系,以区别于2.2.2.1小节中的惯性坐标系。考虑到地球坐标系在GNSS领域中的运用极为频繁,在不与惯性坐标系发生混淆的情况下,我们以后将省略此下标。本小节和2.2.2.3小节将分别介绍地心地固直角坐标系和大地坐标系。

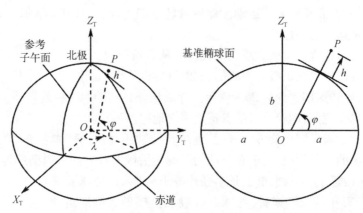

图 2.6　地心地固直角坐标系和地心大地坐标系

　　地心地固直角坐标系的 Z 轴与地球自转轴重合并指向北极,然而地球自转轴相对于地球并不是固定的。事实上,地球南北两极点在地球表面以每年几米的速度大致沿一个半径约十几米的小圆移动,这种现象通常称为极移[23]。地极移动使地球自转轴和地心直角坐标系一起相对地球移动,这也会引起地球上固定点的地心直角坐标不再固定,给实际工作带来许多困难。

　　为了克服极移带来的困难,国际天文学联合会(IAU)和国际大地测量学协会(IAG)于 1967 年建议将 1900 年至 1905 年间的地极实际位置的平均值作为基准点,而这个在地球体上固定的地极基准点通常称为协议地极(conventional terrestrial pole,CTP),相应的赤道面称为协议赤道面。以协议地极为基准点而建立的地球坐标系称为协议地球坐标系,比如我们可以相应地创建协议地心直角坐标系和协议大地坐标系。因为 GPS、GLONASS 和 Galileo 系统都采用了这种或者相当的便于实际应用的协议地球坐标系,而不是无数个不同瞬间的非协议坐标系,所以我们以后只考虑协议地球坐标系,并且在不引起混淆的情况下,通常省略“协议”两字。顺便提一下,国际地球自转服务(IERS)组织定期公报经观测、推算得到的瞬时地极坐标,供有关人员参考。

　　如图 2.6 所示,地心地固直角坐标系通常以地心 O 作为坐标原点,其 Z 轴指向某个协议地球北极,X 轴指向某个参考子午面(如英国伦敦处的格林尼治子午面)与地球赤道的一个交点,而 X、Y 和 Z 三轴一起构成右手直角坐标系。若 (x,y,z) 为点 P 在地心地固直角坐标系中的坐标,则我们可以根据 z 值的正负来判断 P 点是位于地球的北半球还是南半球,再根据 x 和 y 的坐标值估算出 P 点所属的时区,但是我们通常需要借助计算器才能计算并断定出 P 点是位于地球内部还是在大气层中。

　　一个地心惯性坐标系经过一系列旋转变换后能与一个地心地固直角坐标系重合。如图 2.7 所示,假如我们将某一时刻 t_0 处的地心地固直角坐标系视为一个地心惯性坐标系,那么在 t_0 附近的时刻 t 处,也就是说,当 $|t-t_0|$ 的值很小时,可以忽略极移、岁差和章动的影响,近似地认为 t 时刻的地心地固直角坐标系到该地心惯性坐标系的转换只是简单地绕着共同的 Z 坐标轴(即地球自转轴)旋转一个 $-\theta$ 角度,其中时角 θ 为地球在 $t-t_0$ 时段内自转的角度,即

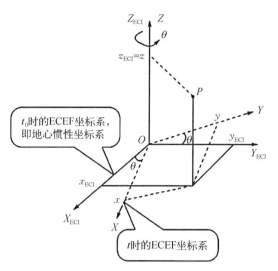

图 2.7　地心地固直角坐标系与地心惯性坐标系之间的旋转变换

$$\theta = \dot{\Omega}_e(t - t_0) \qquad (2-22)$$

式中，$\dot{\Omega}_e$ 为地球自转角速度，假设 t 时刻的一点 P 在地心地固直角坐标系中的三维位置、速度和加速度分别表示为向量 $\boldsymbol{r}$、$\boldsymbol{v}$ 和 $\boldsymbol{a}$，即

$$\boldsymbol{r} = \begin{bmatrix} x & y & z \end{bmatrix}^{\mathrm{T}} \qquad (2-23)$$

$$\boldsymbol{v} = \frac{\mathrm{d}\boldsymbol{r}}{\mathrm{d}t} = \begin{bmatrix} v_x & v_y & v_z \end{bmatrix}^{\mathrm{T}} \qquad (2-24)$$

$$\boldsymbol{a} = \frac{\mathrm{d}^2\boldsymbol{r}}{\mathrm{d}t^2} = \frac{\mathrm{d}\boldsymbol{v}}{\mathrm{d}t} = \begin{bmatrix} a_x & a_y & a_z \end{bmatrix}^{\mathrm{T}} \qquad (2-25)$$

那么该点在地心惯性坐标系中的位置向量 $\boldsymbol{r}_{\mathrm{ECI}}$ 为

$$\boldsymbol{r}_{\mathrm{ECI}} = A\boldsymbol{r} \qquad (2-26)$$

式中，坐标旋转变换矩阵 A 为

$$A = \begin{bmatrix} \cos(-\theta) & \sin(-\theta) & 0 \\ -\sin(-\theta) & \cos(-\theta) & 0 \\ 0 & 0 & 1 \end{bmatrix} = \begin{bmatrix} \cos\theta & -\sin\theta & 0 \\ \sin\theta & \cos\theta & 0 \\ 0 & 0 & 1 \end{bmatrix} \qquad (2-27)$$

连续两次对式(2-26)做关于时间 t 的求导，可得该点在地心惯性坐标系中的速度向量 $\boldsymbol{v}_{\mathrm{ECI}}$ 和加速度向量 $\boldsymbol{a}_{\mathrm{ECI}}$ [24-26]：

$$\boldsymbol{v}_{\mathrm{ECI}} = \frac{\mathrm{d}\boldsymbol{r}_{\mathrm{ECI}}}{\mathrm{d}t} = A\boldsymbol{v} + \dot{A}\boldsymbol{r} \qquad (2-28)$$

$$\boldsymbol{a}_{\mathrm{ECI}} = \frac{\mathrm{d}^2\boldsymbol{r}_{\mathrm{ECI}}}{\mathrm{d}t^2} = \frac{\mathrm{d}\boldsymbol{v}_{\mathrm{ECI}}}{\mathrm{d}t} = A\boldsymbol{a} + 2\dot{A}\boldsymbol{v} + \ddot{A}\boldsymbol{r} \qquad (2-29)$$

式中，坐标旋转变换矩阵 A 对时间 t 的一阶和二阶导数分别为

$$\dot{A} = \frac{\mathrm{d}A}{\mathrm{d}t} = \dot{\Omega}_e \begin{bmatrix} -\sin\theta & -\cos\theta & 0 \\ \cos\theta & -\sin\theta & 0 \\ 0 & 0 & 0 \end{bmatrix} \qquad (2-30)$$

$$\ddot{A} = \frac{\mathrm{d}^2 A}{\mathrm{d}t^2} = \frac{\mathrm{d}\dot{A}}{\mathrm{d}t} = \dot{\Omega}_e \begin{bmatrix} -\cos\theta & \sin\theta & 0 \\ -\sin\theta & -\cos\theta & 0 \\ 0 & 0 & 0 \end{bmatrix} \qquad (2-31)$$

根据式(2-22)~式(2-31),我们很容易进一步证明,在时角 θ 的绝对值很小而一些高阶微量可被忽略的情况下,点 P 在地心惯性坐标系中的加速度向量 $\boldsymbol{a}_{ECI}$ 为

$$\boldsymbol{a}_{ECI} \approx \begin{bmatrix} a_x - 2\dot{\Omega}_e v_y - \dot{\Omega}_e^2 x \\ a_y + 2\dot{\Omega}_e v_x - \dot{\Omega}_e^2 y \\ a_z \end{bmatrix} \qquad (2-32)$$

2.2.2.3　大地坐标系

2.2.2.2 小节已经指出,地心地固直角坐标系及其相应的大地坐标系均为地球坐标系。大地坐标系是一个最为广泛应用的地球坐标系,它通过给出一点的大地纬度、大地经度和大地高度而直观地告诉我们该点在地球中的位置,故它又称纬经高(longitude latitude altitude, LLA)坐标系。为了简便起见,我们以后将经常省略大地坐标系三个分量名称中的"大地"修饰词,而将大地纬度、大地经度和大地高度分别简称为纬度、经度和高度(或高程)。

为了给出高度值,大地坐标系首先需要定义一个与地球几何最吻合的椭球体来代替表面凹凸不平的地球,这个椭球体被称为基准椭球体。如图 2.6 所示,基准椭球体的长半径长为 a,短半径长为 b,并呈以短轴为中心的旋转对称。这里所谓的"最吻合",指的是在所有中心与地球质心 O 重合、短轴与协议地球自转轴一致的旋转椭球体中,基准椭球体的表面(即基准椭球面)与大地水准面之间的高度差的平方和最小。大地水准面是假想的无潮汐、无温差、无风、无盐的海平面,习惯上可用平均海拔(mean sea level, MSL)平面来替代[27]。

建立了基准椭球体,我们就可以定义大地坐标系的各个坐标分量。如图 2.6 所示,假设点 P 在大地坐标系中的坐标记为 (φ, λ, h)。

(1)大地纬度 φ 是过 P 点的基准椭球面法线与赤道面(即地心地固直角坐标系的 $X-Y$ 平面)之间的夹角。纬度 φ 的值在 $-90°$ 到 $90°$ 之间,赤道面以北为正,以南为负,如 $\varphi = -30°$ 就是指南纬 $30°$。

(2)大地经度 λ 是过 P 点的子午面与格林尼治参考子午面之间的夹角。经度 λ 的值在 $-180°$ 至 $180°$(或者说是 $0°$ 至 $360°$)之间,格林尼治子午面以东为正,以西为负,例如 $\lambda = -90°$、西经 $90°$ 和东经 $270°$ 都表示同一个经度位置。

(3)大地高度 h 是从 P 点到基准椭球面的法线距离,基准椭球面以外为正,以内为负。我们平常所说的一点 P 的海拔 H 是该点到大地水准面的法线距离,它一般不等于点 P 的大地高度 h。大地高度 h 与海拔 H 存在以下近似关系:

$$h \approx H + N_h \qquad (2-33)$$

式中，N_h 是大地水准面高度，即大地水准面高出基准椭球面的法线距离，它在全球各地区的值可由相关资料查得。式(2-33)等号左右两边的值一般很接近，我们在实际应用中经常认为两边相等。因为基准椭球面是一个最接近于大地水准面的椭球面，所以在不知道当地 N_h 值的情况下，由 GNSS 定位得到的大地高度值 h 一般可直接近似地视为海拔 H。需要提醒的是，有些国家和地区还采用一个适合它们当地的大地坐标系，因而在不同的导航定位应用中，我们应当辨认大地高度 h、海拔 H 和当地国家所采用的高程系统之间的区别，并做出相应且必要的坐标转换。

在 GNSS 定位计算中，地心地固直角坐标系与其相应的大地坐标系之间的坐标经常需要相互转换。从大地坐标 (φ, λ, h) 到地心地固直角坐标 (x, y, z) 的变换公式如下：

$$x = (N + h)\cos\varphi\cos\lambda \tag{2-34}$$

$$y = (N + h)\cos\varphi\sin\lambda \tag{2-35}$$

$$z = \left[N(1 - e^2) + h\right]\sin\varphi \tag{2-36}$$

式中，N 是基准椭球体的卯酉圈曲率半径；e 为椭球偏心率。它们与基准椭球体的长半径 a 和短半径 b 存在如下关系：

$$e^2 = \frac{a^2 - b^2}{a^2} \tag{2-37}$$

$$N = \frac{a}{\sqrt{1 - e^2\sin^2\varphi}} \tag{2-38}$$

反过来，从地心地固直角坐标 (x, y, z) 到大地坐标 (φ, λ, h) 的变换公式为

$$\lambda = \arctan(y/x) \tag{2-39}$$

$$h = \frac{p}{\cos\varphi} - N \tag{2-40}$$

$$\varphi = \arctan\left[\frac{z}{p}\left(1 - e^2\frac{N}{N + h}\right)^{-1}\right] \tag{2-41}$$

式中，e^2 和 N 可分别由式(2-37)和式(2-38)算出，而中间变量 p 的计算公式为

$$p = \sqrt{x^2 + y^2} \tag{2-42}$$

因为 h 的计算式(2-40)含有待求的 φ，而 φ 的计算式(2-41)反过来又含有待求的 h，所以我们一般只得借助迭代法来逐次逼近、求解 φ 和 h 的值。迭代法的计算过程一般可描述如下：不妨先假设 φ 的值等于0，再由式(2-38)、式(2-40)和式(2-41)分别依次计算出 N、h 和 φ，然后再将刚得到的 p 重新代入式(2-38)、式(2-40)和式(2-41)，再一次更新 N、h 和 φ 的值，如此循环。上述三式的迭代运算通常收敛得很快，一般经过3~4次循环迭代后就可以结束计算。

2.2.2.4　站心坐标系
惯性坐标系和地球坐标系均用于描述一点在空间相对于地心 O 的位置，而站心坐标

系则通常是以地面上一点 P 为视觉中心来观测周边物体的相对位置,并且点 P 经常又是 GNSS 用户接收机曾经所处的一位置点。如图 2.8(a)所示,站心坐标系以某用户接收机在某时所处的位置点 P 为坐标原点,三个坐标轴分别是相互垂直的东向、北向和天向,因而站心坐标系又称东北天(ENU)坐标系。天向又称天顶向,它与大地坐标系在此点的高度方向一致。因为站心坐标系固定在地球上,所以它是地球坐标系的一种,与 2.2.2.2 小节和 2.2.2.3 小节中的地心地固直角坐标系或者大地坐标系不同,不同用户接收机在不同时刻通常采用各自不同的站心坐标系。

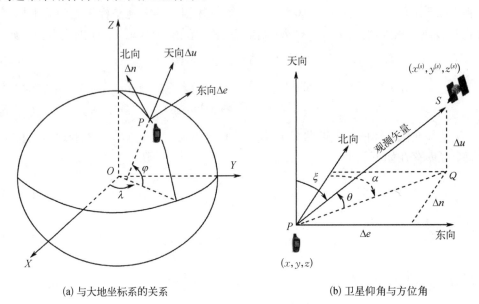

(a) 与大地坐标系的关系   (b) 卫星仰角与方位角

图 2.8　站心坐标系以及卫星仰角与方位角

在地心地固直角坐标系中一点的坐标,可通过坐标平移和旋转变换成某个站心坐标系坐标,但是这种点的坐标变换意义不是很大。如果一个在地心地固直角坐标系中的向量以点 P 为起点,那么将该向量表达在以点 P 为原点的站心坐标系中却十分重要。例如,若以用户接收机前一个定位时刻的位置为站心坐标系的原点,则用户接收机在当前这一时段内的位移量就等同于在当前定位时刻用户接收机在这个站心坐标系中的坐标。更重要的是,站心坐标系的各个分量比地心地固直角坐标系的 X、Y 和 Z 三个分量更具有物理意义。例如,若用户在个水平面上运动,则它在站心坐标系中的天向分量将保持不变,但是这种水平位移对于地心地固直角坐标系的 X、Y 和 Z 各分量来说,通常不具有特殊的含义。

站心坐标系的另一个重要应用,在于计算卫星在用户接收机处的观测向量和仰角。如图 2.8(b)所示,若用户接收机位置点 P 在地心地固直角坐标系中的坐标为 (x, y, z),在相应的大地坐标系中的坐标为 (φ, λ, h),而某卫星位置点 S 的坐标为 $(x^{(s)}, y^{(s)}, z^{(s)})$,则从用户接收机到该卫星的观测向量为

$$\begin{bmatrix} \Delta x \\ \Delta y \\ \Delta z \end{bmatrix} = \begin{bmatrix} x^{(s)} \\ y^{(s)} \\ z^{(s)} \end{bmatrix} - \begin{bmatrix} x \\ y \\ z \end{bmatrix} \qquad (2-43)$$

该卫星在点 P 处的单位观测向量 $\boldsymbol{I}^{(s)}$ 为

$$\boldsymbol{I}^{(s)} = \frac{1}{\sqrt{\Delta x^2 + \Delta y^2 + \Delta z^2}} \begin{bmatrix} \Delta x \\ \Delta y \\ \Delta z \end{bmatrix} \qquad (2-44)$$

观测向量 $\begin{bmatrix} \Delta x & \Delta y & \Delta z \end{bmatrix}^{\mathrm{T}}$ 可等效地表达为以点 P 为原点的站心坐标系中的向量 $\begin{bmatrix} \Delta e & \Delta n & \Delta u \end{bmatrix}^{\mathrm{T}}$，其变换关系为

$$\begin{bmatrix} \Delta e \\ \Delta n \\ \Delta u \end{bmatrix} = \boldsymbol{S} \begin{bmatrix} \Delta x \\ \Delta y \\ \Delta z \end{bmatrix} \qquad (2-45)$$

反过来，一个向量的站心坐标也可变换到地心地固直角坐标系中，相应的变换公式为

$$\begin{bmatrix} \Delta x \\ \Delta y \\ \Delta z \end{bmatrix} = \boldsymbol{S}^{-1} \begin{bmatrix} \Delta e \\ \Delta n \\ \Delta u \end{bmatrix} \qquad (2-46)$$

式中，坐标变换矩阵 $\boldsymbol{S}$ 为

$$\boldsymbol{S} = \begin{bmatrix} -\sin\lambda & \cos\lambda & 0 \\ -\sin\varphi\cos\lambda & -\sin\varphi\sin\lambda & \cos\varphi \\ \cos\varphi\cos\lambda & \cos\varphi\sin\lambda & \sin\varphi \end{bmatrix} \qquad (2-47)$$

它是一个单位正交矩阵，即 $\boldsymbol{S}^{-1}$ 等于 $\boldsymbol{S}^{\mathrm{T}}$，并且无论是从地心地固直角坐标系转换到站心坐标系，还是反过来，卫星观测向量的长度均保持不变。

有了在用户接收机位置处的卫星观测向量 $\begin{bmatrix} \Delta e & \Delta n & \Delta u \end{bmatrix}^{\mathrm{T}}$，就可以接着计算出该卫星相对于用户接收机的方位与仰角。如图 2.8(b) 所示，卫星的仰角 θ 是观测向量高出由东向和北向两轴所组成的水平面的角度，即

$$\theta = \arcsin\left(\frac{\Delta u}{\sqrt{(\Delta e)^2 + (\Delta n)^2 + (\Delta u)^2}}\right) \qquad (2-48)$$

卫星仰角又称高度角，它的最大值为 $90°$，最小值在大多数情况下不小于 $0°$。卫星观测向量与天顶方向的夹角称为天顶角 ζ，它与仰角 θ 的关系为

$$\zeta = \pi/2 - \theta \qquad (2-49)$$

卫星的方位角 a 定义为北向顺时针转到观测向量在水平面内的投影方向上的角度，即

$$a = \arctan\left(\frac{\Delta e}{\Delta n}\right) \qquad (2-50)$$

站心坐标系与大地坐标系之间也可以相互转换。如果用户从站心坐标系的原点运动到点 $(\Delta e, \Delta n, \Delta u)$，那么这个位移量可根据式(2-46)先转换成 $(\Delta x, \Delta y, \Delta z)$，然后再

加上站心坐标系原点的地心地固直角坐标而得 (x, y, z)，最后根据式(2 - 39) ~ 式 (2 - 41) 求出相应的大地坐标值 (φ, λ, h) 及其变化量 $(\Delta\varphi, \Delta\lambda, \Delta h)$；反过来，大地坐标变化量 $(\Delta\varphi, \Delta\lambda, \Delta h)$ 也可借助地心地固直角坐标系而转换成站心坐标值 $(\Delta e, \Delta n, \Delta u)$。读者可以自行证明，当 φ 和 λ 不变时，在大地坐标系高度方向上的变化量 Δh 等于站心坐标系的 Δu，这是因为在建立站心坐标系时我们已要求 Δu 与 h 的方向相一致。

可见，站心坐标系与大地坐标系之间的坐标变换需要不少的计算量。考虑到基准椭球体的偏心率 e 很小，因而为了减少运算量，我们有时可用以下的近似公式对它们两者进行相互之间的坐标变换：

$$\Delta e = \Delta\lambda \cdot a\cos\varphi \qquad (2 - 51)$$

$$\Delta n = \Delta\varphi \cdot a \qquad (2 - 52)$$

$$\Delta u = \Delta h \qquad (2 - 53)$$

式中，a 为基准椭球体的长半径。我们在上式中假定了物体以低速运动，也就是说，如果用户在两个测量时刻之间比如只运行上百或上千米，那么在绝大部分地区，$\Delta\varphi$ 的值与 φ 值比起来应该要小很多，在坐标变换过程中也就可以忽略 $\cos\varphi$ 与 $\cos(\varphi + \Delta\varphi)$ 之间的细微差别。

2.2.2.5　GPS、Galileo 和 GLONASS 的空间坐标系

本小节分别介绍 GPS、Galileo 和 GLONASS 的空间坐标系，也就是说这些系统通过它们的卫星星历和历书所提供的卫星轨道信息所默认采用的空间坐标系。在利用单一 GNSS 的定位、定速应用中，因为根据 GNSS 星历计算所得的卫星位置和速度都直接表达在相应的 GNSS 空间坐标系中，所以利用单一 GNSS 的定位定速结果自然也是表达在此 GNSS 空间坐标系中；在利用多个 GNSS 的联合定位、定速应用中，我们原则上应该首先将所有不同 GNSS 卫星的轨道信息都变换到同一个空间坐标系中去，然后所进行的实质性定位、定速解算才具有正确的物理意义。

2.2.2.2 节中提到了协议地球坐标系，可事实上，建立、实现协议地球坐标系是一个相当复杂且困难的过程，它涉及地极运动模型、地球重力场模型、地球基本常数定义等多方面的问题。由美国国防部(United States Department of Defense, DoD)下属的国防制图局 (Defense Mapping Agency, DMA)制定的世界大地坐标系(world geodetic system, WGS)是协议地球坐标系的一种近似实现，经过多次的修改和完善，其 1984 年版的世界大地坐标系(WGS - 84)已经是一个相当精确的协议地心地固直角坐标系[28]。WGS - 84 协议地心地固直角坐标系经常被简称为 WGS - 84 地心地固坐标系或者 WGS - 84 直角坐标系，其定义如下[25,29]：

（1）坐标原点 O 位于地球质心；

（2）Z 轴指向国际时间局所定义的、编号为 1984.0 的协议地球北极；

（3）X 轴指向 WGS - 84 参考子午面与平均天文赤道面的交点，其中 WGS - 84 参考子午面平行于 BIH 所定义的零子午面；

（4）Y 轴的建立使得此 XYZ 直角坐标系满足右手坐标系。

WGS‑84 不仅仅是一个地心地固直角坐标系,它还定义了建立相应大地坐标系所需的基准椭球体,描述了与大地水准面相对应的地球重力场模型,以及提供了修正后的基本大地参数。2.2.2.3 节介绍了地心地固直角坐标系与大地坐标系之间的坐标转换,那些坐标变换公式可直接用来计算 WGS‑84 地心地固直角坐标与 WGS‑84 大地坐标之间的相互变换。

表 2.4 的第二列给出了 WGS‑84 所采用的地球重力场模型和基准椭球体的一些基本大地参数值,其中,GM 代表着地球引力与地球质量的乘积,它又称地球引力常数 μ ;基准椭球体的极扁率 f 定义为

$$f = \frac{a - b}{a} \tag{2-54}$$

根据式(2‑37)和式(2‑54),可得基准椭球体的偏心率 e 与极扁率 f 之间的如下关系式:

$$e^2 = f(2 - f) \tag{2-55}$$

表 2.4　WGS‑84、GTRF 和 PZ‑90 坐标系统的基本大地参数

基本大地参数	WGS‑84	GTRF	PZ‑90
基准椭球体的长半径 a/m	6 378 137.0	—	6 378 137.0
基准椭球体的极扁率 f	1/298.257 223 563	—	1/298.257 839 303
地球自转角速度 $\dot{\Omega}_e/(\mathrm{rad/s})$	7.292 115 146 7×10⁻⁵	7.292 115 146 7×10⁻⁵	7.292 115×10⁻⁵
地球引力与地球质量的乘积 $\mu = GM/(\mathrm{m^3/s^2})$	3.986 005×10¹⁴	3.986 004 418×10¹⁴	3.986 004 418×10¹⁴
真空中的光速 $c/(\mathrm{m/s})$	2.997 924 58×10⁸		

关于 Galileo 系统所采用的空间坐标系,我们必须首先提及国际地球参考框架(international terrestrial reference frame, ITRF)。ITRF 是由国际地球自转服务(IERS)负责建立、维持的一个地心直角坐标系,它是国际公认的最为精确的全球参考框架。由于 ITRF 的基准站考虑地球板块和潮汐等这些随时间变化的影响因素,因而 ITRF 会不断更新,例如,ITRF 2005 是其中的一版。Galileo 系统所采用的空间坐标系称为 Galileo 地球参考框架(GTRF),它与 ITRF 紧密相关,更确切地说是与 ITRF 2005 相一致,而与最新版的 ITRF 之间的差异(2σ)最大不超过 3 cm[30]。表 2.4 的第三列给出了 GTRF 所采用的一些基本大地参数值。

GPS 的 WGS‑84 和 Galileo 的 GTRF 或者说其所基于的 ITRF 之间还是存在着一些显著的差异。例如,WGS‑84 的建立基于美国子午(Transit)卫星系统的多普勒测量值,而 Transit 系统基准站的位置准确度大约为 1~2 m;ITRF 的建立基于卫星激光测距(satellite laser ranging, SLR)和甚长基线干涉测量(very long baseline interferometry, VLBI)技术,因而 ITRF 基准站的位置精度更高,为厘米级。1996 年,美国更新了 WGS‑84 坐标系统,它是基于位置坐标得到校正后的基准站,有着由如表 2.4 第二列所示的基本大地参数所定

义的基准椭球体。可以说,经过多次修正后,如今的 WGS-84 与 ITRF(或 GTRF)两坐标系统之间的差异非常细微,在 10 cm 之内,甚至小于 WGS-84 本身的系统误差。因此,对导航等的绝大多数非精密定位应用来讲,WGS-84、GTRF 和 ITRF 三个空间坐标系通常被认为是相互一致,它们两两之间无需任何坐标转换;然而,对测绘等精密定位应用来讲,进行 GPS/Galileo 联合定位有必要在 WGS-84 与 GTRF 之间进行适当的坐标转换。

在介绍了 GPS 和 Galileo 系统的空间坐标系后,我们介绍一下 GLONASS 所采用的空间坐标系。GLONASS 卫星位置坐标原先表达在苏联的 1985 年地心坐标系,它简称为 SGS-85,而在 1994 年,GLONASS 坐标参照系改用 SGS-90。苏联解体后,GLONASS 所采用的 SGS-90 坐标系渐渐地改名为 PZ-90(其目前更为具体的编号是 PZ-90.02),它的英文翻译缩写名为 PE-90。像 GPS 的 WGS-84 一样,PZ-90 也是一个自成一体的地心地固直角坐标系统,GLONASS 星历参数(即卫星在参考时间点的位置、速度和加速度)表达在 PZ-90 坐标系中。GLONASS PZ-90 坐标系的定义如下[26,31]:

(1) 坐标原点 O 位于地球质心;

(2) Z 轴指向国际地球自转(及参考系统)服务(IERS)所推荐的协议地极,即 1900 年至 1905 年的平均北极位置点;

(3) X 轴指向地球赤道与国际时间局(BIH)所定义的零子午线的交点,即 XOZ 平面相当于平均格林尼治零子午面;

(4) Y 轴的建立使得此 XYZ 直角坐标系满足右手坐标系。

比较 WGS-84 地心地固直角坐标系与 PZ-90 坐标系之间的定义,我们可以看出它们两者很相似,但也存在区别,这主要体现在两者的 Z 坐标轴方向定义不一致。另外,由于 WGS-84 和 PZ-90 坐标系分别基于各自不同的观测基准站对大地的测量,其中 GLONASS 为建立 PZ-90 坐标系而建立了 26 个地面观测基准站,因而不同观测基准站存在站址坐标误差以及测量误差等,都会不可避免地导致这两个坐标系在原点和 Z 轴方向等方面产生差异,使得这两个坐标系不完全一致。换一种说法,即使 WGS-84 和 PZ-90 两坐标系有着相同的定义,这两个坐标系也是各自通过一些不同的观测基准站点加以实现的,而这些站点的位置坐标事实上决定着坐标体系,所以这两个坐标系最后也不可能完全一致。WGS-84 与 PZ-90 在地球表面的坐标差异可达 20 m,于是 GPS 与 GLONASS 的联合定位在理论上必须考虑这两个坐标系之间的差异而进行必要的坐标变换。

表 2.4 的最后一列给出建立 PZ-90 坐标系所采用的一些基本大地参数值,可见这些值与 WGS-84 中的相关参数值很接近,它们之间的差异似乎很容易得到补偿。然而,因为 PZ-90 和 WGS-84 两直角坐标体系的定义之间存在着差异,这使得它们两者之间的坐标变换变得复杂。

2.3 GPS 卫星信号组成

GPS 卫星发射的信号由载波、测距码和导航电文三部分组成。下面将分别对它们进行详细说明。

2.3.1　载波

可运载调制信号的高频振荡波称为载波。GPS 卫星所用的载波有两个,由于它们均位于微波的 L 波段,故分别称为 L_1 载波和 L_2 载波。其中,L_1 载波是由卫星上的原子钟所产生的基准频率 $f_0(f_0 = 10.23\text{ MHz})$ 倍频 154 倍后形成的,即 $f_1 = 154 \times f_0 = 1\,575.42\text{ MHz}$,波长 λ_1 为 19.03 cm;L_2 载波是由基准频率 f_0 倍频 120 倍后形成的,即 $f_2 = 120 \times f_0 = 1\,227.60\text{ MHz}$,其波长 λ_2 为 24.42 cm。随着 GPS 现代化的实施,在 Block IIF 卫星中将增设一个新的载波 L_5,它是由基准频率 f_0 倍频 115 倍后形成的,即 $f_5 = 115 \times f_0 = 1\,176.45\text{ MHz}$,其波长 λ_5 为 25.48 cm。采用多个载波频率的主要目的是为了更好地消除电离层延迟,组成更多的线性组合观测值。卫星导航定位系统通常都采用 L 波段的无线电信号作为载波,频率过低 $(f < 1\text{ GHz})$,电离层延迟严重,改正后的残余误差也较大;频率过高,信号受水汽吸收和氧气吸收谐振严重,而 L 波段的信号则较为适中。

在无线电通信中,为了更好地传送信息,我们往往将这些信息调制在高频的载波上,然后再将这些调制波播发出去,而不是直接发射这些信息。在一般的通信中,当调制波到达用户接收机解调出有用信息后,载波的作用便告完成。但在全球定位系统中,情况有所不同,载波除了能更好地传送测距码和导航电文这些有用信息外(担当起传统意义上载波的作用),在载波相位测量中它又被当作一种测距信号来使用。其测距精度比伪距测量的精度高 2~3 个数量级。因此,载波相位测量在高精度定位中得到了广泛的应用。

2.3.2　测距码

测距码是用于测定从卫星至接收机的距离的二进制码。GPS 卫星中所用的测距码从性质上讲属于伪随机噪声码。它们看似是一组杂乱无章的随机噪声码,其实是按照一定规律编排、可以复制的周期性的二进制序列,且具有类似随机噪声码的自相关特性。测距码是由若干个多级反馈移位寄存器所产生的 m 序列经平移、截短、求模二和等一系列复杂处理后形成的。下面简单加以介绍。

1. 基本知识

如果在组成一组二进制码序列时,每一位数到底是取 0 还是 1 完全是随机的(如一个口袋中装有大小、形状、质量等几何、物理特征完全相同的圆球,一个记为 0,另一个记为 1;每次从中任意拿出一个,然后放回,再次抽取),由此所组成的一组二进制码序列称为随机噪声码或随机码。随机码具有良好的自相关特性(这一点对于提高测距精度是十分重要的),但由于是随机生成的,难以复制,故无法实际使用。伪随机噪声码也称伪随机码,具有与随机码十分相似的自相关特性,但却是按照一定规律编排起来的可以复制的周期性序列,故被用于进行测距。码序列中的每一位二进制数称为一个码元或一个比特(bit)。每个码元持续的时间或所对应的距离称为码元的宽度。码发生器(或天线)每秒钟输出的码元个数称为码速率,用"比特数/秒"或"bit/s"表示。两组伪随机码进行模二相加时的规则是对应码元按下列法则相加,不进位:

$$0 \oplus 0 = 0,\ 0 \oplus 1 = 1,\ 1 \oplus 0 = 1,\ 1 \oplus 1 = 0 \qquad (2-56)$$

伪随机码序列除了用一组二进制数来表示外,还可以用一组幅度为1的矩形波来表示,取值为+1的矩形波与二进制数0对应,取值为-1的矩形波与二进制数1对应(图2.9)。矩形波相乘的规则为

$$1 \times 1 = 1,\ 1 \times (-1) = -1,\ (-1) \times 1 = -1,\ (-1) \times (-1) = 1 \qquad (2-57)$$

比较式(2-56)与式(2-57)可以看出,二进制数的模二相加是与矩形波的相乘对应的。以后我们将根据需要任意选用其中一种方式来表示。

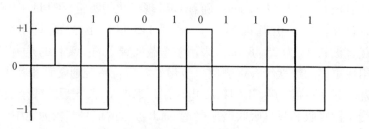

图2.9 二进制码的信号波形表示法

2. m 序列

m 序列是由一组线性反馈移位寄存器产生的。图2.10是一个简单的仅由4级移位寄存器组成的 m 序列发生器。每个寄存器只能处于0或1状态,开始时,先由置1脉冲将

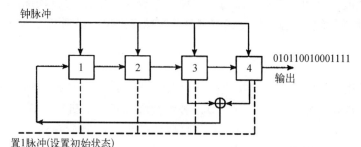

状态号	寄存器1	寄存器2	寄存器3	寄存器4
1	1	1	1	1
2	0	1	1	1
3	0	0	1	1
4	0	0	0	1
5	1	0	0	0
6	0	1	0	0
7	0	0	1	0
8	1	0	0	1
9	1	1	0	0
10	0	1	1	0
11	1	0	1	1
12	0	1	0	1
13	1	0	1	0
14	1	1	0	1
15	1	1	1	0
16	1	1	1	1

图2.10 二进制码的信号波形表示法

所有寄存器都设置为状态 1,然后在钟脉冲驱动下,每个寄存器都将自己的状态传递给下一个寄存器,而第三、四两个寄存器的状态还要经过模二相加后反馈给第一级寄存器,所产生的 m 序列从第四级寄存器输出,形成一个周期性的二进制序列。从图 2.10 中可以看出选择合适的反馈线路后一个周期中的码元个数 $N = 2^n - 1$, n 为寄存器的个数,对图 2.10 而言, $n = 4$, $N = 15$。在整个周期中,"1"的个数比"0"的个数多一个。上述规律可推广至级数更多的移位寄存器。显然用上述方法产生的 m 序列的码速率与钟脉冲的频率相同。每一步后各级寄存器的状态及 m 序列产生的过程见图 2.10。

需要说明的事项如下。

(1)开始时,并不一定要将所有的寄存器都设置为全 1 的状态,而可以根据需要将其设置为任何一种初始状态,从任何一处开始组成 m 序列,以实现码的平移。

(2)在一个周期结束前,可以通过重新设置初始状态来实现 m 序列的截短,控制序列的长度。

(3)信号不一定要从末级寄存器中输出,从原则上讲,可从任意一级输出。

(4)为简便起见, m 序列发生器不一定要采用图 2.10 的形式来表示,而可以用一种更简单的特征多项式来表示。如图 2.10 中的 m 序列发生器可表示为

$$f(X) = 1 + X^3 + X^4$$

上式表示将第三级寄存器和第四级寄存器的状态进行模二相加,然后反馈给第一级寄存器。

3. C/A 码

1) C/A 码的产生

C/A 码是由两个周期性的二进制码序列 G1 和 G2 进行模二相加后形成的。G1 和 G2 每个周期中均含有 1 023 个码元。它们各由一个 10 级移位寄存器产生,初始状态均置为全 1,然后在频率为 1.023 Mbit/s 的信号驱动下产生码序列。该信号是由原子钟频进行 10 分频后形成的。其中产生 G1 的码信号发生器的特征多项式为 $1 + X^3 + X^{10}$, 即将第 3 级和第 10 级寄存器中的内容进行模二相加后反馈给第一级寄存器。G1 信号最后是由第十级寄存器输出的。产生 G2 的码信号发生器的特征多项式为 $1 + X^2 + X^3 + X^6 + X^8 + X^9 + X^{10}$, 即将第 2、3、6、8、9、10 级寄存器中的内容求模二和,然后再将结果反馈给第 1 级寄存器。G2 信号不是从第 10 级寄存器中输出的,而是从中选择两个不同的寄存器(抽头)进行模二相加后输出,以便形成不同的 G2 信号,供不同的卫星使用。具体情况见表 2.5,其中 i 为卫星的 SV 号,也为卫星的伪随机噪声码的 PRN 号。

表 2.5　C/A 码($G2_i$)的产生

SV PRN	C/A 码($G2_i$)的形成	码延迟数	C/A 前 10 个码	P 前 12 个码	SV PRN	C/A 码($G2_i$)的形成	码延迟数	C/A 前 10 个码	P 前 12 个码
1	2⊕6	5	1 440	4 444	4	5⊕9	8	1 744	4 333
2	3⊕7	6	1 620	4 000	5	1⊕9	17	1 133	4 377
3	4⊕8	7	1 710	4 222	6	2⊕10	18	1 455	4 355

续　表

SV PRN	C/A 码(G2$_i$) 的形成	码延迟数	C/A 前 10 个码	P 前 12 个码	SV PRN	C/A 码(G2$_i$) 的形成	码延迟数	C/A 前 10 个码	P 前 12 个码
7	1 ⊕ 8	139	1 131	4 344	23	1 ⊕ 3	509	1 063	4 343
8	2 ⊕ 9	140	1 454	4 340	24	4 ⊕ 6	512	1 706	4 343
9	3 ⊕ 10	141	1 626	4 342	25	5 ⊕ 7	513	1 743	4 343
10	2 ⊕ 3	251	1 504	4 343	26	6 ⊕ 8	514	1 761	4 343
11	3 ⊕ 4	252	1 642	4 343	27	7 ⊕ 9	515	1 770	4 343
12	5 ⊕ 6	254	1 750	4 343	28	8 ⊕ 10	516	1 774	4 343
13	6 ⊕ 7	255	1 764	4 343	29	1 ⊕ 6	859	1 127	4 343
14	7 ⊕ 8	256	172	4 343	30	2 ⊕ 7	860	1 453	4 343
15	8 ⊕ 9	257	1 775	4 343	31	3 ⊕ 8	861	1 625	4 343
16	9 ⊕ 10	258	1 776	4 343	32	4 ⊕ 9	862	1 712	4 343
17	1 ⊕ 4	469	1 156	4 343	33	5 ⊕ 10	863	1 745	4 343
18	2 ⊕ 5	470	1 467	4 343	34	4 ⊕ 10	950	1 713	4 343
19	3 ⊕ 6	471	1 633	4 343	35	1 ⊕ 7	947	1 134	4 343
20	4 ⊕ 7	472	1 715	4 343	36	2 ⊕ 8	948	1 456	4 343
21	5 ⊕ 8	473	1 746	4 343	37	4 ⊕ 10	950	1 713	4 343
22	6 ⊕ 9	474	1 763	4 343					

注：C/A 码的前 10 个码采用一种特殊的表示法，第一位为 1，表示二进制第一位为 1；后三位为八进制数，每位代表三个二进制数，如卫星 1 的 1 440 表示二进制序列 1 100 100 000。

P 码的前 12 个码采用 8 进制表示位，每个数代表三个二进制码，如卫星 1 的 4 444 表示 100 100 100 100。

采用表 2.5 中所列的方法，一共可产生 37 种不同的 C/A 码，其中前 32 种分配给各个卫星使用，33~37 留作他用（如给地面发射机用）。

第 34 种 C/A 码和第 37 种 C/A 码是相同的。

由两个寄存器模二相加后生成的码序列与第 10 级输出的码序列结构是相同的，但平移（延迟）了若干个比特。如从第 10 级输出的二进制序列为 111,111,111,100,101,101,001,010,…，而由第 2 级和第 6 级寄存器模二相加后输出的是 001,101,111,111,111,001,011,010,010,10,…，平移（延迟）了 5 个码元（表 2.5）。读者有兴趣的话可自行检验。

用上述方法将 G1 和 G2 模二相加后生成的 C/A 码也是一个长度为 1 023 bit 的周期性二进制序列，其码速率仍然是 1.023 Mbit/s。每个周期持续的时间为 1 ms。C/A 码也称 Gold 码。每个卫星所使用的 C/A 码皆不相同，且相互正交。

2）C/A 码的作用

（1）捕获卫星信号：由于 C/A 码的周期仅为 1 ms，一个周期中总共只含 1 023 bit，若以每秒 50 bit 的速率进行搜索，最多只需 20.5 s 即可捕获 C/A 码，然后通过导航电文快速捕获 P 码，因而 C/A 码也称捕获码。

（2）粗略测距：利用 C/A 码也可测定从接收机至卫星的距离，只是由于 C/A 码的码元宽度较宽，用时间表示为 $T = \dfrac{1 \text{ ms}}{1\,023} = 0.977\,517\ \mu s$，所对应的距离为 293.052 m。倘若测距的精度为一个码元宽度的百分之一，则测距精度只能达到 2.93 m，故 C/A 码也被称为粗码。

4. P 码

P 码的产生：P 码是由 X1 和 X2$_i$ 两个二进制码序列模二相加后产生的。其中 X1 又是由 X1A 和 X1B 两个子序列求模二和后产生的。X1A 和 X1B 都是由 12 级线性反馈移位寄存器产生的，产生 X1A 的移位寄存器的特征多项式为 $1 + X^6 + X^8 + X^{11} + X^{12}$。12 级的移位寄存器原本应产生一个长度为 $2^{12}-1=4\,095$ bit 的周期性序列。但通过提前 3 个比特来重新设置初始状态将该序列进行了截断（截去了最后 3 个比特 001），形成了一个长度为 4 092 bit 的码序列。X1A 序列是在卫星原子钟的钟频驱动下生成的，其码速率为 10.23 Mbit/s。移位寄存器重新设置初始状态一次，就形成一个长度为 4 092 bit 的周期性序列。我们将 X1A 序列的 3 750 个周期定义为 X1 序列的一个周期，也称 X1 序列的计数。显然，X1 序列的周期中含有 4 092×3 750 bit，它所持续的时间为 15 345 000/（10.23 × 10^6）= 1.5 s。

产生 X1B 子序列的移位寄存器的多项式为 $1 + X^1 + X^2 + X^5 + X^8 + X^9 + X^{10} + X^{11} + X^{12}$。X1B 序列也是在原子钟频驱动下产生的，其码速率也为 10.23 Mbit/s。与 X1A 不同的是，X1B 是提前 2 个比特通过重新设置初始状态被截断为长度为 4 093 bit 的周期性序列。由于 X1B 序列比 X1A 序列多 1 个比特，X1B 相对于 X1A 每次都可以移动 1 个比特，这样 X1A 和 X1B 进行模二相加时就能生成一个周期足够长的 X1 码序列。如果 X1B 也为 4 092 bit，那么模二相加后生成的 X1 序列的周期也为 4 092 bit。同样，X1A 和 X1B 的周期长度中也不应含公因数，否则生成的 X1 序列的周期也会较短。此外，当 X1 取一个周期（即 X1A 取 3 750 个周期）时，X1B 并不取整周期数，因而 X1B 在重复 3 749 个周期时，即处于 4 093×3 749 = 15 344 657 bit 时，应保持最后一种状态达 343 bit，以便待 X1A 的第 3 750 个周期结束后（即 X1 一个完整的周期后）再分别重新设置初始状态，进入下一个循环。

类似地，X2$_i$ 码序列是由 X2A 和 X2B$_i$ 两个子序列模二相加后形成的。X2A 和 X2B 也都是由 12 级线性反馈移位寄存器在原子钟频的驱动下产生的。这两组移位寄存器的特征多项式分别为

$$X2A: 1 + X^1 + X^3 + X^4 + X^5 + X^7 + X^8 + X^9 + X^{10} + X^{11} + X^{12}$$
$$X2B: 1 + X^1 + X^3 + X^4 + X^8 + X^9 + X^{12}$$

产生码序列的方式与 X1 相似，只是在 X2A 和 X2B 的最后一个周期延迟 37 个比特发出重新设置初始状态的指令。这样经模二相加合成的 X2 序列就是比 X1 序列多出 37 bit。将 X2 序列分别移动 1~37 位就可生成 37 种不同的 X2$_i$ 序列，前 32 种信号供卫星使用（卫星 SV 号或 PRN 号为 i，X2 就移动 i 位），第 33~37 号留作他用。最后将 X1 与 X2$_i$ 模二相加后就生成了 P 码。每个卫星各用一种 P 码。它们互不相同且互相正交。

P 码的作用：由于 P 码的码速率为 C/A 码的 10 倍，达 10.23 Mbit/s，其码元宽度仅为 29.3 m。如果测距精度仍按码元宽度的百分之一计，则为 0.29 m，可以较精确地测定从接收机至卫星的距离，故被称为精码。P 码原为严格保密的且只供美国军方及授权用户使用的密码，但后来情况有所改变。非军方用户也能购买和使用 P 码接收机。P 码现已被 Y 码所取代。

5. Y 码

为了防止敌对方对美国军方用户进行电子欺骗和电子干扰，美国从 1994 年 1 月 31

日起实施 AS 技术,将 P 码与完全保密的 W 码进行模二相加形成新的保密的 Y 码以取代原来的 P 码。一般用户若采用 Z 跟踪技术仍可分解出 P 码并用它来测距。但由于积分间隔短,测距精度会比不实施 AS 直接用 P 码测距的精度低一些。

6. L_2C 码

L_2C 码是增设在 Block IIR-M、IIF 型及随后各种类型的 GPS 卫星上的第二民用码。它是由中等长度的 L_2CM 码和周期很长的 L_2CL 码组合而成的。L_2CM 码和 L_2CL 码都是由 27 级的线性反馈移位寄存器在频率为 511.5 kbit/s 的信号驱动下产生的。它们的特征多项式也相同,均为 $1 + X^1 + X^3 + X^4 + X^5 + X^6 + X^9 + X^{11} + X^{13} + X^{16} + X^{19} + X^{21} + X^{24} + X^{27}$。生成 L_2CM 码时,在经过 10 230 个比特后,就通过重新设置初始状态来进行截断,使其成为长度为 10 230 bit 的周期性码序列。L_2CM 码的码速率为 511.5 kbit/s,一个周期持续的时间为 20 ms。生成 L_2CL 码时,则是在经过 767 250 个比特后才重新设置初始状态,将其截断为长度是 767 250 bit 的较长的周期性序列。L_2CL 码的码速率也为 511.5 kbit/s,一个周期持续 1.5 s,和 X1 序列相同。L_2CL 码的周期长度是 L_2CM 码的 75 倍。然后再依次从 L_2CM 码和 L_2CL 码中各取一个码来组成 L_2C 码。L_2C 码的码速率为 1.023 Mbit/s。

显然,只要设置不同的初始状态就能从一个很长的码序列中截取不同的子区间生成不同的 L_2CM 码和 L_2CL 码,供不同卫星使用。各 GPS 卫星在生成 L_2CM 码和 L_2CL 码时所设置的初始状态见表 2.6。

表 2.6 生成 L_2CM 码和 L_2CL 码时所设置的初始状态

卫星号 PRN 号	L_2CM	L_2CL	卫星号 PRN 号	L_2CM	L_2CL
1	742417664	624145772	17	540264026	605402220
2	756014035	506610362	18	205521705	002576027
3	002747144	220360016	19	064022144	525163451
4	006265724	710406104	20	120161274	266527765
5	601403471	001143345	21	044023533	006760703
6	703232733	053023326	22	724744327	501474556
7	124510070	652521276	23	045743577	743747443
8	617316361	206124777	24	741201660	615534726
9	047541621	015563374	25	700274134	763621420
10	733031046	561522076	26	010247261	720727474
11	713512145	023163525	27	713433445	700521043
12	024437606	117776450	28	737324162	722567263
13	021264003	606516355	29	311627434	132765304
14	230655351	003037343	30	710452007	746332245
15	001314400	046515565	31	722462133	102300466
16	222021506	671511621	32	050172213	255231716

卫星号 PRN 号	L$_2$CM	L$_2$CL	卫星号 PRN 号	L$_2$CM	L$_2$CL
33	500653703	437661701	36	756675453	561123307
34	755077436	717047302	37	435506112	240713073
35	136717361	222614207			

注：前 32 种 L$_2$CM 和 L$_2$CL 码供 32 颗 GPS 卫星使用，后 5 种以备他用（如供地面发射机使用）。L$_2$CM 和 L$_2$CL 码的初始状态都是采用八进制数表示，每个数码代表 3 位二进制数。初始状态还有多种选择，可供更多的卫星和发射机使用。导航电文只调制在 L$_2$CM 码上，L$_2$CL 码上则不调制导航电文。中等长度的 L$_2$CM 可用于捕获卫星信号，不调制导航电文的周期也要长得多的 L$_2$CL 码可提供更长的积分时间，其相关特性要比 C/A 码更好，有利于在信号受到遮挡的树林等环境中测距。

7. 调制在 L$_5$ 载波上的民用测距码（以下简称 L$_5$ 码）

按 GPS 现代化的原定计划，只有在 Block IIF 卫星及其后各种类型的 GPS 卫星上才增设 L 信号，而第一颗 Block IIF 型的 GPS 卫星在 2010 年 5 月才发射。但在 2009 年 3 月 24 日发射的 Block IIR–20M（SVN 49，PRN 01）GPS 卫星上已提前开展了 L$_5$ 信号的相关实验工作。2015 年 4 月底在轨工作的 Block IIF 卫星已达 9 颗。

L$_5$ 载波的频率为 1 176.45 MHz，是由原子钟频 10.23 MHz 倍频 115 倍后形成的。L$_5$ 载波由两个相互正交的分量组成：一个是同相（in-phase）分量，另一个是正交（quadrature-phase）分量，它们的发射功率相同。两个互相同步的、几乎是正交的、但结构不同的测距码被分别调制这两个载波分量上。为方便起见，我们把调制在同相分量上的测距码称为 I$_5$ 码，把调制在正交分量上的测距码称为 Q$_5$ 码。

I$_5$ 码是由 XA 码和 XBI$_i$ 码模二相加后形成的，Q$_5$ 码则是由 XA 和 XBQ$_i$ 码模二相加后形成的。I$_5$ 码和 Q$_5$ 码的速率均为 10.23 Mbps，是 C/A 码和 L$_2$C 码的 10 倍，与 P（Y）码相同。I$_5$ 码与 Q$_5$ 码均为长度是 10 230 bit 的周期性二进制序列，每个周期持续 1 ms。

XA 码是由一个特征多项式为 $1 + X^9 + X^{10} + X^{12} + X^{13}$ 的 13 级线性反馈移位寄存器产生的。按理说，13 级移位寄存器应产生一个长度为 $2^{13} - 1 = 8 191$ bit 的二进制周期性序列，但 XA 码发生器通过提前一个比特重设初始状态（全部置为 1）的方法截去了最后一个比特，使它在产生 8 190 个比特后又开始第二个循环直至 1 ms 时再次重新设置为 1，形成一个长度为 10 230 bit、周期为 1 ms 的 XA 序列为止。然后再开始生成第二个周期的 XA 码。由此可知，长度为 10 230 bit 的 XA 码可分为两段，第一段长度为 8 190 bit，第二段（长度为 8 191～10 230 bit）的 2 040 个比特是第一段前 2 040 bit 的重复。

XBI 码和 XBQ 码也是由 13 级的线性反馈移位寄存器产生的，其特征多项式也相同，均为 $1 + X^1 + X^3 + X^4 + X^6 + X^7 + X^8 + X^{12} + X^{13}$。XBI 码和 XBQ 码不进行人为地截断，而是使其"自然地"生成 8 191 bit 的码序列后再开始第二个循环，直至 1 ms 时再通过重新设置初始状态，使其形成一个长度为 10 230 bit、持续时间为 1 ms 的周期性序列。由于 XA 码与 XBI 码和 XBQ 码相比，在第一循环中少了一个比特，所以当它分别与 XBI 码和 XBQ 码模二相加生成的 I$_5$ 码和 Q$_5$ 码时，从第 8 191 bit 开始的后 2 040 个比特就不会与最前面的 2 040 个比特重复，而是一个周期真正为 10 230 bit 的码序列。如果 XA 序列不进行截断，也为 8 191 bit，则与 XBI 码和 XBQ 码模二相加后生成的 I$_5$ 码和 Q$_5$ 码也将是周期为 8 191 bit 的码序列，后面的部分只是前 2 039 bit 的重复而已。

　　在生成码序列时,可以通过设置不同的初始状态来对码序列进行平移。全球定位系统也是采用这种方法来生成不同的 XBI_i 和 XBQ_i 码,供不同卫星使用。不同的 XBI_i 和 XBQ_i 码所用的初始状态见表 2.7。

表 2.7　生成不同的 XBI_i 和 XBQ_i 码时所用的初始状态表

PRN 号	XBI_i	XBQ_i	PRN 号	XBI_i	XBQ_i	PRN 号	XBI_i	XBQ_i
1	05344	11314	14	04047	12077	27	05336	10372
2	14065	04366	15	06532	13617	28	07526	17502
3	04010	17043	16	01711	15137	29	05741	05044
4	13046	03552	17	04617	16310	30	10267	10171
5	16727	03662	18	17036	13344	31	01236	05745
6	06372	05251	19	14437	03133	32	00271	11052
7	12237	17601	20	06555	14161	33	15201	13104
8	13644	06550	21	02010	16620	34	15771	17104
9	17453	13503	22	16757	12616	35	17334	06263
10	07736	02206	23	10376	10575	36	11310	03657
11	00472	01005	24	14264	16763	37	03220	02321
12	16371	05305	25	15155	14233			
13	01634	04645	26	12626	05274			

　　注:初始状态第 1 位表示二进制数 0 或 1,后 4 位八进制数,每位表示 3 个二进制数,如 XBI_i 的初始状态 05344 表示 13 个寄存器的初始状态为 0101011100100,11314 表示 13 个寄存器的初始状态为 1001011001100。

　　前 32 种 XBI_i 和 XBQ_i 分配给 32 个卫星使用,后 5 种留作他用(如地面反射机用),需要时,还能生成许多其他的 XBI 码和 XBQ 码。

　　将 XA 码和 XBI_i 码模二相加就能生成 I_5 码;将 XA 码和 XBQ_i 模二相加就能生成 Q_{5i} 码,供第 i 个卫星使用($i = 1,\cdots,32$)。I_5 码上还将调制导航电文,Q_5 码上则不调制导航电文。最后再把 I_5 码调制在 L_5 载波的同相分量上,把 Q_5 信号调制在 L_5 载波的正交分量上播发给用户。

　　由于 L_5 码的码速率为 10.23 Mbit/s,一个码元的宽度只有 29.3 m,测距精度将与 P(Y) 码相当,可用于"生命安全"等用途。中等长度的 I_5 码可用于捕获卫星信号;无导航电文的 Q_5 码允许进行长时间积分,有利于在树林等隐蔽环境下捕获较弱的卫星信号。

　　8. 军用码(M 码)

　　M 码是一种供美国军方使用的保密码,其生成方法及码的结构不对外公开。据参考文献[32]介绍,M 码具有下列优点:① 信号发射功率更大,因而信号捕获更加快捷、稳定,比 P(Y) 码具有更好的抗干扰能力;② 采用新的方法来生成 M 码,在 BlockIIF 卫星的 L 和 L_2 载波上调制的是两种结构不同的 M 码,抗干扰能力更强;③ 调制在 M 码上的导航电文(也称 MNAV)有利于使用基于信息的通信协议,这个协议允许定义新的信息。

　　从图 2.11 中可以看出民用测距码、调制在 L 载波上的 C/A 码和调制在 L_2 载波上的 L_2C 码其功率主要集中在 2 MHz 宽的频带上。调制在 L_5 载波上的新的民用测距码的功率则主要分布在 20 MHz 宽的频带上。M 码的设计则更为安全和灵活,分布在中心频率的两侧。现有军用信号 P(Y) 码还可能再使用一段时间。

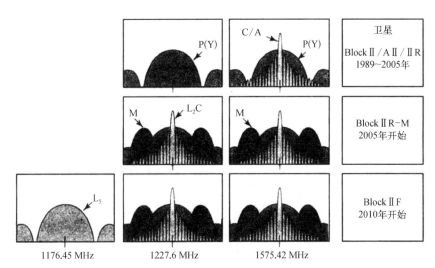

图 2.11　各种测距码的信号功率谱

2.3.3　导航电文

导航电文是由 GPS 卫星向用户播发的一组反映卫星在空间的运行轨道、卫星钟的改正参数、电离层延迟修正参数及卫星的工作状态等信息的二进制代码,也称数据码(D 码)。它是用户利用全球定位系统进行导航定位时的一组十分重要的数据。

导航电文是以"帧"为单位向外播发的。一个主帧的长度为 1 500 bit,发送速率为 50 bit/s,播发一帧电文需要 30 s。一个主帧包含 5 个子帧,每个子帧的长度均为 300 bit,播发时间为 6 s。每个子帧都是由 10 个字组成的,每个字均含 30 bit,播发时间为 0.6 s。其中第 4、5 两个子帧各有 25 个不同的页面。因而用户需花费 750 s 才能接收到一组完整的导航电文。每 30 s 第 4 子帧和第 5 子帧将翻转 1 页,而前 3 个子帧则重复原来的内容。第 1、2、3 子帧中的内容每小时更换一次,第 4、5 子帧的内容则要等地面站输入新的历书后才更换。导航电文的基本构成见图 2.12。

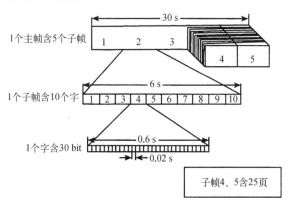

图 2.12　导航电文的基本构成图

导航电文的具体内容及构造见图 2.13。该图摘自 2004 年 12 月 7 日发布的 IS‑GPS‑200D 版(Revision D)。

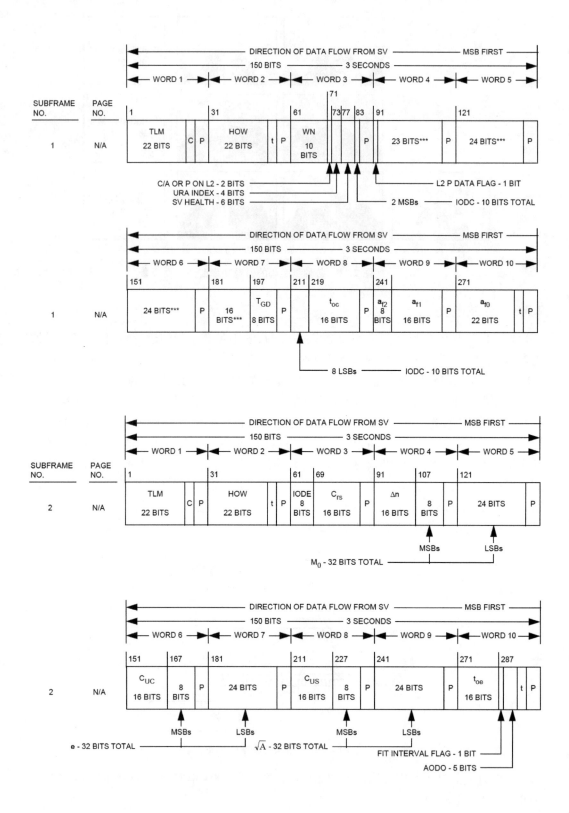

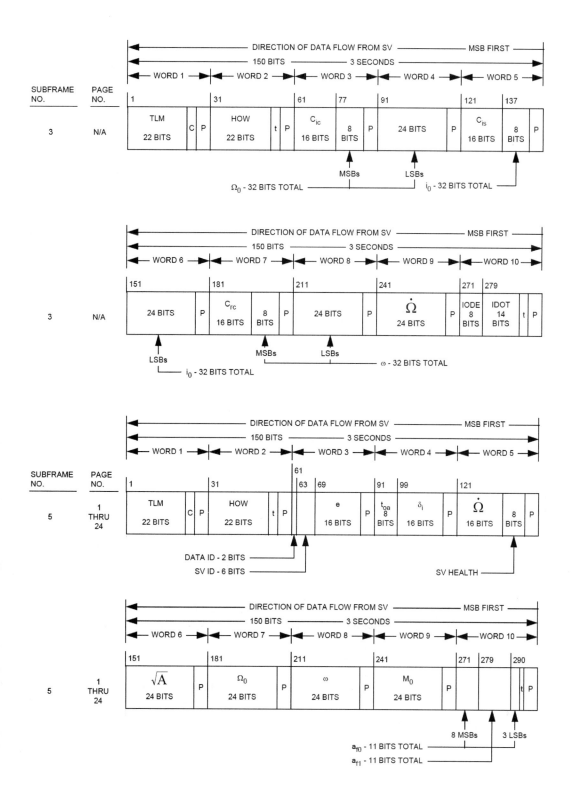

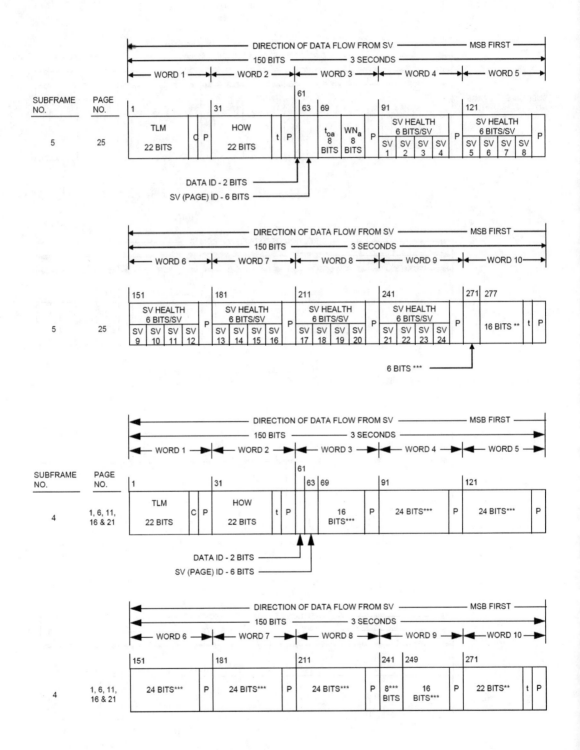

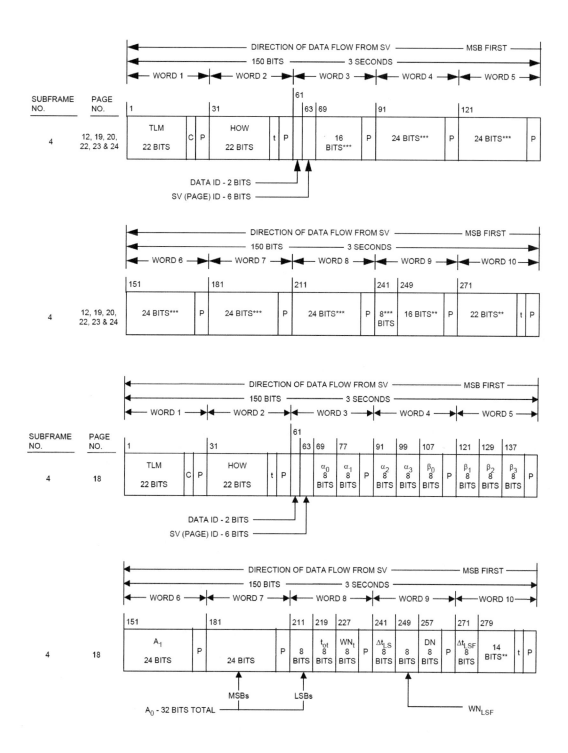

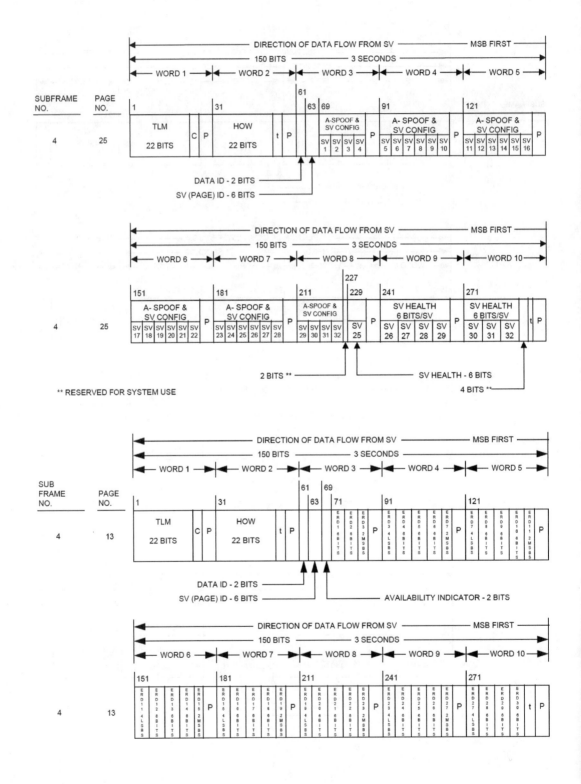

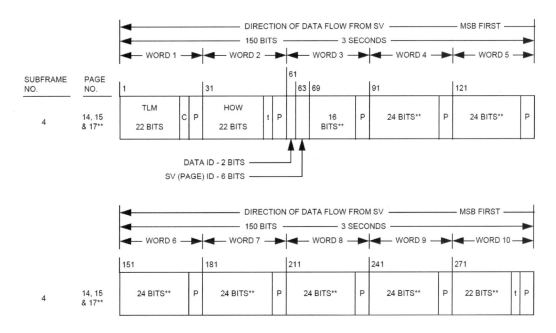

图 2.13 调制在 C/A 码和 P(Y) 码上的导航电文

注：P，奇偶检验码；t，留作奇偶计算的无信息比特；C，TLM 中的第 23、24 比特备用

2.4 GPS 测量原理与定位方法

GNSS 的基本定位原理是根据观测时刻的卫星位置和钟差信息，以及由用户接收机测量的卫星到用户接收机之间的距离信息，通过距离交会的方式来获取用户的位置坐标和时间信息。使用一台接收机独立确定自己在空间的位置称为单点定位，使用根据定位精度以及应用领域的不同，单点定位可分为两类：① 传统单点定位又称标准单点定位(SPP)，它通过广播星历来获取卫星位置和钟差信息，使用伪距测量值构建方程组来求解位置，由于测量精度有限，通常只能达到米级或十米级，因此主要用于航空器、船只、车辆等载运工具以及行人的导航，也可用于地质勘探、环境监控、农业和军事领域；② 精密单点定位(PPP)利用精密星历和载波相位，通过十分严谨的模型进行解算，以获得非常精准的位置、时间和其他信息，主要在授时、低轨卫星的定轨工作、气象、地震监测等精密测量领域使用。目前，GPS 是最早投入使用也是最成熟的系统，因此本书主要以 GPS 为例来介绍卫星导航定位的原理。

2.4.1 RINEX 格式介绍

在 GNSS 定位中通常使用与接收机无关的交换格式(RINEX)存储导航电文和观测值[33]。GPS 导航电文一般存储在扩展名为 yyN(yy 表示年份)的 RINEX 文件中，从中可获取广播星历信息；观测值数据存储在扩展名为 yyO 的 RINEX 文件中，从中可获取伪距、载波相位观测值、信号强度等信息。RINEX 格式文件示例如图 2.14 所示。

```
  2.11        NAVIGATION DATA     GPS(GPS)                        RINEX VERSION / TYPE
cnvtToRINEX 2.60.0  convertToRINEX OPR  25-Feb-18 14:10 UTC       PGM / RUN BY / DATE
----------------------------------------------------------        COMMENT
  0.8382D-08 -0.7451D-08 -0.5960D-07  0.5960D-07                  ION ALPHA
  0.8806D+05 -0.3277D+05 -0.1966D+06  0.1966D+06                  ION BETA
  0.372529029846D-08 0.799360577730D-14   503808       0          DELTA-UTC: A0,A1,T,W
  18                             LEAP SECONDS
                                 END OF HEADER
21 18 01 31 04 00  0.0-0.435849186033D-03 0.420641299570D-11 0.000000000000D+00
  0.530000000000D+02-0.131656250000D+03 0.500806574890D-08-0.948965791823D+00
 -0.675022602081D-05 0.243652305799D-01 0.680238008499D-05 0.515377759361D+04
  0.273600000000D+06-0.433996319771D-06-0.669330842785D+00 0.242143869400D-06
  0.942690796364D+00 0.241000000000D+03-0.160057713885D+01-0.882715340066D-08
 -0.350014579512D-09 0.100000000000D+01 0.198600000000D+04 0.000000000000D+00
  0.240000000000D+01 0.000000000000D+00-0.102445483208D-07 0.530000000000D+02
  0.270582000000D+06 0.400000000000D+01 0.000000000000D+00 0.000000000000D+00
20 18 01 31 04 00  0.0 0.499687157571D-03 0.909494701773D-12 0.000000000000D+00
  0.760000000000D+02-0.336562500000D+02 0.495377777330D-08 0.181160741958D+01
 -0.182352960110D-05 0.451280956622D-02 0.121667981148D-04 0.515378499031D+04
  0.273600000000D+06 0.134110450745D-06 0.318337121230D+00-0.745058059692D-07
  0.928295337215D+00 0.127656250000D+03 0.177634960608D+01-0.808890836407D-08
  0.417160233541D-09 0.100000000000D+01 0.198600000000D+04 0.000000000000D+00
  0.240000000000D+01 0.000000000000D+00-0.838190317154D-08 0.760000000000D+02
  0.270588000000D+06 0.400000000000D+01 0.000000000000D+00 0.000000000000D+00
24 18 01 31 04 00  0.0-0.454685650766D-04-0.454747350886D-12 0.000000000000D+00
  0.940000000000D+02-0.333125000000D+02 0.502913805522D-08 0.102670103950D+01
 -0.175274908543D-05 0.675019936170D-02 0.962615013123D-05 0.515365660286D+04
  0.273600000000D+06-0.968575477600D-07 0.247920075895D+01 0.577419996262D-07
  0.942730535071D+00 0.185156250000D+03 0.518804854007D+00-0.824284334751D-08
 -0.742173771659D-09 0.100000000000D+01 0.198600000000D+04 0.000000000000D+00
  0.340000000000D+01 0.000000000000D+00 0.279396772385D-08 0.940000000000D+02
  0.270588000000D+06 0.400000000000D+01 0.000000000000D+00 0.000000000000D+00
10 18 01 31 04 00  0.0 0.153652392328D-03 0.511590769747D-11 0.000000000000D+00
  0.830000000000D+02-0.721875000000D+01 0.421053252844D-08-0.125047410912D+01
 -0.506639480591D-06 0.321456557140D-02 0.124461948872D-04 0.515366951752D+04
  0.273600000000D+06 0.242143869400D-07 0.420386068847D+00-0.178813934326D-06
  0.961088891541D+00 0.141687500000D+03-0.284672234463D+01-0.770103506474D-08
```

(a) RINEX格式导航电文文件

```
  2.11        OBSERVATION DATA    GPS(GPS)                       RINEX VERSION / TYPE
cnvtToRINEX 2.60.0  convertToRINEX OPR  25-Feb-18 14:10 UTC      PGM / RUN BY / DATE
-------------------------------------------------------------    COMMENT
TRM8                                                             MARKER NAME
TRM8                                                             MARKER NUMBER
GNSS Observer       Trimble                                      OBSERVER / AGENCY
##########          Unknown          x.xx                        REC # / TYPE / VERS
##########          UNKNOWN EXT                                  ANT # / TYPE
 -2977053.1525  5015317.4952  2573196.0144                       APPROX POSITION XYZ
      0.0000        0.0000        0.0000                         ANTENNA: DELTA H/E/N
     1     1     0                                               WAVELENGTH FACT L1/2
     7    C1    D1    L1    L2    P2    S1    S2                 # / TYPES OF OBSERV
  2018     1    31     3     9   43.0000000     GPS              TIME OF FIRST OBS
  2018     1    31     3    36   46.0000000     GPS              TIME OF LAST OBS
     0                                                           RCV CLOCK OFFS APPL
    17                                                           LEAP SECONDS
     8                                                           # OF SATELLITES
   G10 15865 15865 15807 12679 12679 15865 12679                 PRN / # OF OBS
   G12 15675 15675 14803  8187  8187 15675  8187                 PRN / # OF OBS
   G15 15773 15773 15279  7187  7187 15773  7187                 PRN / # OF OBS
   G20 15504 15504 14806     0     0 15504     0                 PRN / # OF OBS
   G21 15878 15878 15419  7201  7201 15878  7201                 PRN / # OF OBS
   G24 16145 16145 15514 11303 11303 16145 11303                 PRN / # OF OBS
   G25 14521 14521 13994 10349 10349 14521 10349                 PRN / # OF OBS
   G32 14855 14855 14422  9785  9785 14855  9785                 PRN / # OF OBS
CARRIER PHASE MEASUREMENTS: PHASE SHIFTS REMOVED                 COMMENT
                                                                 END OF HEADER
 18  1 31  3  9 42.8000000  0  1G21
  25026082.09616     -383.34516     11832.77416      5855.89756  25026086.50756
      43.000         23.500
 18  1 31  3  9 43.0000000  0  1G21
  25026096.846 6     -383.633 6     11909.481 6      5915.67346  25026100.78646
      43.000         25.000
 18  1 31  3  9 43.2000000  0  1G21
  25026111.414 6     -383.994 6     11986.273 6      5975.51846  25026115.54946
      43.000         25.500
 18  1 31  3  9 43.4000000  0  1G21
  25026125.870 6     -384.370 6     12063.109 6      6035.39046  25026130.22646
      43.250         26.000
 18  1 31  3  9 43.6000000  0  1G21
  25026140.314 6     -384.136 6     12139.874 6      6095.20946  25026144.66946
      43.000         25.250
```

(b) RINEX格式观测值文件

图 2.14　RINEX 格式文件示例

2.4.2　卫星位置的获取

对用户位置进行解算前,必须要准确获取卫星的位置。此外只有已知卫星位置,才能对伪距误差进行计算以及对卫星可见性进行判断。卫星星历描述卫星运动轨道的信息,有了卫星星历就可以计算出任意时刻的卫星位置和速度,GPS 卫星星历分为广播星历和精密星历。

1. 用广播星历计算卫星位置

广播星历是由全球定位系统的地面控制部分所确定和提供的,是定位卫星发播的无线电信号上载有预报一定时间内卫星轨道根数的电文信息。广播星历通常包括相对某一参考历元的开普勒轨道参数和必要的轨道摄动改正项参数。早期,广播星历是由分布在全球的 5 个监测站对卫星进行跟踪观测,然后将观测数据送到主控站;主控站利用采集到的数据中的 P 码观测值,根据卡尔曼滤波方法估计卫星位置、速度、太阳光压系数、钟差、钟漂和漂移速度等参数,再利用这些参数推估后续时刻卫星位置和钟差,并对这些结果进行拟合得到相应的轨道参数,最后生成导航电文进行播发。

自从 GPS 卫星正式运行以来,广播星历的轨道精度一直在提高。2002 年以来,为了进一步提高广播星历的精度,在地球空间情报局 NGA 和 GPS 的联合工作办公室 JPO 的支持下成功地实施了精度改进计划(legacy accuracy improvement initiative, L-AII)。其主要内容如下。

(1) 把 NGA 所属的 6~11 个 GPS 卫星跟踪站的观测资料逐步添加到广播星历的定轨资料中去,使所有的 GPS 卫星在任意时刻至少有一个地面站对其进行跟踪观测。

(2) 对卫星定轨/预报中所使用的动力学模型进行改正。

GPS 广播星历参数共有 16 个,其中包括 1 个参考时刻,6 个对应参考时刻的开普勒轨道参数和 9 个反映摄动力影响的参数,如表 2.8 所示。这些参数通过 GPS 卫星发射的含有轨道信息的导航电文传递给用户。

表 2.8 GPS 广播星历参数

参数表达式	参 数 说 明
t_{oe}	星历表参考历元/s
M_0	按参考历元 t_{oe} 计算的平近点角/rad
Δn	由精密星历计算得到的卫星平均角速度与按给定参数计算所得的平均角速度之差/rad
e	轨道偏心率
$\sqrt{a}$	轨道长半径 a 的平方根/$m^{1/2}$
Ω_0	按参考历元计算的升交点赤经/rad
i_0	按参考历元计算的轨道倾角/rad
ω	近地点角距/rad
$\dot{\Omega}$	升交点赤经变化率/(rad/s)
$\dot{i}$	轨道倾角变化率/(rad/s)
C_{uc}	纬度幅角的余弦调和项改正的振幅/rad
C_{us}	纬度幅角的正弦调和项改正的振幅/rad
C_{rc}	轨道半径的余弦调和项改正的振幅/m
C_{rs}	轨道半径的正弦调和项改正的振幅/m
C_{ic}	轨道倾角的余弦调和项改正的振幅/rad
C_{is}	轨道倾角的正弦调和项改正的振幅/rad

使用上述参数计算时刻 t 的卫星位置步骤如下。

1)计算卫星运动的平均角速度 n

首先根据广播星历给出的 $\sqrt{a}$ 计算参考时刻 t_{oe} 的平均角速度 n_0:

$$n_0 = \frac{\sqrt{GM}}{(\sqrt{a})^3} \qquad (2-58)$$

式中, GM 为万有引力常数 G 与地球总质量 M 之积, $GM = 3.986\,005 \times 10^{14}\,m^3/s^2$。然后根据广播星历中给定的摄动参数 Δn 计算观测时刻卫星的平均角速度 n:

$$n = n_0 + \Delta n \qquad (2-59)$$

2)计算观测瞬间卫星的平近点角 M

$$M = M_0 + n(t - t_{oe}) \qquad (2-60)$$

3）计算偏近点角 E

用弧度表示的开普勒方程为

$$E = M + e\sin E \tag{2-61}$$

4）计算真近点角 f

$$f = \arctan \frac{\sqrt{1 - e^2}\sin E}{\cos E - e} \tag{2-62}$$

5）计算卫星矢径 r'

$$r' = a(1 - e\cos E) \tag{2-63}$$

6）计算升交角距 u'

$$u' = \omega + f \tag{2-64}$$

7）广播星历中给出了 6 个摄动参数：C_{uc}、C_{us}、C_{rc}、C_{rs}、C_{ic}、C_{is}，据此可求得升交角距的改正项 δ_u、卫星矢径的改正量 δ_r 和卫星轨道倾角的摄动改正项 δ_i

$$\begin{cases} \delta_u = C_{uc}\cos 2u' + C_{us}\sin 2u' \\ \delta_r = C_{rc}\cos 2u' + C_{rs}\sin 2u' \\ \delta_i = C_{ic}\cos 2u' + C_{is}\sin 2u' \end{cases} \tag{2-65}$$

8）计算摄动改正后的升交角距 u、卫星矢径 r 和卫星轨道倾角 i

$$\begin{cases} u = u' + \delta_u \\ r = r' + \delta_r \\ i = i_0 + \delta_i + \frac{\mathrm{d}i}{\mathrm{d}t}(t - t_{oe}) \end{cases} \tag{2-66}$$

9）计算卫星在轨道面直角坐标系（坐标轴原点位于地心，X 轴指向升交点）中的位置

$$\begin{cases} x = r\cos u \\ y = r\sin u \end{cases} \tag{2-67}$$

10）计算观测瞬间升交点的经度 L

$$L = \Omega_0 + (\Omega - \omega_e)t - \dot{\Omega} \cdot t_{oe} \tag{2-68}$$

式中，ω_e 为地球自转角速度，$\omega_e = 7.292\,115 \times 10^{-5}$ rad/s。

11）最终求得 t 时刻卫星在 ECEF 中的坐标 (X, Y, Z)

$$\begin{cases} X = x\cos L - y\cos i\sin L \\ Y = x\sin L - y\cos i\cos L \\ Z = y\sin i \end{cases} \tag{2-69}$$

式中，X、Y、Z 为卫星在 ECEF 坐标系下的三维坐标。

2. 用精密星历计算卫星位置

GPS 由美国国防部研制、组建、管理，其导航定位精度，包括广播星历精度是根据军方

用户的需要来确定的,并非以追求最高的精度为目的。精密星历则是一些国家某些部门,根据各自建立的卫星跟踪站所获得的对 GPS 卫星的精密观测资料,是为满足大地测量、地球动力学研究等精密应用领域的需要而研制的高精度的事后星历。目前精度最高、使用最广泛、最方便的精密星历是由国际 GNSS 服务组织(International GNSS Service,IGS)提供的精密星历,可免费在互联网上获得。

　　精密星历按一定时间间隔(通常为 15 min)来给出卫星在空间的三维坐标、三维运动速度及卫星钟改正数等信息。观测瞬间的卫星位置及运动速度可采用内插法求得。其中拉格朗日多项式内插法因速度快且易于编程而被广泛采用。拉格朗日插值公式十分简单,已知函数 $y = f(x)$ 的 $n+1$ 个节点 $x_0, x_1, x_2, \cdots, x_n$ 及其对应的函数值 $y_0, y_1, y_2, \cdots, y_n$,对插值区间内任一点 x,可用下面的拉格朗日插值多项式来计算函数值:

$$f(x) = \sum_{k=0}^{n} \prod_{i=0, i \neq k}^{n} \left(\frac{x - x_i}{x_k - x_i} \right) y_k \tag{2-70}$$

　　对 GPS 卫星而言,如果要精确至 10^{-8},用 30 min 的历元间隔和 9 阶内插已足够保证精度。

2.4.3　伪距定位原理

　　传统的单点定位利用广播星历所给出的卫星轨道和卫星钟差以及伪距观测值来进行,也称标准单点定位。伪距是由卫星发射的测距码信号到达 GPS 接收机的传播时间乘以光速所得出的量测距离。由于卫星钟、接收机钟的误差以及无线电信号经过电离层和对流层的延迟,实际测出的距离与卫星到接收机的几何距离有一定差值,因此一般称测量出的距离为伪距。伪距测量的观测方程为

$$\rho_i = \sqrt{(x_i - x_r)^2 + (y_i - y_r)^2 + (z_i - z_r)^2} + c(\delta t_i - \delta t_r) - I_i - T_i \tag{2-71}$$

式中,$i = 1, 2, 3, 4, \cdots$,表示第 i 颗卫星;(x_i, y_i, z_i) 为卫星的 ECEF 坐标;(x_r, y_r, z_r) 为接收机的 ECEF 坐标;c 为真空中的光速;δt_i 和 δt_r 分别为卫星钟差和接收机钟差;I_i 和 T_i 分别为电离层和对流层的钟差改正项。若接收机的近似坐标为 (x_0, y_0, z_0),可将未知的接收机位置分解为由近似分量和增量分量组成:

$$\begin{cases} x_r = x_0 + \delta x \\ y_r = y_0 + \delta y \\ z_r = z_0 + \delta z \end{cases} \tag{2-72}$$

　　将式(2-72)在 (x_0, y_0, z_0) 处用泰勒级数展开可得

$$\rho_i = R_i^0 - \frac{(x_i - x_0)}{R_i^0} \delta x - \frac{(y_i - y_0)}{R_i^0} \delta y - \frac{(z_i - z_0)}{R_i^0} \delta z + c(\delta t_i - \delta t_r) - I_i - T_i$$

$$\tag{2-73}$$

式中,令 $\frac{(x_i - x_0)}{R_i^0} = l_i$,$\frac{(y_i - y_0)}{R_i^0} = m_i$,$\frac{(z_i - z_0)}{R_i^0} = n_i$ 为从接收机近似位置至卫星 i 方向上的方向余弦,R_i^0 为从接收机近似位置到卫星 i 的距离:

$$R_i^0 = \sqrt{(x_i - x_0)^2 + (y_i - y_0)^2 + (z_i - z_0)^2} \tag{2-74}$$

伪距观测方程的线性化形式为

$$R_i^0 - \begin{bmatrix} l_i & m_i & n_i \end{bmatrix} \begin{bmatrix} \delta x \\ \delta y \\ \delta z \end{bmatrix} - c\delta t_r = \rho_i + I_i + T_i - c\delta t_i \tag{2-75}$$

若在历元 t_i，有 4 颗可用 GPS 卫星，则此时 $i = 1, 2, 3, 4$，式（2-75）为一方程组：

$$\begin{bmatrix} R_1^0 \\ R_2^0 \\ R_3^0 \\ R_4^0 \end{bmatrix} - \begin{bmatrix} l_1 & m_1 & n_1 & -1 \\ l_2 & m_2 & n_2 & -1 \\ l_3 & m_3 & n_3 & -1 \\ l_4 & m_4 & n_4 & -1 \end{bmatrix} \begin{bmatrix} \delta x \\ \delta y \\ \delta y \\ \delta t_r \end{bmatrix} = \begin{bmatrix} \rho_1 + I_1 + T_1 - c\delta t_1 \\ \rho_2 + I_2 + T_2 - c\delta t_2 \\ \rho_3 + I_3 + T_3 - c\delta t_3 \\ \rho_4 + I_4 + T_4 - c\delta t_4 \end{bmatrix} \tag{2-76}$$

令

$$\boldsymbol{A} = \begin{bmatrix} l_1 & m_1 & n_1 & -1 \\ l_2 & m_2 & n_2 & -1 \\ l_3 & m_3 & n_3 & -1 \\ l_4 & m_4 & n_4 & -1 \end{bmatrix} \tag{2-77}$$

$$\begin{cases} \delta \boldsymbol{X} = \begin{bmatrix} \delta x & \delta y & \delta z & \delta t_r \end{bmatrix}^{\mathrm{T}} \\ \Delta \rho_i = \rho_i + I_i + T_i - c\delta t_i - R_i^0 \\ \Delta \boldsymbol{\rho} = \begin{bmatrix} \Delta \rho_1 & \Delta \rho_2 & \Delta \rho_3 & \Delta \rho_4 \end{bmatrix}^{\mathrm{T}} \end{cases} \tag{2-78}$$

式（2-76）可简写为

$$\boldsymbol{A}\delta \boldsymbol{X} + \Delta \boldsymbol{\rho} = 0 \tag{2-79}$$

解上式可求得 $\delta \boldsymbol{X}$，进而通过式（2-73）求得 (x_r, y_r, z_r) 和钟差 δt_r。当可用的卫星数量大于 4 时，就要使用最小二乘法解算，此时将式（2-79）变为一个误差方程组：

$$\boldsymbol{V} = \boldsymbol{A}\delta \boldsymbol{X} + \Delta \boldsymbol{\rho} \tag{2-80}$$

根据最小二乘法解得 $\delta \boldsymbol{X}$：

$$\delta \boldsymbol{X} = -(\boldsymbol{A}^{\mathrm{T}}\boldsymbol{A})^{-1}(\boldsymbol{A}^{\mathrm{T}}\Delta \boldsymbol{\rho}) \tag{2-81}$$

GPS 定位的精度由观测值的精度以及用户接收机与 GPS 卫星间的几何图形的强度来决定。在单点定位中，前者常用单位权中误差来反映，后者常用精度衰减因子（DOP）来表示。于是未知参数及其函数的中误差 m 为

$$m = m_0 \times \mathrm{DOP} \tag{2-82}$$

式中，m_0 为伪距测量中误差。协因数阵 $\boldsymbol{Q}$ 为

$$\boldsymbol{Q} = (\boldsymbol{A}^{\mathrm{T}}\boldsymbol{A})^{-1} \tag{2-83}$$

将其展开可表示为

$$\boldsymbol{Q} = \begin{bmatrix} q_{11} & q_{12} & q_{13} & q_{14} \\ q_{21} & q_{22} & q_{23} & q_{24} \\ q_{31} & q_{32} & q_{33} & q_{34} \\ q_{41} & q_{42} & q_{43} & q_{44} \end{bmatrix} \tag{2-84}$$

单点定位中常用的 DOP 如下。

1. 空间位置精度因子(PDOP)

$$\mathrm{PDOP} = \sqrt{q_{11} + q_{22} + q_{33}} \tag{2-85}$$

三维定位精度:

$$m_{\mathrm{P}} = m_0 \times \mathrm{PDOP} \tag{2-86}$$

2. 时间精度因子(TDOP)

$$\mathrm{TDOP} = \sqrt{q_{44}} \tag{2-87}$$

时间(接收机钟差)精度:

$$m_{\mathrm{T}} = m_0 \times \mathrm{PDOP} \tag{2-88}$$

3. 几何精度因子(GDOP)

$$\mathrm{GDOP} = \sqrt{q_{11} + q_{22} + q_{33} + q_{44}} \tag{2-89}$$

相应的中误差:

$$m_{\mathrm{G}} = m_0 \times \mathrm{GDOP} \tag{2-90}$$

在评估平面和高程位置精度之前,应该将用 ECEF 系表达的 (x_r, y_r, z_r) 转换到大地坐标系当中,用 (B, L, H) 表示,此时相应的协因数阵 $\boldsymbol{Q}'$ 为

$$\boldsymbol{Q}' = \begin{bmatrix} q'_{11} & q'_{12} & q'_{13} \\ q'_{21} & q'_{22} & q'_{23} \\ q'_{31} & q'_{32} & q'_{33} \end{bmatrix} = \boldsymbol{H}\boldsymbol{Q}\boldsymbol{H}^{\mathrm{T}} \tag{2-91}$$

式中,$\boldsymbol{H}$ 为 ECEF 和大地坐标系之间的转换矩阵:

$$\boldsymbol{H} = \begin{bmatrix} -\sin B \cos L & -\sin B \sin L & \cos B \\ -\sin L & \cos L & 0 \\ \cos B \cos L & \cos B \sin L & \sin B \end{bmatrix} \tag{2-92}$$

4. 二维平面位置精度因子

$$\mathrm{HDOP} = \sqrt{q'_{11} + q'_{22}} \tag{2-93}$$

平面位置精度：

$$m_H = m_0 \times \text{HDOP} \tag{2-94}$$

5. 高程精度衰减因子

$$\text{VDOP} = \sqrt{q'_{33}} \tag{2-95}$$

高程精度：

$$m_V = m_0 \times \text{VDOP} \tag{2-96}$$

为进行较高精度的定位和测量，应在的 DOP 值较小的时候观测。

2.4.4　载波相位定位原理

伪距定位是将卫星发射的测距码信号作为测距信号来进行距离量测的，2.4.3 节中有详细论述，而载波相位定位原理顾名思义，则是利用载波信号作为测距信号来进行距离量测，其测距精度通常可超出伪距定位 2 到 3 个数量级[1]。

载波信号由卫星播发，假设信号发出时的载波相位为 φ_S，传播一定距离后在某一时刻被接收机接收，此时的载波相位为 φ_R，若载波波长为 λ，则根据波的传播距离计算原理可知，卫星到接收机的距离 D 为

$$D = \lambda(\varphi_R - \varphi_S) \tag{2-97}$$

由于 GPS 卫星并不记录 φ_S 值，因此，需要另外的途径来计算距离 D。若接收机端能与卫星同步发射一载波信号 ϕ_R，使其与卫星发射的载波相位 φ_S 保持一致，则可用 ϕ_R 来代替 φ_S。则式(2-97)可改写为

$$D = \lambda(\varphi_R - \phi_R) \tag{2-98}$$

值得注意的是，相位差 $(\varphi_R - \phi_R)$ 应包含 A 个整周期和不足一个周期的部分 $P(\varphi)$，由于载波为余弦波，没有特定的标记，因此 A 数值未知，在测量阶段，我们仅能确定不足一个周期的部分，其中，A 被称为整周未知数或整周模糊度。相位差 $\Delta\varphi$ 可表示为

$$\Delta\varphi = \varphi_R - \phi_R = A + P(\varphi) \tag{2-99}$$

式(2-99)乘以波长 λ 后即可得卫星到接收机的距离的精确解。

1. 载波相位的实际观测值

实际测量时，GPS 接收机能够获得的观测值如下。

1) 首次观测

在首次观测时，能够确定的部分为不足一个周期的部分 $P(\varphi)$，接收机中对应获取这一部分数据的装置为鉴相器。若在 t_0 时刻进行首次观测，相位差 $\Delta\varphi_0$ 为

$$\Delta\varphi_0 = \varphi_R - \phi_R = A_0 + P^0(\varphi) \tag{2-100}$$

式中，整周未知数 A_0 通过其他方式确定，主要方法有伪距法和经典待定系数法两大类[34]。其中伪距法的基本原理是同时应用两种定位方法，即同时利用伪距与载波相位进行定位，随

后将伪距定位所得的测距结果与载波相位的实际观测结果进行对比,即可得整周未知数 A。

2）后续观测

由于观测过程中,卫星的位置是在不停变化的,因此,相位差也在不断发生改变,来自卫星的信号也会呈现多普勒现象,在到达接收机后会与接收机端产生的基准信号发生拍频现象,随两者之间的相位差变化。根据这一特性,我们可以利用多普勒计数器,在接收机锁定卫星后,根据拍频信号的相位变化进行周期数记录,这一观测值称为整周计数 $\text{int}(\varphi)$。随着观测时间的推移,载波相位的实际观测值如图 2.15 所示。

因此,在观测过程中,t_i 时刻的接收机的实际观测值 $\tilde{\varphi}_i$ 应为

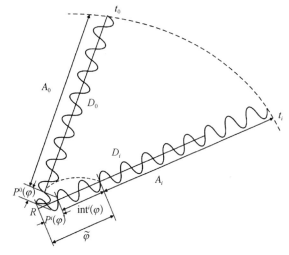

图 2.15 载波相位实际观测值

$$\tilde{\varphi}_i = \text{int}^i(\varphi) + P^i(\varphi) \qquad (2-101)$$

需要注意的是,在观测过程中,若接收机不失锁,即接收机能够连续跟踪卫星信号,则在一段观测值内,对于同一卫星的整周未知数应是相同的,即

$$A_0 = A_i \qquad (2-102)$$

若观测中途有短暂的失锁现象,则可用周跳等技术来进行恢复,但这种技术在失锁时间过长的情况下会失效,此时两段观测的整周未知数将有所不同,需要分别进行确定。在整周未知数 A 确定后,我们就能得到完整的载波相位观测 $\tilde{\Phi}$:

$$\tilde{\Phi} = \tilde{\varphi} + A = \text{int}(\varphi) + P(\varphi) + A \qquad (2-103)$$

2. 载波相位观测方程

由式(2-99)与式(2-101)可得,卫地距 ρ 为

$$\rho = D = \lambda(\tilde{\varphi}_i + A_i) \qquad (2-104)$$

将伪距测量的观测方程代入可得

$$\lambda\tilde{\varphi}_i = \rho - \lambda A_i = \sqrt{(x_i - x_r)^2 + (y_i - y_r)^2 + (z_i - z_r)^2} + c(\delta t_i - \delta t_r) - I_i - T_i - \lambda A_i \qquad (2-105)$$

其中,所含的未知参数有:接收机位置 (x_r, y_r, z_r)、接收机钟差 δt_r 与整周模糊度 A_i。I_i、T_i 误差可通过现有模型进行修正。卫星钟差可通过广播星历求得,可换用精密星历并适当内插以获得更精进的解。将导航电文中的卫星钟差作为初始近似值,引入一个新的钟差参数,然后通过平差、求差等方法来提升载波相位观测值的精度。

2.5 GPS 误差来源

GPS 定位中的误差源大体可分为四类：与卫星有关的误差、与信号传播有关的误差、与接收机有关的误差、其他误差。其中与卫星有关的误差包括卫星星历误差和卫星钟差；与信号传播有关的误差包括电离层延迟、对流层延迟和多路径误差；与接收机有关的误差包括接收机钟差、接收机的位置误差、天线相位中心偏差、测量噪声等；在高精度的 GPS 测量中(如地球动力学研究)还应考虑与地球整体运动有关的地球潮汐、负荷潮及相对论效应造成的其他误差。GPS 的误差源分类如表 2.9 所示。

表 2.9 GPS 误差源分类

误差类型	误差来源
与卫星有关的误差	① 星历误差；② 卫星钟差
与信号传播有关的误差	① 电离层延迟；② 对流层延迟；③ 多路径误差
与接收机有关的误差	① 接收机钟差；② 接收机的位置误差；③ 天线相位中心偏差；④ 测量噪声
其他误差	① 相对论效应；② 地球潮汐；③ 负荷潮

在上述误差中，接收机位置误差和天线相位中心偏差主要与接收机的设计有关，其他误差主要在高精度的 GPS 测量中，如大地测量领域予以考虑。因此本书只对上述误差中与卫星有关的误差、与信号传播有关的误差和接收机钟差等对定位导航影响较为显著的误差进行分析。

2.5.1 卫星星历误差

由星历所给出的卫星在空间的位置与实际位置之差称为卫星星历误差。星历数据是由地面站测算后注入卫星的。由于卫星在运行中要受到多种摄动力的复杂影响，而通过地面站又难以测定这些作用力并掌握它们的作用规律，因此在星历预报时会产生较大的误差，将严重影响单点定位精度。解决卫星星历误差主要有以下办法。

1. 采用精密星历

如 2.4.2 节所述，卫星星历分为广播星历和精密星历两类，广播星历通常只能满足导航和低精度单点定位需要。在高精度的应用领域中可采用精密星历。精密星历可方便地从网上获取。

2. 采用相对定位模式

卫星星历误差对单点定位和相对定位的影响是不一样的。目前利用广播星历进行卫星导航和单点定位时，精度一般只能达到数米；利用相对定位模式时即使基线长度达到 56 m，广播星历误差影响仍保持在 1 cm 以内。采用这种方法布设的 GPS 网具有很高的相对精度。当网中具有高精度的起始坐标时，各网点还可获得精确的绝对坐标。我国已布设了高精度的 GPS 网，因此获得高精度的起始坐标并不困难。

2.5.2 卫星钟差

卫星钟的钟差包括由钟差、频偏、频漂等产生的误差,也包含钟的随机误差。这些偏差总量均在 1 ms 以内,由此引起的等效距离误差约可达 300 km。卫星钟差一般可表示为以下二阶多项式的形式:

$$\delta t_s = a_0 + a_1(t - t_{oe}) + a_2(t - t_{oe})^2 \tag{2-106}$$

式中, t_{oe} 为一参考历元; a_0 为 t_{oe} 时刻该钟的钟差; a_1 为 t_{oe} 时刻该钟的钟速,即频偏; a_2 为 t_{oe} 时刻该钟的加速度的一半,也称钟的老化率或频漂。这些数值由卫星的地面控制系统根据前一段时间的跟踪资料和 GPS 标准时推算出来,并通过卫星的导航电文播发给用户。经上述改正后,各卫星钟之间的同步误差可保持在 20 ns 以内,由此引起的等效距离偏差不会超过 6 m。

2.5.3 接收机钟差

接收机钟一般为石英钟,其质量较原子钟差。石英钟不但钟差的数值大,变化快,且变化的规律性也更差,用三次甚至四次多项式来拟合接收机钟差,有时仍无法获得令人满意的结果。所以一般都将每个历元的接收机钟差当作未知数,利用测码伪距观测值,通过单点定位的方法来求得,精度可达到 $0.1 \sim 0.2~\mu s$,可以满足计算卫星位置及计算其他各种改正数时的要求。此外也可通过在卫星间求一次差来消除接收机的钟差。

2.5.4 卫星钟差电离层延迟

电离层指地球上空距地面高度在 $50 \sim 1\,000$ km 之间的大气层。电离层中气体分子由于受到太阳等天体各种射线辐射,产生强烈的电离,形成大量的自由电子和正离子。当 GPS 信号通过电离层时,如同其他电磁波一样,信号路径会发生弯曲,传播速度也会发生变化。所以信号的传播时间乘以真空光速得到的距离就不等于卫星至接收机的几何距离,这种偏差叫电离层折射误差,也称电离层延迟。

电离层中含有较高密度的电子,它属于弥散性介质,电磁波在这种介质内传播时,其速度与频率有关。电离层的群折射率为

$$n_G = 1 + 40.3 \frac{N_e}{f^2} \tag{2-107}$$

式中, N_e 为电子密度,即每立方米大气中存在的电子的数量; f 为信号频率(Hz)。将频率各不相同的一组波束视作一个整体,其速度 V_G 称为群速:

$$V_G = c\left(1 - 40.3 \frac{N_e}{f^2}\right) \tag{2-108}$$

利用 GPS 卫星所发射的测距码进行距离测量时,测距码以群速度 V_G 在电离层中传播。在电离层以外,由于电子密度 N_e 为零,故信号仍以真空中光速 c 传播(不顾及对流层延迟)。若测距码从卫星至接收机的传播时间为 $\Delta t'$,则从卫星至接收机的几何距离 R 为

$$R = \int_{\Delta t'} V_G dt = \int_{\Delta t'} \left(c - c \cdot 40.3 \frac{N_e}{f^2} \right) dt = c \cdot \Delta t' - \frac{40.3}{f^2} \int_{\Delta t'} c \cdot N_e dt \qquad (2-109)$$

令 $c \cdot \Delta t' = \rho$，可得

$$R = \rho - \frac{40.3}{f^2} \int_s N_e ds \qquad (2-110)$$

式（2-110）中后面一项就是伪距定位时应该考虑的电离层延迟改正量，用 I 表示：

$$I = -\frac{40.3}{f^2} \int_s N_e ds = -\frac{40.3}{f^2} \text{TEC} \qquad (2-111)$$

式中，$\text{TEC} = \int_s N_e ds$ 表示沿着信号传播路径 s 对电子密度 N_e 进行积分，即总电子含量。可见电离层改正的大小主要要取决于电子总量和信号频率。载波相位测量时电离层的折射改正和伪距测量时的改正数大小相等符号相反。对于 GPS 信号来讲，这种距离改正在天顶方向最大可达 50 m，在接近地平方向时（高度角为 20°）则可达 150 m，因此必须加以改正，否则会严重损害观测值的精度。从上面的讨论可知，如果求得总电子含量 TEC，就可求出卫星信号的电离层延迟改正。实际观测表明，TEC 与时间（一年中的哪一天或某天的某一时刻）、地点以及太阳活动有关，然而目前仍没有建立严格的公式来表述 TEC 与上述因素的关系。GPS 广播星历所采用的是克罗布歇（Klobuchar）模型，是一个被单频 GPS 用户广泛采用的电离层改正模型。该模型将晚间的电离层时延视为常数，取值为 5 ns，把白天的时延看成是余弦函数中正的部分。于是天顶方向调制在 L_1 载波（$f = 1\,575.42$ MHz）上的测距码的电离层改正时延 T_g 可表示为

$$T_g = 5 \times 10^{-9} + A\cos \frac{2\pi}{P} (t - 14^h) \qquad (2-112)$$

振幅和周期分别为

$$\begin{cases} A = \sum_{i=0}^{3} \alpha_i (\varphi_m)^i \\ P = \sum_{i=0}^{3} \beta_i (\varphi_m)^i \end{cases} \qquad (2-113)$$

式中，α_i 和 β_i 为 GPS 地面部分从 370 组预先设置的常数组合中选取的，然后通过导航电文发送给用户。式（2-112）中 t 和式（2-113）中 φ_m 分别表示 GPS 信号路径与为了方便计算而人为设置的中心电离层的交点 P' 的时角和地磁纬度，t 和 φ_m 的计算方法如下。

（1）求出用户接收机位置 P 和 P' 在地心处的夹角 EA：

$$\text{EA} = \left(\frac{445°}{\text{el} + 20°} \right) - 4° \qquad (2-114)$$

式中，el 为卫星在测站 P 处的高度角。

（2）计算交点 P' 的地心纬度 $\varphi_{P'}$ 和经度 $\lambda_{P'}$：

$$\begin{cases} \varphi_{P'} = \varphi_P + \text{EA} \cdot \cos \alpha \\ \lambda_{P'} = \lambda_P + \text{EA} \cdot \dfrac{\sin \alpha}{\cos \varphi_P} \end{cases} \qquad (2-115)$$

式中，λ_P 和 φ_P 分别为用户所处的地心经度和纬度；α 是卫星的方位角。

（3）求得观测历元 P' 位置的地方时 t：

若观测时刻的世界时为 UT，则有

$$t = \text{UT} + \frac{\lambda_{P'}}{15} \qquad (2-116)$$

式中，t 的单位为小时。

（4）计算交点 P' 的地磁纬度 φ_m：

地球的磁北极位于 $\varphi = 79.93°$，$\lambda = 288.04°$，因此

$$\varphi_m = \varphi_{P'} + 10.07°\cos(\lambda_{P'} - 288.04°) \qquad (2-117)$$

地磁北极会随时间变化，因此隔一段时间应重新查取一次。

根据式（2-114）至式（2-117）以及导航电文中提供的 α_i 和 β_i 就能够解算出 T_g。已知该历元每颗 GPS 卫星的天顶距 Z，则相应的电离层时延 T'_g 可由式（2-118）求得

$$T'_g = T_g \cdot \sec Z \qquad (2-118)$$

需要说明的是，此处 Z 不是卫星在用户接收机位置 P 的天顶距，而是在 P' 处的天顶距。$\sec Z$ 由式（2-119）计算：

$$\sec Z = 1 + 2\left(\frac{96° - \text{el}}{90°}\right)^3 \qquad (2-119)$$

除 Klobuchar 模型外，定位测量中常用的还有本特模型、国际参考电离层模型等反映长时间全球状况的经验模型，还可通过双频观测的方法来修正电离层延迟。

2.5.5 对流层延迟

卫星导航定位中的对流层延迟通常是泛指电磁波信号在通过高度为 50 km 以下的未被电离的中性大气层时所产生的延迟。对流层大气密度比电离层更大，大气状态也更复杂，GPS 信号通过对流层时，也使传播的路径发生弯曲，从而使测量距离产生偏差。在这里我们不再将该大气层细分为对流层和平流层，也不顾及两者性质上的差别。由于 80% 以上的延迟发生在对流层，所以将发生在该中性大气层中的信号延迟统称为对流层延迟。

当电磁波信号在对流层的传播时间为 $\Delta t''$ 时，其真正的路径长度 R'' 为

$$R'' = c\Delta t'' - \int_s (n-1)\,\mathrm{d}s \qquad (2-120)$$

式中，n 为对流层中某处大气折射系数；$\int_s (n-1)\,\mathrm{d}s$ 为对流层延迟；$T = -\int_s (n-1)\,\mathrm{d}s$ 为对流层延迟改正。对于 GPS 的 L_1 和 L_2 信号而言，其 n 皆为 1.000 287 604，不能采用双频改

正的方法消除对流层延迟,因此只能求出信号传播路径上各处的大气折射系数,然后通过式(2-120)将其予以消除。由于($n-1$)数值很小,为方便计算,常令 $N = (n-1) \times 10^6$,并将 N 称为大气折射指数,其可分为干气部分 N_d 和湿气部分 N_w:

$$N = N_d + N_w = 77.6\,\frac{p}{\text{temp}} + 3.73 \times 10^5\,\frac{e}{\text{temp}^2} \qquad (2-121)$$

式中,干气部分与总的大气压 p 和气温 temp 有关;湿气部分则与水汽压 e 和气温 temp 有关。因此可知要获取传播路径上各点的 n 值,就要了解各点的气象情况,然而我们能量测的只是接收机或测站所在位置的气温 temp_s、气压 p_s 和水汽压 e_s,因此有必要构建一个根据用户接收机所在位置的 temp_s、P_s、e_s 来获取传播路径上各点的 temp、P、e 的精确的数学模型,然后代入式(2-120)和式(2-121)求出对流层延迟改正。萨斯塔莫宁(Saastamoinen)模型是定位导航中使用最为广泛地用于计算对流层改正的经典模型之一:

$$\begin{cases} \Delta S = \dfrac{0.002\,277}{\sin E'}\left[p_s + \left(\dfrac{1\,255}{\text{temp}_s} + 0.05 \right) e_s - \dfrac{a}{\tan^2 E'} \right] \\[2mm] E' = E + \Delta E \\[2mm] \Delta E = \dfrac{16''}{\text{temp}_s}\left(p_s + \dfrac{4\,810}{\text{temp}_s} e_s \right)\cot E \\[2mm] a = 1.16 - 0.15 \times 10^{-3} h_s + 0.716 \times 10^{-3} h_s^2 \end{cases} \qquad (2-122)$$

式中,ΔS 为 Saastamoinen 模型计算的对流层延迟修正值;E 为卫星高度角;h_s 为测站高度。此外较著名的还有 Hopfield 模型、Black 模型等。一般情况下,不同模型所获得的天顶方向上的对流层延迟很好地相符,其差异仅为几毫米,当卫星高度角 E 较小时,不同模型间差异较明显,但即使当 $E = 15°$ 时,不同模型的差异也只有几厘米。

2.5.6 多路径效应

在定位导航过程中,被接收机附近的建筑等反射物所反射的 GPS 信号如果进入接收机天线,就将和直接来自卫星的信号产生干涉,从而使观测值偏离真值,产生"多路径效应"。在城市环境中,由于建筑众多,导致可用 GPS 卫星数少、多路径效应严重,因此将此类环境称为城市多径环境。在城市多径环境下,GPS 信号接收类型分为三种:视距(LOS)信号指的是从卫星直接到达接收机的信号,中间没有障碍物;非视距(NLOS)信号指的是经反射到达接收机的信号,且接收机没有收到视距信号;多路径(Multipath)信号指的是接收机同时接收到 LOS 和 NLOS 两种信号。NLOS 和 Multipath 将严重损害 GPS 测量和导航定位的精度,严重时还会造成信号失锁,是城市环境中 GPS 定位导航的重要误差源。研究如何有效处理多路径效应,降低其造成的误差对城市环境中的定位导航有重要意义。现有的多路径效应处理方法主要分为三类:基于天线设计的方法、基于接收机设计的方法和基于观测值建模的方法,这些方法各有利弊。

参 考 文 献

[1] 李征航.GPS 测量与数据处理[M].武汉:武汉大学出版社,2013.

［2］刘建业.导航系统理论与应用［M］.西安：西北工业大学出版社,2010.

［3］Hofmann-Wellenhof B, Lichtenegger H, Wasle E, et al. GNSS-Global navigation satellite systems：gps, glonass, galileo, and more［M］. New York：Springer, 2008.

［4］Polischuk G, Kozlov V, Litchov V, et al. The global navigation satellite system GLONASS：development and usage in the 21st century［C］. Reston：34th Annual Precise Time and Time Interval (PTTI) Meeting, 2002.

［5］Rossbach U. Positioning and navigation using the Russian satellite system GLONASS ［D］. Munich：University of the Federal Armed Forces, 2001.

［6］Zinoviev A, Veitsel A, Dolgin D. Renovated GLONASS：improved performances of GNSS receivers［C］. Savannah：Proceedings of the 22nd International Technical Meeting of the Satellite Division of the Institute of Navigation (ION GNSS 2009), 2001.

［7］Crews M, Klimov V. Joint statement on GPS/GLONASS interoperability and compatibility working group (WG－1)［EB/OL］. https：//www.gps.gov/policy/cooperation/russia/2006-working-group-1/［2006-12-14］.

［8］Kinnock N. Galileo：involving Europe in a new generation of satellite navigation services ［J］. Air & Space Europe, 1999, 1(2)：0－3.

［9］Romay M, Lainez M, Martin J, et al. GNSS, an evolving technology, current systems evolutions and future perspectives［C］. Portland：ION GNSS 2011, 2011：3083－3101.

［10］Constantine R. GPS & Galileo：friendly foes? (Walker Paper, Number 12)［M］. Montgomery：Air University Press, 2008.

［11］Dellago R, Pieplu J M, Stalford R. The Galileo system architecture at the end of the design phase［C］. Portland：Proceedings of the 16th International Technical Meeting of the Satellite Division of the Institute of Navigation, 2003.

［12］Eissfeller B, Ameres G, Kropp V, et al. Performance of GPS, GLONASS and Galileo ［C］. Heidelberg：Munich Satellite Navigation Summit, 2007.

［13］Avila-Rodriguez J A. On generalized signal waveforms for satellite navigation ［D］. Munich：University of the Federal Armed Forces, 2008.

［14］吕伟,朱建军.北斗卫星导航系统发展综述［J］.地矿测绘,2007,23(3)：29－32.

［15］中国卫星导航系统管理办公室.北斗卫星导航系统空间信号接口控制文件(测试版) ［EB/OL］. http：//www.beidou.gov.cn/zt/zcfg/201710/t20171020_4178.html ［2011-12-27］.

［16］Bian S, Jin J, Fang Z. The Beidou satellite positioning system and its positioning accuracy［J］. Navigation, 2005, 52(3)：123－129.

［17］China Satellite Navigation Office. BeiDou navigation satellite system signal in space interface control document, version 2. 0 ［R］. Beijing：China Satellite Navigation Office, 2013.

［18］IS-QZSS. Quasi-Zenith satellite system navigation service, interface specification for QZSS［S］. Tokyo：Japan Aerospace Exploration Agency, 2012.

[19] Majthiya P, Khatri K, Hota J. Indian regional navigation satellite system：correction parameters for timing group delays[J]. Inside GNSS, 1(2), 2011：40 – 46.

[20] Bock Y. Medium distance GPS measurements[M]. Heidelberg：Springer, 1998.

[21] 魏娜,施闯.地球参考框架的实现和维持[J].大地测量与地球动力学,2009,29(2)：139 – 143.

[22] 杨元喜.2000 中国大地坐标系[J].科学通报,2009,54(16)：2271 – 2276.

[23] Akulenko L, Kumakshev S, Markov Y. Motion of the Earth's pole[J]. Doklady Physics, 2002, 47(1)：78 – 84.

[24] 柳仲贵.GLONASS 导航电文及其解[J].导航,1996,32(2)：61 – 71.

[25] United States Department of Defense. Navstar GPS space segment /navigation user interfaces[S]. Washington：DOD, 2013.

[26] Russian Institute of Space Device Engineering. GLONASS interface control document, version 5.1[S]. Moscow：Russian Institute of Space Device Engineering, 2008.

[27] Fraczek W. Mean sea level, GPS and the Geoid[EB/OL]. https：//www.esri.com/news/arcuser/0703/geoid of 3.html[2020 – 08 – 18].

[28] National Imagery and Mapping Agency. Department of Defense World Geodetic System 1984, its definition and relationships with local geodetic systems [R]. Springfield：National Imagery and Mapping Agency, 1997.

[29] EUROCONTROL, IfEN. WGS 84 implementation manual [EB/OL]. http：//www.wgs84.com/fles/wgsman24[2020 – 08 – 18].

[30] Malys S, Slater J, Smith R, et al. Refinements to the world geodetic system 1984 [C]. Kansas City：proceedings of international technical meeting of the satellite division of the institute of navigation, 1997.

[31] 李建文,郝金明,李军正.用伪距法测定 PZ – 90 与 WGS – 84 坐标转换参数[J].测绘通报,2004,5：4 – 6.

[32] Misra P, Enge P. Global positioning system：signals, measurements, and performance [M]. 2nd ed. Lincoln：Ganga-Jamuna Press, 2006.

[33] Gurtner W. RINEX：the receiver-independent exchange format[J]. GPS World, 2007, 5 (7)：48 – 52.

[34] 王卫,李鹏,谢永华.浅谈 GPS 测量中整周未知数的解算方法[J].中国科技纵横, 2015,(8)：249.

第三章 完好性监测及增强系统

3.1 GNSS 完好性需求

3.1.1 民航应用

2011 年发布的《联邦无线导航计划》(FRP 2010)[1]列举了交通、海事、测绘及授时等领域的民用位置、速度、时间、姿态(position, velocity, timing & attitude, PVTA)用户完好性的所需导航性能(required navigation performance, RNP)。本节主要介绍民用航空领域的 RNP，其他 PVTA 用户的 RNP 将在 3.1.2 节介绍。

空中交通跨越全球，覆盖面之广使其对安全性能的要求也更严格，因此针对 GNSS 航空应用的完好性研究一直是完好性领域的先锋和排头兵。

ICAO 按照航空所需导航性能定义了各种飞行概念。传统航空导航全部依赖由地面导航设备连接组成的航路导航，随着 GNSS 等导航设备加入及航空电子技术和机载设备不断发展更新，ICAO 提出了区域导航(area navigation, RNAV)的方式，使飞行员能够选择从地面导航信号、机载导航设备或两者组合来自动确定航空器位置，以求机载导航设备性能逐步提高后，能够不再依赖地面导航设备，实现任意两点直飞的目的。但机载导航设备的管理、审定和选择工作烦琐复杂，1994 年 ICAO 提出的 RNP 规定了各航路或空域内航空器必须具备的导航精度，以匹配相应空域能力，使空域得到有效利用，如图 3.1 所示[2]。

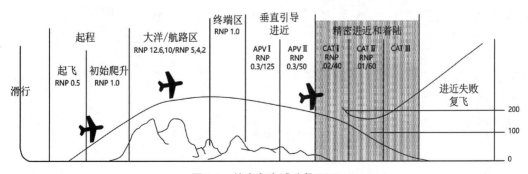

图 3.1 航空各空域阶段 RNP

RNP 是一个精度概念(表 3.1 列举了各类 RNP 的类型、定位精度及应用),包括 RNAV 没有规定的机载设备的监视和告警性能要求。RNAV 和 RNP 并行存在,各自发展,是一种新的航行系统概念,也就是基于性能导航(performance based navigation,PBN)[3]。PBN 是指在相应的导航基础设施条件下,航空器在指定的空域内或沿航路、仪表飞行程序飞行时,对系统完好性、连续性、精度和可用性(integrity,continuity,accuracy and availability,ICAA)以及功能等方面提出的性能要求[4]。PBN 的引入体现了航行方式从基于传感器导航到 PBN 的转变[5]。PBN 运行主要依靠 GNSS,但考虑到运行稳定性,近期还将保留一些地基导航设施。这些设施在一定时期内与 GNSS 混合运行,同时也可作为备份导航方式[6]。

表 3.1 各类 RNP 的类型、定位精度及应用

导航规范	95%定位精度(n mile)	应 用	空 域
RNP 0.3	±0.3	精密 RNAV(PRNAV)	终端区
RNP 1	±1.0	允许使用灵活导航	机场终端到航路
RNP 4	±4.0	导航台之间和空域间建立航路	大陆空域
RNP 5	±5.0	BRNAV(基本区域导航)	欧洲空域
RNP 10	±10	偏远缺少导航台的空域	远洋
RNP 12.6	±12.6	缺少导航台空域的优化航路	(很少使用)
RNP 20	±20	提高最低空运量的 ATS	(很少使用)

航空的空域阶段可划分为:越洋航路/边远区(en-route oceanic)、本土航路(en-route continental)、终端区(terminal)、非精密进近(non precision approach,NPA)或离场,2 类垂直引导进近(approach with vertical guidance,APV)分 APV-Ⅰ和 APV-Ⅱ,3 类精密进近(precision approach,PA)分 CAT-Ⅰ,CAT-Ⅱ、CAT-Ⅲ,民用航空对 GNSS 的导航性能要求如表 3.2 所示[7]。

表 3.2 民用航空对 GNSS 的导航性能要求

阶 段	精度(95%)		AL		完好性等级	TTA	连续性	可用性
	水平	垂直	水平	垂直				
航 路	3.7 km (2.0 n mile)	N/A	3.7 km (2 n mile)	N/A	$1-1\times10^{-7}$/h	5 min	$[(1-1\times10^{-8})\sim(1-1\times10^{-4})]$/h	0.99~0.999 99
终端区	0.74 km (0.4 n mile)		1.85 km (1 n mile)			15 s		
非精密进近	220 m (720 ft)		556 m (0.3 n mile)			10 s		
Ⅰ类垂直引导进近(APV-Ⅰ)	16.0 m (52 ft)	20 m (65 ft)	40 m (130 ft)	50 m (164 ft)	$(1-2\times10^{-7})$/进近		$(1-8\times10^{-6})$/15 s	
Ⅱ类垂直引导进近(APV-Ⅱ)		8 m (26 ft)		20 m (66 ft)		6 s		
Ⅰ类精密进近(CAT-Ⅰ)		4~6 m (20~13 ft)		10~15 m (50~33 ft)				

表 3.2 中所列航空精密进近的 HAL 都是 40 m，VAL 为 10~50 m。

3.1.2　其他民用行业应用

随着 GNSS 应用和需求的拓展，GNSS 完好性问题也延伸至除航空搜救等生命安全领域，以及电力、电信等国家基础设施领域之外的许多诸如海事、陆上运输、测绘及授时等民用 PVTA 领域。FRP 2010 对公路、货运、海事及测绘等民用行业应用提出了各自的导航性能(包括完好性)需求[1]。表 3.3、表 3.4 和表 3.5 分别列出了公路、货运和测绘用户的导航性能要求[1]。

表 3.3 对公路用户的导航性能也提出了较高的要求。

表 3.3　公路用户的导航性能要求

需　求	满足需求的最低性能标准					
	精度 (2 DRMS)	可用性	连续性	完好性 (AL)	TTA	覆盖范围
导航和路线引导	1~20 m	95%		2~20 m	5 s	
自动车辆监控	0.1~30 m	95%		0.2~30 m	5 s~5 min	
自动车辆识别	1 m	99.7%		3 m	5 s	
公共安全	0.1~30 m	95%~99.7%		0.2~30 m	2~15 s	
资源管理	0.005~30 m	99.7%		0.2~1 m	2~15 s	
避　撞	0.1 m	99.9%	待定	0.2 m	5 s	全国/地表
地球物理调查	1 m				N/A	
大地测量控制	0.01 m				N/A	
事故调查	0.1~4 m	99.7%		0.2~4 m	30s	
应急响应	0.1~4 m	99.7%		0.2~4 m	30s	
智能交通	0.1 m	99.7%		0.2 m	5s	

表 3.4 给出的货运 GNSS 用户完好性的 AL 需求基本是以货车停车场(truck parking)为代表的 50 m 和以地理围栏(geo-fencing)为代表的 10 m 级别。

表 3.4　货运用户的导航性能要求

需　求	满足需求的最低性能标准					
	精度 (2 DRMS)	可用性	连续性	完好性 (AL)	TTA	覆盖范围
停车场	2~20 m	95%		50 m	5 s	
地理围栏/设备访问	10~20 m	99%		10 m	5 s	
危险品运输	10~20 m	99%		10 m	5 s	
拖车跟踪	20 m	95%	待定	50 m	5 s	全国/地表
沿海运输违规检查	10~20 m	99%		10 m	5 s	
车队管理	20 m	95%		50 m	5 s	
驾　考	5~20 m	99%		10 m	5 s	

表 3.5 所示的 GNSS 测绘用户对导航完好性的性能要求主要体现在较大跨度的观测持续时间内(1 s~4 h)尽快得到所需精度的结果。

表 3.5 测绘用户的导航性能要求

需　　求	满足需求的最低性能标准						
	精度(2 DRMS)		可用性	连续性	完好性 (观测时间)	更新率	覆盖范围
	水平	垂直					
静　　态	0.015 m	0.04 m	99%	$[((1-1\times10^{-2})\sim(1-1\times10^{-4})]/h$	4 h	30 s	全球
快　　速	0.03 m	0.08 m	99%		15 min	30 s	
动　　态	0.04 m	0.06 m	99%		两个 3 分钟时段 间隔 45 分钟	1 s	
水　　文	3 m	0.15 m	99%	$(1-1\times8\times10^{-6})/15 s$	1 s	1 s	

3.2　GNSS 完好性监测指标

GNSS 完好性监测服务指标众多,有些指标还有不同名称,各行业也有各自不同的关注重点,也导致指标不统一,由于所有完好性监测都最终体现在通知用户上,所以如图 3.2 所示 GNSS 完好性监测指标关系图将 GNSS 完好性监测指标分为以用户完好性监测为中心的完好性监测输入指标、用户完好性监测指标和完好性监测输出指标三大部分。

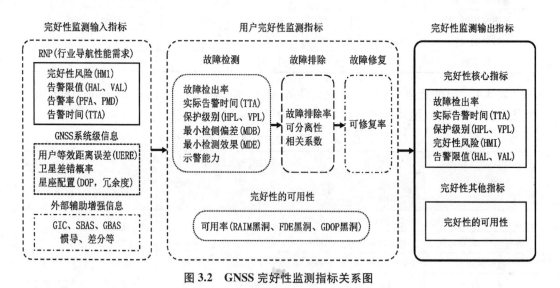

图 3.2　GNSS 完好性监测指标关系图

3.2.1　GNSS 导航服务性能

在介绍 GNSS 完好性监测指标前,首先来介绍一下 GNSS 导航服务性能,它们分别是指完好性、连续性、精度和可用性(integrity, continuity, accuracy and availability, ICAA)[8],本书将其简称为导航四性。ICAA 最早源于航空应用中飞机精密着陆对所需导航性能的量化需求[9]。ICAO 航空电信附件 10 中无线电导航设备的国际标准和建议措施[7]对GNSS 航空应用的 ICAA 作了详尽说明。GNSS 完好性也随着 ICAA 扩展到了其他行业,FRP 2010[1]对 GNSS 在航空及其他更多行业的 ICAA 都作了介绍。

四个 ICAA 参数分别对应着 PVTA 导航解算结果的差错的最大允许限值,即 AL 的一种风险(概率);完好性对应着潜在的(还没发生)PVTA 导航解算差错的风险;连续性对应预料之外的 PVTA 导航解算差错(已经判定出错)引起导航中断的风险;精度对应实际PVTA 导航解算差错的风险;可用性对应导航整个过程中任何不满足上述三种服务性能指标要求的风险。Ober 在他的博士论文中有比较详细的论述[10]。

1. 精度

精度(accuracy)是一个统计的概念,包含测量值范围精密度(方差、重复性)和相对真值的准确度(均值、中心性)两方面的度量,常用精度的对应值——误差来表示。用误差表示精度有三种方法来表征,分别是:相对法(最大误差占真实值的百分比)、绝对法(最大误差绝对值)和统计法(用概率表征误差分布)。导航学科中又常用两种统计法表征精度:① 均方根(root mean square, RMS)误差,也称为"中误差"或"标准差"。以置信椭圆的长短半轴分别表示二维位置坐标分量的标准差。1 倍标准差(1σ)的概率值是 68.3%,2 倍、3 倍标准差的概率值分别为 95.5% 和 99.7%。许多文献用距离均方根(distance root mean square, DRMS)差表示二维定位精度,实际为 1σ。② 圆概率误差(circular error probability, CEP)和球概率误差(spherical error probability, SEP),是在以天线真实位置为圆心或球心,偏离其概率为 50% 的点位离散分布度量,此外还有偏离其概率为 95% 的点位精度分布度量[11]。

为防止表征精度的歧义,通常表示精度时应当附带说明置信概率。本书所说的 GNSS精度都是指在 95% 的置信水平下保持导航系统的 PVTA 导航解算值正确的程度。GNSS精度体现整个导航系统控制导航误差在规定范围内的能力。

2. 完好性

GNSS 完好性(integrity)是对整个导航系统所提供正确导航信息的一种信任程度(置信度的测量),完好性包括系统在无法用于某些预定操作时向用户发出及时有效告警(称为警报)的能力[12],也就是对导航结果不信任时,系统能给导航用户提出警告的能力。GNSS IR 是指 GNSS 系统没有达到规定的导航精度,却没有被检测出来的概率(潜在的风险)。需要注意的是,IR 不是指没有达到规定的导航精度的概率,而是指超限差错出现了但没有被检测出来的概率。因此 GNSS 作为非主用导航时,精度不够是不会导致严重的安全问题(还同时有其他可信程度更高的导航系统可提供更值得信赖的结果),可怕的是精度不足时却没有在规定的短时间内通知用户,这直接导致用户相信了错误的导航结果而可能酿成安全事故。从这个意义上说,GNSS 完好性监测比 GNSS 精度本身更加重要,更受业界关注,这也就是在 ICAA 中 GNSS 完好性被安排在首要性能的原因所在。

3. 连续性

连续性(continuity)是指整个导航系统在一个时间段内连续不中断地提供用户所需导

航精度和完好性服务的能力。导航系统的软硬件故障和因为完好性缺失而告警会造成系统连续性的中断。连续性是衡量一段时间内精度和完好性鲁棒性能的指标。而这一段时间的长短与用户执行任务有关,就算是同一种任务的不同阶段也可能要求不同,例如,飞机着陆的每次进近最多也就持续 2 分钟,这种短期连续性可用每次进近过程中导航系统不中断服务来评价,而在通常会持续 1 小时到数小时的航路上可用每小时告警比例来评估。完好性服务中的 FD 产生的告警会降低系统连续性能,如果更进一步使用 FDE 将差错排除掉后就能改善连续性的服务性能。

4. 可用性

可用性(availability)是指导航系统为整个操作过程同时提供满足需要的精度、完好性和连续性这三个导航服务性能要求所占时间或空间的比例。时间维度上的可用性通常是针对具体的某种导航任务在整个任务执行这段时间而言,空间维度上的可用性可用于评价某个 GNSS(一个或多个 GNSS、某个局域导航系统、某个增强系统)在地理空间上的服务性能的覆盖程度。

5. GNSS 导航四性逻辑关系

本书将四个 ICAA 导航服务性能作用归纳为: 精度是导航系统最基本、最起码的需求;完好性是最重要、最关键的需求;连续性是最稳健、最鲁棒的需求;可用性是最全面、最高级的需求(包含其他三个方面)。其中连续性和可用性是与时间持续相关的性能指标。为说明 ICAA 的相互关系,本书在图 3.3 中专门绘制了二值的两个概念(前一个二进制表示实际差错 fault,后一个二进制表示检测告警 alarm)构造的 GNSS 导航四性逻辑关系图。

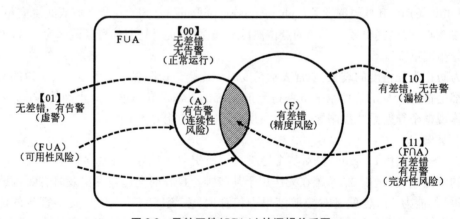

图 3.3 导航四性(ICAA)的逻辑关系图

右边圆内外区域分别代表了导航中有无差错的实际状态(对应集合 F 及 F̄),通常将超出 95%概率下导航精度范围的误差认定为差错,圆内有差错的 F 集合指代精度风险(accuracy risk);左边圆内外区域分别代表了经 FD 后导航系统是否给出警告的检测状态(对应集合 A 及 Ā),圆内有警告的 A 集合指代 IR;两圆相交的 F∩A(右斜杠阴影 11 区域)表示有差错且能正确告警的状态,交集 F∩A 指代 IR;两圆合并的 F∪A 表示有差错或有告警的状态,并集 F∪A 指代可用性风险(availability risk);A 和 F 之外的(F∪A‾)表示既无差错也无告警的正常工作状态(00 区域)。在告警 A 集合中的 01 区域是无差错但告警的虚警(false alarm，FA)状态;在差错 F 集合中的 10 区域是有差错但无告警的漏检(missed detection，MD)状态。

3.2.2　GNSS 完好性统计意义

本小节试图从概率角度说明 GNSS 完好性的统计意义及完好性服务性能增强的途径,并界定清楚 GNSS 完好性与精度、可靠性和脆弱性的关系。

1. GNSS 完好性的概率特性

本书特别绘制了 GNSS 完好性图解示意(图 3.4),从概率密度的视角表征 GNSS 完好性和与其相关的精度、导航误差概率密度函数(probability density function，PDF)的量化关系。图 3.4 中横坐标代表任意一种 GNSS 应用的导航解算值 PVTA 误差(PVTA deviation，PVTA－D),用 Δx 表示。针对特定的 GNSS 应用对应横坐标上给定的告警限值(图中黄色竖线±AL 所示)。

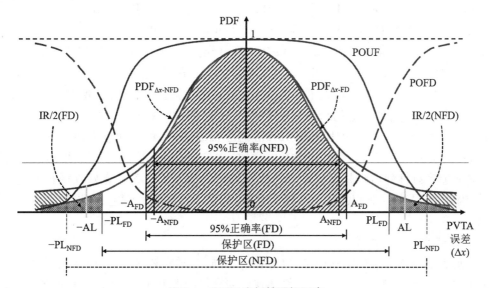

图 3.4　GNSS 完好性图解示意

误差对应图 3.4 整个横轴范围;差错是右斜线淡绿色阴影保护区±A_{FD} 以外的区域;而故障是黄色竖线±AL 以外的区域。两个末梢部分沙点紫色阴影区域对应 IR。

图 3.4 中有 4 条主要的曲线,最下面平底锅形状绿色长划线曲线表示 GNSS 导航系统对应误差 Δx 的差错检测概率(probability of failure detection，POFD),它体现 GNSS 系统对导航误差的检测能力;最上面钟形绿色实线曲线表示 GNSS 导航系统对应误差 Δx 的差错未能检出概率(probability of undetected failure，POUF),位于横轴零点附近的误差 Δx 很小,此时误差很难检测出来,因而 POUF(0)≈1,随着误差 Δx 绝对值的增大,POUF 持续减小,直到接近 0 位置,此时 POFD≈1。分别处于上下方的 2 根绿色概率曲线为互补关系:

$$POFD + POUF = 1 \qquad\qquad (3-1)$$

图 3.4 中间红色实线(钟形实线下)表示在导航过程中没有进行差错检测(no failure

detection，NFD)时 Δx 的概率密度函数($PDF_{\Delta x\text{-}NFD}$)，它和红色尺寸标记竖线及横轴围成的主体部分占 95% 的 $PDF_{\Delta x\text{-}NFD}$ 面积，由此给定了 NFD 时导航系统的 95% 精度范围值 $\pm A_{NFD}$。对于特定的 GNSS 导航应用指定了各自的完好性风险指标 IR，NFD 时对应的 IR 是 $PDF_{\Delta x\text{-}NFD}$ 曲线两个末梢部分(图 3.4 中两个左斜线褐色阴影区)的面积，并由此确定了 NFD 时保护级别(protection level，PL)，如图 3.4 中褐色虚线尺寸所标示的 NFD 保护范围内两个褐色端点线 $\pm PL_{NFD}$(处于 AL 外，失去完好性)。

图 3.4 中间蓝色实线表示导航中进行 FD 时 Δx 的概率密度函数($PDF_{\Delta x\text{-}FD}$)，它是上面红色 $PDF_{\Delta x\text{-}NFD}$ 曲线与绿色 POUF 概率曲线乘积结果：

$$PDF_{\Delta x\text{-}FD} = PDF_{\Delta x\text{-}NFD} \cdot POUF = PDF_{\Delta x\text{-}NFD} \cdot (1 - POFD) \qquad (3-2)$$

GNSS 完好性监测其实就是在 GNSS 导航过程中引入差错检测机制，在图 3.4 中乘以钟形的 POUF 概率曲线就表征着完好性监测过程。由图 3.4 可看到 FD 后 Δx 的概率密度函数 $PDF_{\Delta x\text{-}FD}$ 与 NFD 时的 $PDF_{\Delta x\text{-}NFD}$ 相比被向下压缩了，这就是引入完好性监测的结果，得到的好处是：对于同样的完好性风险指标 IR，$PDF_{\Delta x\text{-}FD}$ 曲线两个末梢部分(图 3.4 中两个沙点紫色阴影区)对应两个蓝色端点线 $\pm PL_{FD}$ 向 0 靠拢，也就是说 PL 的值减少了，以前处于 AL 外的 $\pm PL_{NFD}$ 经过 FD 后，$\pm PL_{FD}$ 及它们确定的保护区域(蓝色尺寸所标示的 FD 保护范围)都低于 AL 了，完好性得到了保证。但完好性的增强也是有代价的：被压低的 Δx 概率密度函数 $PDF_{\Delta x\text{-}FD}$ 所对应的 95% 精度 $PDF_{\Delta x\text{-}FD}$(图 3.4 中右斜线淡绿色阴影保护区)确定的 95% 精度范围值 $\pm A_{FD}$ 也比以前的 $\pm A_{NFD}$ 有小幅度增长(精度性能有轻微下降)，同时增加 FD 后检测出差错并告警的次数必然增加，这增加了导航系统服务性能中断的风险，也就意味着完好性的增强是以精度和连续性的损失为代价(GNSS 完好性增强的代价分析)。因此 ICAA 的导航四性是一组相互牵制、此消彼长的服务性能，在导航中需要权衡协调。

2. 完好性和精度关系

完好性和精度关系非常密切，但也有很大不同，有时容易混淆，下面专门探讨一下两者的关系。GNSS 导航精度是包括完好性在内的导航四性 ICAA 服务性能的基础，完好性的监测和评价也都是基于导航解算值 PVTA 误差的大小来开展的。此外，根据图 3.4 所展开的 GNSS 完好性增强的代价分析可知增强的完好性服务性能也将小幅度降低 95% 的导航精度性能，因此完好性和精度有很大的关联性。但完好性和精度也有三点不同：一是关心的差错范围不同且量级差距很大，参照图 3.4 的导航解算值差错 Δx 的概率密度函数 $PDF_{\Delta x\text{-}FD}$(中间蓝色实线)可知精度和完好性的确定区域相去甚远：① 精度是由以 0 误差为中心开始圈画 95% 纵截面面积(图 3.4 中右斜线淡绿色阴影保护区)确定出的导航解算值差错 Δx 区间 $\pm A_{FD}$ 决定的，而完好性是由 $PDF_{\Delta x\text{-}FD}$ 曲线两个末梢远端开始对称圈画完好性风险 IR 对应的纵截面面积(图 3.4 中两个沙点紫色阴影区)确定出的导航解算值差错 Δx 区间 $\pm PL_{FD}$ 决定的，而且通常这个面积非常小(航空应用可小到 0.1μ 的量级)；② 它们所处的立场不同，精度是从 GNSS 满足所需导航性能的角度来评价，而完好性是从不满足所需导航性能的角度来界定的；③ 时间需求及表征不同，精度是一个统计的概念且不需要告警，而完好性具有实时性和时间独立性(前后时刻完好性相互独立)，出现差错要及时通知用户。

3. 完好性和可靠性关系

系统可靠性(reliability)用在两个领域有各自不同的含义。一个定义领域是用在与时间相关的产品质量评估,表示系统在规定的条件下和规定的时间内完成规定功能的能力。通常用来衡量机器设备、产品功能在时间上的稳定程度,常用平均故障间隔时间(mean time between failure, MTBF)、平均修复时间(mean time to repair, MTTR)、平均寿命(mean time to failure, MTTF)等指标衡量可靠性,如汽车行驶里程、灯泡使用寿命等时间的函数。这层意思用得最为广泛,但这与本书的完好性研究主题相去较远。可靠性另一个定义领域是大地测绘等对测量系统的测量质量评价,这层概念在 1968 年由荷兰教授 Willem Baarda 提出,并由其创立领导的代尔夫特大地测量计算中心(Delft Geodetic Computing Center, LGR)发扬光大[13]。测绘中的可靠性分为两类:在给出的假设检验条件下,系统发现包括粗差和系统误差在内的模型误差的能力称为内部可靠性(internal reliability, IR);模型误差对结果的影响称为外部可靠性(external reliability, ER)。这层意思与 GNSS 完好性同为检测差错,对完好性有很好的借鉴意义。但相比较而言,GNSS 完好性还需要考虑系统在无法用于某些预定操作时向用户及时发出告警。

4. 完好性与脆弱性关系

脆弱性(vulnerability)是指事物或系统容易被损坏或失效的特性(易损性),GNSS 脆弱性是指 GNSS 在各类因素影响下系统端维持正常稳定工作、用户端维持正常服务质量的程度。脆弱性和完好性是相互关联的,脆弱性是 GNSS 的漏洞,而 GNSS 完好性其实是因为 GNSS 固有的脆弱性而体现出来导航服务性能的不足,两者是因果关系;脆弱性和完好性也存在区别,脆弱性研究 GNSS 固有的易损性及其缓解方法,是研究如何应对 GNSS 被损坏或失效的解决办法,完好性和其他 ICAA 指标一样都是指 GNSS 的服务性能,重点是发现存在的漏洞并及时告警,少见有缓解之法,但两者也有趋同之势。

3.2.3　完好性监测输入指标

完好性监测输入指标包括具体行业应用的 RNP 指标、由 GNSS 获取的即时和经验系统信息外部增强导航系统信息及用户可利用的辅助导航信息。

1. 行业应用所需导航性能指标

具体行业应用的所需导航性能 RNP 指标包括完好性风险(IR)、最大的允许告警率[包括虚警率(probability of false alarm, PFA)、漏检率(probability of missed detection, PMD)]、AL 和 TTA。

1) 完好性风险

完好性风险(IR)的定义为:GNSS 系统没有达到规定的导航精度,没有被检测出来的概率(潜在的风险)。图 3.3 中两圆相交的 F∩A(左斜杠阴影 11 区域)和图 3.4 所示的两个末梢部分沙点紫色阴影区域都是指代 IR。IR 在有的文献中称为 HMI,或有的文献直接称呼其为完好性。IR 和 HMI 在计算中其实就是用到漏检率 PMD(差错没有检测出来的概率)。

2) 最大的允许告警率

(1) 虚警率。虚警概率即虚警率 PFA,有时也称为"误警率"或"显著性水平",是两类差错中的"弃真错误",指系统不存在故障时,所允许引发的完好性告警率,常用符号 α 表示。

(2) 漏检率。漏检概率即漏检率 PMD,有时也称为完好性级别、允许的 IR、1-最小检测概率,是两类差错中的"纳伪错误",指示警能力以内的用户 PVTA 误差超过 AL 和规定的示警耗时,系统没有发出警报的概率,常用符号 β 表示,与 PMD(β) 还有一个互补的概念是检出率(检出功效),常用 γ 表示: $\gamma = 1 - \beta$。WAAS 的 PMD 小于 1.61×10^{-6}/天[14]。

(3) 告警限值。告警限值 AL 是指系统可容忍的最大临界标准偏差,当用户的 PVTA 误差超过系统规定的这一限值时,系统向用户发出警报。通常将 AL 分解为水平和垂直方向两个值,分别为水平告警限值(horizontal alarm limit, HAL)和垂直告警限值(vertical alarm limit, VAL)。如表 3.2 所示,在航空应用的 APV-I、APV-II、CAT-I 阶段,HAL 都为 40 m;VAL 分别为 50 m、20 m、10~15 m。

(4) 告警时间。告警时间 TTA 是指可容忍最长告警时间,即用户 PVTA 误差超过 AL 的时刻和系统向用户显示这一警报时刻的时间差,有的也称为"示警耗时"。WAAS 的 TTA 一般应小于 2 s,最大不超过 6 s。

2. GNSS 系统级信息

GNSS 获取的即时和经验系统信息包括用户等效距离误差(user equivalent range error, UERE)、卫星差错概率(probability of a satellite failure, PS)和星座配置(constellation configuration)。

1) 用户等效距离误差

UERE 是指将 GNSS 系统引入的各种误差等效为伪距上的一个总的误差,分析各种误差对定位精度的影响是可以将它看作只有伪距上的这一个误差,处理起来比较方便。UERE 常用 σ(sigma)表示,它是 GNSS 伪距量测误差 ε 的统计方差 $D(\varepsilon)$ 开方结果。

由概率统计知识,UERE 可由式(3-3)得

$$\text{UERE} = \sigma = \sqrt{D(\varepsilon)} = \sqrt{E\left[(\varepsilon - E(\varepsilon))^2\right]} \tag{3-3}$$

式中, $E(\varepsilon)$ 表示 GNSS 伪距量测误差 ε 的统计均值。

2) 卫星差错概率

卫星差错概率(PS)是 GNSS 卫星在一段统计时间内(通常是一年)出现差错的概率,这是一个统计的经验值,是 GNSS 量测源的差错概率。

3) 星座配置

星座配置是指 GNSS 卫星空间布局,星座配置是实时变化的卫星量测几何分布,通常用精度因子(dilution of precision, DOP)和卫星可见性(冗余度)来表征。

(1) 精度因子。精度因子(DOP)是衡量定位精度的重要标准之一。它代表 GNSS 测距误差造成的接收机与空间卫星间的距离矢量放大因子。卫星信号的测距误差乘以适当的 DOP 值能大致估算出所得到的位置或时间误差。DOP 包括很多种,其中包括所有因素的精度因子称为 GDOP,GDOP 在各个方向和时间上有四种分量分别为:三维位置的几何精度因子(PDOP)、水平几何精度因子(HDOP)、垂直几何精度因子(VDOP)(有时也称为高度几何精度因子)、时间几何精度因子(TDOP)。

(2) 卫星可见性(冗余度)。不同位置的用户在看到的 GNSS 卫星几何布局不同,所能见到的卫星数量也不一样,卫星可见性指用户在指定仰角下能见到的卫星数量,通常用 NVS 来衡量。

3. 外部辅助增强信息

外部辅助增强信息是指外部增强导航系统信息(如 GIC、SBAS、GBAS)及用户可利用的辅助导航信息(如差分等)。

3.2.4　用户完好性监测指标

所有完好性监测都以最终能通知用户为目的,用户完好性监测指标如图 3.2 所示中间核心部分,指标分为四类:故障检测(fault detection,FD)、故障排除(fault exclusion,FE)、故障修复(fault remedy,FR)和完好性的可用性。故障检测提高了告警率,如果能进行故障排除则在信号冗余的情况下间接提高了完好性的可用性和连续性,若能修复故障,则能在不降低冗余度的同时间接提高了完好性的可用性和连续性。FR 对于 GNSS 作为唯一导航是很重要的考量。

1. 故障检测

故障检测(FD)用故障检测率、告警时间、保护级别、可靠性指标(包括最小检测偏差和最小检测效果)及示警能力表示。

1) 故障检测率

故障检测率用检测到故障的采样点数与实际有故障的采样点数比值来表示,它是衡量完好性监测的重要指标之一。

2) 告警时间

告警时间(TTA)对于有很强实时性要求的 GNSS 应用非常重要,是指实际能达到的告警时间,TTA 也是体现完好性特性的重要指标之一。

3) 保护级别

保护级别 PL 是根据 GNSS 应用的告警率要求和实际的量测状态计算出来的实时定位误差保护阈值,PL 物理意义是指在满足具体 GNSS 应用的告警率要求前提下,当前 GNSS 状态下能达到的最小可检测误差(类似 MDE 的概念)。在 PL 以下的误差是 GNSS 可以在用户要求的告警率下达到的最大值,若这个值超过了用户需求的告警限值(PL>AL)则系统不满足完好性。在计算 PL 时通常分解到水平和垂直方向,即水平保护级别 (horizontal protection level,HPL)和垂直保护级别(vertical protection level,VPL)。

4) 最小检测偏差

最小检测偏差(minimal detectable bias,MDB)是指可以发现的 GNSS 差错的下限[15]。MDB 用于衡量系统内部可靠性,即统计检测中以一定检测概率所能发现量测差错的大小,表征故障检测算法检测出测距误差的能力。

5) 最小检测效果

最小检测效果(minimal detectable effect,MDE)有的文献也说成是"边缘检测错误 (marginally detectable error)[16]",是指不可发现的 GNSS 差错对检测结果的影响[15],表示伪距误差对定位结果的影响,类似 HPL/VPL 的概念。MDE 属于表征的是系统的外部可靠性,有点类似前面 DOP 的概念,将伪距域的最小测距误差转化体现到位置域。

6) 示警能力

示警能力是指在系统覆盖区域内,系统不能向用户发出警报的面积(或者一段时间)的百分比。WAAS 在每一区域性基准站作用范围内的值应小于 0.5%。

2. 故障排除

故障排除(FE)是在 RAIM 基础上的一种拓展,当最小 NVS 大于 6 颗时,导航系统不但可以检测而且可以从导航解中排除差错卫星,从而使导航系统不中断地连续运行[14]。

FDE 又包括卫星差错和卫星不良几何构型检测排除两个部分,其中排除(exclusion)包含辨识(identification)和隔离(isolation)两层意思[17]。故障排除用故障排除率、可分离性(separability)和相关系数(correlation coefficient)评价。

1) 故障排除率

故障排除率是指排除的故障的采样点数与有故障的采样点数的比值。

2) 可分离性

可分离性有时也称为"故障定位(localizability)[18]",适用于多维(多差错)的情况,表示从其他量测差错区分或辨识一个量测差错的能力,当一个出错的量测对导航解算的可靠性产生不利影响,但错误地标识差错为"好"的量测时,可分离度就显得非常重要。可分离性用最小可分离偏差(minimal separable bias, MSB)衡量。

3) 相关系数

相关系数也是多维(多差错)下检测统计量之间相关性的量测,相关系数不仅与卫星的几何分布有关,还与量测冗余有关。可分离性本质上取决于两个检测统计量之间的相关系数[19]。任意两个检测统计量的相关系数越大,则越难分离。任意两个检测统计量的相关度能用于可分离性判断,实际中通常用最大相关系数(maximum correlation coefficient)进行可分离性判断[20]。

3. 故障修复

故障修复(FR)可以在不降低冗余度的同时间接提高完好性的可用性和连续性。现在航空应用中因为完好性不足的问题使 GNSS 一直只能作为备用导航使用,而且通常 GNSS 的 NVS 是大于 6 颗的,通常只需要简单排除故障卫星即可,因而 FR 在 GNSS 完好性中较少见到相关研究报道,但当 GNSS 作为主用导航应用和多故障及 NVS 不富裕时,FR 应当受到更大的重视。FR 的指标是可修复率,即修复的故障的采样点数与有故障的采样点数的比值。

4. 完好性的可用性

在完好性监测之前首先要进行完好性的可用性检测,也就是看 NVS 和星座几何是否满足完好性监测的基本要求。完好性的可用性(integrity availability)可以用可用率评价,可用率是从正面说的 FDE 的能力,但实际中常从反面,即用黑洞(holes)来说明未能成功实现 FDE 所占比例。针对故障检测和故障排除又要分别用 RAIM 黑洞(RAIM holes)和 FDE 黑洞(FDE holes)及 GDOP 黑洞(GDOP holes)评价其可用性。

1) RAIM 黑洞

RAIM 黑洞(RAIM holes)又称为"故障检测黑洞(fault detection holes, FD Holes)",

RAIM 黑洞的概念最早是由 AFSPC 在 CRD 文档[21] 中提出：将指定掩蔽角（masking angle，MA）下可见卫星不足 5 颗的情况视为一个 RAIM 黑洞，这时 NVS 不足是无法进行 RAIM 运算及故障检测的。RAIM 黑洞的出现与时间、空间位置及采样密度、星座条件都有关系。

2）FDE 黑洞

FDE 黑洞（FDE holes）又称为"故障排除黑洞（fault exclusion holes，FE Holes）"，是 MA 下可见卫星不足 6 颗的情况，这时 NVS 不足，无法进行故障排除。

3）GDOP 黑洞

GDOP 黑洞（GDOP holes）又称为"几何精度因子黑洞"，是指卫星的星座几何构型及 GNSS 状态构成的 GDOP 不好的情况。根据美国国防部 2008 年发布的《GPS 的 SPS 服务性能标准（第四版）》[22] 指出在标称 24 卫星 GPS 星座中，定位域位置精度因子 PDOP 可接受的最大阈值是 6（≥98% 全球 PDOP 可用标准下）。因为考虑到授时完好性的需求，本书类比借用此标准，将 GDOP>6 的状态设定为 GDOP 黑洞。这种状态下的 GNSS 导航结果也是不值得信任的。

3.2.5　完好性监测输出指标

完好性监测输出指标如图 3.2 所示右边部分，是前面 2 个输入指标和 3 个用户完好性监测指标中提取的 5 个核心指标及完好性的可用性等其他相关指标。完好性核心指标包括以下 5 个：故障检出率、TTA、PL、HMI 和 AL，后面 4 个指标是 ICAO 在航空电信附件 10 中无线电导航设备的国际标准和建议措施中特别强调的指标[7]。所有这些输出指标在前面都分别有相应叙述，本小节不再赘述。

3.3　全球系统级星座完好性监测

本节介绍了质量控制理论，并从质量控制角度提出了 MAI 和 MDEHR 两个 GSLCIM 评测指标，分别用于评估 GNSS 完好性的可用性性能及 GNSS 系统不满足指定应用所需求的 FD 能力的占比。提出了一种基于质量控制的 GNSS 星座完好性综合评估方法，综合考虑了 GNSS 星座状态、观测条件、量测噪声和应用需求等多种因素，并用此方法对 BDS、GPS、QZSS 和 IRNSS 等单个或混合系统（组合系统）在包括城市峡谷等极端条件下的完好性从空间位置完好性和连续时间完好性两个维度进行大量的仿真，得到很多量化的星座完好性评估结果。该完好性评估方法及仿真结果对导航星座配置和实际 GNSS 应用中的完好性预测有参考价值，还提出掩蔽角阈值等指标成功评价极端条件下的星座完好性性能。

具体地，3.3.1 节介绍质量控制理论，它广泛应用于测绘领域中的 DIA，本书将质量控制理论应用于 GNSS 系统级星座完好性监测。3.3.2 节综合 GNSS 系统状态、观测条件及完好性需求，从质量控制角度提出 MAI 和 MDEHR 两个 GSLCIM 评测指标，分别用于评估 GNSS 完好性的可用性性能及 GNSS 系统不满足指定应用所需求的 FD 能力的占比。3.3.3 节提出一种基于质量控制的 GNSS 星座完好性综合评估方法，综合考虑 GNSS 星座状态、观测条件、量测噪声和应用需求等多种因素,并对其评估过程进行全面阐述。此方法可用于从空间位置完好性和连续时间完好性两个维度对 GNSS 单个系统或组合系统的完好性进行预测和实时评估。

3.3.1 质量控制理论

质量控制理论主要应用是企业及社会各领域针对产品质量检验把关、生产与运作过程协调控制的质量管理学,大部分关于质量控制的文献都是用在与时间相关的产品质量评估的系统可靠性检验(reliability testing)中,表示系统在规定的条件下和规定的时间内完成规定功能的能力,通常用来衡量机器设备、产品功能在时间上的稳定程度,衍生出平均故障间隔时间、平均修复时间、平均寿命等可靠性衡量指标。

测量数据处理中模型误差的质量控制理论是本书 GSLCIM 的理论基础。模型误差是指所建立的模型与客观存在的事物之间的差异,这正符合 GNSS 完好性监测的需要。模型误差包括三类:偶然误差、系统误差和粗差。偶然误差处理通常是用 1809 年德国最伟大的数学家高斯(Gauss)提出的最小二乘方法,而系统误差和粗差检测一直建立在统计的假设检验基础上。经典的假设检验理论是 1933 年由波兰数学家奈曼(Neyman)和英国统计学家皮尔逊(Pearson)提出的奈曼-皮尔逊理论。在测绘领域,荷兰教授巴尔达(Baarda)于 1968 年提出测绘中的可靠性理论(reliability theory),是在一维(单差错)备选假设下粗差检测的数据探测(data snooping)方法,以期望值异常为备选假设,对原估计模型进行统计检验以发现观测值粗差。1980 年前后德国学者弗斯特勒尔(Forstner)和科克(Koch)将巴尔达可靠性理论推广到多维(多差错)备选假设下研究系统多差错可分离性(可区分性)和两个检测量之间的相关系数问题[19]。本书 3.2.4 节介绍的"可分离性"和"相关系数"指标也分别源于此。

测绘中的可靠性分为两类:指在给出的假设检验条件下,系统发现包括粗差和系统误差在内的模型误差的能力称为内部可靠性,模型误差对结果的影响称为外部可靠性[19]。本书 3.2.4 节的 MDB 和 MDE 指标分别源于此。从 1984 年开始,荷兰代尔夫特理工大学的 Teunissen 在巴尔达可靠性理论基础上逐步建立了 GNSS 在测绘领域的质量控制理论,并发表了一些文献对质量控制理论进行了严密的完整论述[23-25],质量控制理论的核心内容是实现 DIA 方法[26]。

下面根据 Teunissen 在 1998 年编写的 *GPS for Geodesy* 中的第 7 章 "Quality Control and GPS"[23] 主要内容及澳大利亚新南威尔士大学测绘与空间信息系统学院 Hewitson 于 2006年撰写的关于质量控制在 GNSS/INS 应用的博士论文[27] 整理质量控制理论如下。

通常 GNSS 线性化伪距量测方程含量测误差时函数模型为

$$y = Hx + \varepsilon \tag{3-4}$$

式中,y 是 n 维(n 颗可见卫星)伪距观测值的观测偏差矢量;x 是用户位置和时间构成的 4 维估计偏差矢量;ε 是广义的误差概念,可能包括偶然误差、系统误差和粗差三类不同的误差,ε 也可以分为随机误差项和大的偏差项;H 是 x 和 y 的线性关联矩阵。由式(3-4)可得到 y 的方差:$D(y) = Q_y$,为表达方便,用 P 表示量测的加权矩阵:

$$P = \left[D(\boldsymbol{y}) \right]^{-1} = \boldsymbol{Q}_y^{-1} \tag{3-5}$$

当在误差的期望值为 $0[E(\boldsymbol{\varepsilon}) = 0]$ 时对应随机误差模型。可用加权最小二乘法得到加权最小二乘估计量 $\hat{\boldsymbol{x}}$：

$$\hat{\boldsymbol{x}} = (\boldsymbol{H}^{\mathrm{T}} \boldsymbol{P} \boldsymbol{H})^{-1} \boldsymbol{H}^{\mathrm{T}} \boldsymbol{P} \boldsymbol{y} \tag{3-6}$$

将式(3-6)代入式(3-4)可得到估计的观测偏差矢量 $\hat{\boldsymbol{y}}$：

$$\hat{\boldsymbol{y}} = \boldsymbol{H} \hat{\boldsymbol{x}} = \boldsymbol{H} (\boldsymbol{H}^{\mathrm{T}} \boldsymbol{P} \boldsymbol{H})^{-1} \boldsymbol{H}^{\mathrm{T}} \boldsymbol{P} \boldsymbol{y} \tag{3-7}$$

式(3-4)与式(3-7)相减可得到加权最小二乘残差 $\hat{\boldsymbol{\varepsilon}}$：

$$\begin{aligned} \hat{\boldsymbol{\varepsilon}} &= \boldsymbol{y} - \hat{\boldsymbol{y}} = \boldsymbol{y} - \boldsymbol{H} \hat{\boldsymbol{x}} = \boldsymbol{y} - \boldsymbol{H} (\boldsymbol{H}^{\mathrm{T}} \boldsymbol{P} \boldsymbol{H})^{-1} \boldsymbol{H}^{\mathrm{T}} \boldsymbol{P} \boldsymbol{y} = [\boldsymbol{I} - \boldsymbol{H} (\boldsymbol{H}^{\mathrm{T}} \boldsymbol{P} \boldsymbol{H})^{-1} \boldsymbol{H}^{\mathrm{T}} \boldsymbol{P}] \boldsymbol{y} \\ &= [\boldsymbol{I} - \boldsymbol{H} (\boldsymbol{H}^{\mathrm{T}} \boldsymbol{P} \boldsymbol{H})^{-1} \boldsymbol{H}^{\mathrm{T}} \boldsymbol{P}] (\boldsymbol{H} \boldsymbol{x} + \boldsymbol{\varepsilon}) = [\boldsymbol{I} - \boldsymbol{H} (\boldsymbol{H}^{\mathrm{T}} \boldsymbol{P} \boldsymbol{H})^{-1} \boldsymbol{H}^{\mathrm{T}} \boldsymbol{P}] \boldsymbol{\varepsilon} \end{aligned} \tag{3-8}$$

用户位置和时间估计结果 $\hat{\boldsymbol{x}}$ 的质量取决于式(3-4)的函数模型和随机模型是否正确,模型不正确将导致估计值的偏差。不失一般性,假设在第 i 颗卫星对应的量测存在大的偏差 ∇S_i,根据质量控制的 DIA 方法,式(3-4)的线性化模型应当调整为如下的函数模型:

$$\boldsymbol{y} = \boldsymbol{H} \hat{\boldsymbol{x}} + \hat{\boldsymbol{\varepsilon}} + \boldsymbol{e}_i \nabla S_i \tag{3-9}$$

式中, $\boldsymbol{e}_i$ 是除了第 i 个值为 1,其他值均为 0 的 n 维单位列向量。根据模型假设检验中量测偏差的一阶矩(期望)和二阶矩(方差)检测出的差错都可以进行 DIA,但经验表明根据期望差错进行检验可以满足大部分需要,因此本书也只考虑期望差错的情况,并由此建立如下两个模型检验假设。

空假设(null hypothesis) H_0：

$$H_0: E(\nabla S_i) = 0 \tag{3-10}$$

备选假设(alternative hypothesis) H_a：

$$H_a: E(\nabla \hat{S}_i) = \nabla S_i \neq 0 \tag{3-11}$$

推荐的基于模型误差的假设检测统计量 w_i 用式(3-12)计算:

$$w_i = \frac{\boldsymbol{e}^{\mathrm{T}} \boldsymbol{P} \hat{\boldsymbol{\varepsilon}}}{\sqrt{\boldsymbol{e}_i^{\mathrm{T}} \boldsymbol{P} \boldsymbol{Q}_i \boldsymbol{P} \boldsymbol{e}_i}} \tag{3-12}$$

式中, $\boldsymbol{P}$ 表示量测的加权矩阵; $\boldsymbol{Q}_i$ 表示后验残差协方差矩阵。在空假设 H_0 下检测统计量 w_i 有一个标准正态分布,但是在备选假设 H_a 下检测统计量 w_i 是一个非中心参量为 δ_i 的正态分布:

$$\delta_i = \nabla S_i \sqrt{\boldsymbol{e}_i^{\mathrm{T}} \boldsymbol{P} \boldsymbol{Q}_i \boldsymbol{P} \boldsymbol{e}_i} \tag{3-13}$$

测试假设检测统计量 w_i 以判断属于哪一类型假设的临界值由特定的 GNSS 应用给定的 PFA(α) (参见 3.2.3 节)和式(3-14)确定:

$$|w_i| > N_{1-\alpha/2}(0, 1) \tag{3-14}$$

式中，$N_{1-\alpha/2}(0, 1)$ 表示标准正态分布对应 PFA(α)的阈值。利用质量控制的 DIA 方法分别得到四个 GNSS 完好性监测的参数计算结果。

用式(3-15)计算在 3.2.4 节提到的 MDB：

$$\text{MDB} = \nabla S_i|_{\delta_0} = \frac{\delta_0}{\sqrt{e_i^{\mathrm{T}} P_{\hat{\varepsilon}} P e_i}} \tag{3-15}$$

式中，δ_0 表示由特定的 GNSS 应用给定的 PFA(α) 和 PMD(β)（参见 3.2.4 节）确定的临界非中心参量[在 GNSS 测绘应用中 PFA(α) 和检出功效 $\gamma = 1-\beta$ 别取 0.001 和 0.80 时，δ_0 约为 17.075，其他 GNSS 应用根据需求分别按式(3-16)确定非中心参量 δ_0]：

$$\delta_0 = N_{1-\alpha/2}(0, 1) + N_{1-\beta}(0, 1) \tag{3-16}$$

用式(3-17)计算在 3.2.4 节提到的 MDE：

$$\text{MDE} = Q_{\hat{x}} H^{\mathrm{T}} P e_i \cdot \text{MDB} = \frac{Q_{\hat{x}} H^{\mathrm{T}} P e_i \delta_0}{\sqrt{e_i^{\mathrm{T}} P Q_{\hat{\varepsilon}} P e_i}} \tag{3-17}$$

用式(3-18)计算在 3.2.4 节提到的相关系数 ρ_{ij}：

$$\rho_{ij} = \frac{\delta_{ij}}{\sqrt{\delta_i^2 \delta_j^2}} = \frac{e_i^{\mathrm{T}} P Q_{\hat{\varepsilon}} P e_j}{\sqrt{e_i^{\mathrm{T}} P Q_{\hat{\varepsilon}} P e_i} \sqrt{e_j^{\mathrm{T}} P Q_{\hat{\varepsilon}} P e_j}} \tag{3-18}$$

用式(3-19)计算在 3.2.4 节提到的 MSB：

$$\text{MSB} = \max(\rho_{ij}) \cdot \text{MDB} = \frac{N_{1-\alpha/2}(0, 1) + N_{1-\beta}(0, 1)}{e_i^{\mathrm{T}} P Q_{\hat{\varepsilon}} P e_i} \tag{3-19}$$

3.3.2　全球系统级星座完好性监测评测指标

对于 GNSS 系统级星座来说，完好性监测的评测主要有两点：一是完好性监测能用吗？二是 FD 能力如何？GNSS 完好性缺失时通常有及时快速告警需求，用户有时希望像图 3.5 提出的 GNSS 完好性监测综合评估系统框图那样，用红黄绿灯简捷明了地指示或者预测完好性满足与否的结果，以指导下一步信任 GNSS 输出与否或转用其他导航系统的判断。为此，本节在 3.3.1 节质量控制理论的 DIA 方法基础上综合 GNSS 实时 GDOP 和 NVS 等系统状态和观测条件的完好性需求（参见 3.2.3 节），提出 MAI 和 MDEHR 两个 GSLCIM 评测指标，分别用于评估 GNSS 完好性的可用性性能及 GNSS 系统不满足指定应用所需求的 FD 能力的占比[28]。

1. 完好性最小可用性

完好性最小可用性(MAI)回答完好性监测可用与否这个问题，通常文献都是单一地从卫星可见性或者星座几何配置来描述，前者用如 3.2.4 节介绍的 RAIM 黑洞或 FDE 黑洞这些源自 NVS 完好性可用性来衡量，后者用 GDOP 黑洞这些源自卫星几何构型的完好

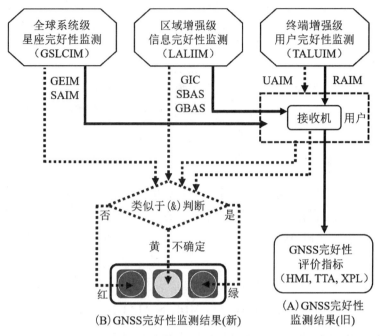

图 3.5　GNSS 完好性监测综合评估系统框图(红黄绿灯)

性可用性来评价。本书提出一个综合 NVS 和 GDOP 两者的综合指标 MAI,是指在给定的区域或者时间段内,GNSS 系统提供给用户最基本的完好性的可用性需求比例。MAI 不仅考虑到 NVS,而且考虑到卫星几何构型,体现了这两方面对完好性可用性的贡献,具有更好的准确性和实用性。MAI 计算方法如式(3-20)所示:

$$MAI = (1 - P_{FDEhole})(1 - P_{GDOPhole}) \qquad (3-20)$$

式中,$P_{FDEhole}$ 和 $P_{GDOPhole}$ 分别指 GNSS 系统在给定的区域或者时间段内 NVS<6 和 GDOP>6 的采样点数占总采样点数的比例。当然 MAI 指标是有些严格(苛刻)的,因为 NVS<6 和 GDOP>6 的采样点有可能出现重合的情况,也就是说两者并不是完全独立的,也正因此在完好性可用性前冠以"最小"二字,对于这个问题也完全可以从统计过程中剥离两者交叉的部分以计算得更加精确,但在实际仿真中发现只有在高掩蔽角的城市峡谷环境下两者重合度才高一些,正常情况下考虑重合的情况对结果的影响,特别是进行 GNSS 各星座完好性比较的影响并不大,而且在航空等重要领域也是倾向于严格的,因此本书还是都按照式(3-20)比较严格的情况进行统计。因为 GDOP 太大时导航解算结果已经没有多大的可信度,因此本节中所有 GDOP 值设置了上限值为 10,GDOP>10 或 NVS<4 时没意义的 GDOP 情况下计算 GDOP 都用 10 代替,以便图形演示和进行统计分析。

2. 最小检测效果黑洞比

最小检测效果黑洞比(MDEHR)回答 FD 能力如何这个问题,这个问题涉及两方面的因素,一是用什么参数去评价,二是用哪种行业需求去提要求。对于前面的问题,在 3.2.3 节质量控制理论的 DIA 方法的几个指标中,GNSS 用户完好性监测真正关心的是导航结果 PVTA 的差错,而不是卫星的伪距或者多普勒测量差错[29],因此为了简洁起见,选择

MDE 与 3.2.3 节所描述的完好性 AL 进行比较,作为 GSLCIM 评测指标的重要来源。行业需求问题实际上是个更加重要且难以统一的问题,3.1 节 GNSS 完好性需求中列举了 FPR 2010[1] 提出的航空、公路、货运和测绘用户的导航性能,从中可看出各种行业对 GNSS 完好性需求有较大差别,本书在对 GSLCIM 评测中选取比较有普遍性的表 3.4 给出的以货车停车场(truck parking)为代表的 50 m 和以地理围栏(geo-fencing)为代表的 10 m 级别作为 AL(参见 3.2.3 节)进行 GSLCIM 的评测,并分别用 AL(Trunk)和 AL(Geof)表示:

$$AL(Trunk) = 50 \text{ m} \tag{3-21}$$

$$AL(Geof) = 10 \text{ m} \tag{3-22}$$

仿照 AFSPC 在 CRD 文档[30]中提出的 RAIM 黑洞概念,本书提出 MDE 黑洞,也就是 MDEH 的概念,意思是根据式(3-17)计算得到的 MDE 大于指定的 GNSS 应用中 AL 的采样点,针对 AL(Trunk)和 AL(Geof)应用,由式(3-23)和式(3-24)分别判断是否为 MDEH(Trunk)或 MDEH(Geof):

$$MDEH(Trunk): MDE > AL(Trunk) \tag{3-23}$$

$$MDEH(Geof): MDE > AL(Geof) \tag{3-24}$$

定义 MDEHR 为 MDEH 采样点占总采样点数量的比例,根据不同 GNSS 应用也有针对 AL 为 50 m 应用的 MDEHR(Trunk)和针对 AL 为 10 m 应用的 MDEHR(Geof)等区别。

3.4 区域增强级信息完好性监测

本节从信号分析理论入手,结合 LALIIM 的特点从时域、谱域、调制域、相关域、码域、电文域和应用域介绍了完好性监测的评测指标。

3.4.1 信号分析理论

信号分析是从信号中提取有用的信息,以便更好地理解、表示,并高效地存储、传输和处理信号。其应用广泛[31],目的是抑制干扰部分,提取有用的信号携带的信息。

在完好性监测中应用信号分析理论主要是为了进行信号的故障检测(故障诊断),途径是通过各种信号变换或处理,将信号所包含的有用信息或特征信息提取出来,与正常状态进行比较并发现异常,以对 GNSS 信号进行质量监测。因此信号分析方法也是 GNSS 完好性监测的重要方法和途径,提取有用信息或特征信息的信号分析方法关系到整个 GNSS 完好性监测质量的好坏,也是 LALIIM 的关键、重点和难点。信号分析理论就是从信号中提取有用信息或特征信息方法的理解和论述。

1. 信息、信号和数据

信息(information)和物质、能量一样,是人类不可缺少的一种资源。美国数学家,信息论的奠基人香农(Shannon)指出信息是用来消除随机不定性的东西,信息用熵(entropy)来量度[32];美国应用数学家、控制论的创始人、随机过程和噪声过程的先驱维纳(Wiener)认为,信息是人类在适应外部世界、控制外部世界的过程中同外部世界交换的内容的名称[33]。在 GNSS 导航领域,导航信息是指能为 GNSS 用户所用,适合于与 GNSS 接收机通信、存储或处理的形式来表示的所有知识或消息。

信号是传输信息的载体,是一种信息流,信息蕴涵于信号之中。在通信、信号处理或者电子工程等技术领域中,任何随时间以及空间变化的量都可以称为信号,通常感兴趣的大部分信号都可表述为时间或位置的函数[34]。对信号的分类方法有很多,信号按数学关系、取值特征、能量功率、处理分析、所具有的时间函数特性、取值是否为实数等,可以分为确定性信号和非确定性信号(又称随机信号)、连续信号和离散信号(即模拟信号和数字信号)、能量信号和功率信号、时域信号和频域信号、时限信号和频限信号、实信号和复信号等[34]。在 GNSS 导航领域,导航信号是指承载有 GNSS 导航信息的射频或中频等以模拟形态存在的连续波形。

数据是载荷或记录信息时按一定规则排列组合的物理符号[34]。在 GNSS 导航领域,导航数据是指调制在导航信号上,以离散数字形态存在的基带信号、PRN 或者导航电文。

第 i 颗 GPS 卫星上发射的信号 $S^i(t)$ 可表示为式(3-25)形式:

$$S^i(t) = A_{C/A}C_{C/A}^i(t)D^i(t)\cos(2\pi f_{L1}t + \theta_{L1}^i) + A_{Y_{L1}}C_Y^i(t)D^i(t)\sin(2\pi f_{L1}t + \theta_{L1}^i)S^i(t)$$
$$+ A_{Y_{L2}}C_Y^i(t)D^i(t)\sin(2\pi f_{L2}t + \theta_{L2}^i) \tag{3-25}$$

可见 GPS 信号 $S^i(t)$ 主要由三项组成:分别是 f_{L1}(1 575.42 MHz)上的民用 C/A 码信号(第一项)和军用 P(Y)码信号(第二项)及 f_{L2}(1 227.60 MHz)上的军用 P(Y)码信号(第三项)。单独看每一项又由载波(carrier wave)、测距码(ranging code)和导航电文(navigation messages)三部分组成。式(3-25)载波部分有 L_1 的同相分量(in phase component)$\cos(2\pi f_{L1}t + \theta_{L1}^i)$、正交分量(quadrature component)$\sin(2\pi f_{L1}t + \theta_{L1}^i)$ 和 L_2 分量 $\sin(2\pi f_{L2}t + \theta_{L2}^i)$ 三种;θ_{L1}^i 和 θ_{L2}^i 分别为第 i 颗卫星两个载波 L_1 和 L_2 的初始相位。测距码属于 PRN,也称为伪随机噪声码,有 C/A 码(coarse/acquisition code)和 P(Y)码(precision/ener ypted code)两种。C/A 码也称粗码、捕获码或民码,用于进行粗略测距和捕获 P(Y)码。C/A 码里有 1 023 个元素,码周期为 1 ms,相应的码元宽度为 293.05 m,GPS 将优选的部分序列(几乎没有互相关和自相关)作为它的测距码,C/A 码一般只调制在 L_1 载波上。P(Y)码是精确测定从 GPS 卫星到用户接收机距离的测距码,也称精码、加密码或军码,实际周期为 7 天,码长为 6.187×10^{12} 码元,码元宽度为 29.3 m。P(Y)码同时调制到 L_1 和 L_2 载波上,只有美国及其盟友的军方以及少数美国政府授权的用户才能使用 P(Y)码。测距码部分各颗卫星不同,式(3-25)中的 $C_{C/A}^i(t)$ 和 $C_Y^i(t)$ 分别表示第 i 颗卫星 C/A 码和 P(Y)码的电平值。导航电文也称数据码(data message,D 码),是具有一定格式的二进制码,以"帧"为单位向用户发送。每帧电文含有 1 500 bit,传输速率为 50 bit/s。每个主帧包含 5 个子帧。导航电文中包含反映卫星在空间位置、卫星钟的修正参数、电离层延迟改正数等 GPS 定位所必要的信息,GPS 系统将导航电文调制在测距码上。式(3-25)中 $D^i(t)$ 为第 i 颗卫星的导航电文部分的电平值,各颗卫星不同,但每颗卫星不同测距码的导航电文是一样的。

载波 $\cos(2\pi f_{L1}t + \theta_{L1}^i)$、测距码 $C_{C/A}^i(t)$ 和导航电文 $D^i(t)$ 组合调制为 GPS 空间信号

的过程示意如图 3.6。$D^i(t)$ 先与 $C^i_{\text{C/A}}(t)$ 进行异或相加（模 2 相加）为 $C^i_{\text{C/A}}(t)D^i(t)$ 后，通过二相相移键控（binary phase shift keying, BPSK）调制到载波上经放大后作为 GPS 信号 $S^i(t)$ 输出。

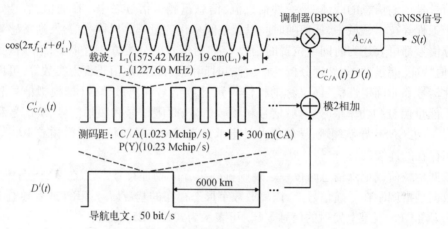

图 3.6　GPS 空间信号调制构成图

式（3-25）的 $A_{\text{C/A}}$、$A_{\text{Y}_{\text{L1}}}$ 和 $A_{\text{Y}_{\text{L2}}}$ 分别为三种信号的幅度电平值，确定输出的信号功率。GPS 的 IS-GPS-200E 规定 GPS 的 Block II A/II R 卫星在 L_1 的 20.46 MHz 带宽上的 C/A 码信号到达地面的最小功率设计为 -158.5 dBW；L_1 和 L_2 的 20.46 MHz 带宽上的 P(Y)码信号到达地面的功率强度都不小于 -164.5 dBW[35]。

本书中所说的导航信息包含导航信号和导航数据上表征的所有可用于导航的知识或消息。LALIIM 包含 GNSS 信号在信号层面 [$S^i(t)$ 射频、下变频后的中频和所有载频剥离后的基带 $C^i_{\text{C/A}}(t)D^i(t)$ 信号] 的信号完好性和数据层面 [导航电文 $D^i(t)$ 和 PRN$C^i_{\text{C/A}}(t)$ 等] 的数据完好性两方面的内容。可见应用信号分析理论分析完好性时，数据完好性主要针对的是从 GNSS 码和电文等进行数字信号的分析，信号完好性不但包括数字信号，还包括射频、中频和基带等进行模拟和数字并存的信号分析。

2. 信息完好性

首先来看 LALIIM 中 GNSS 信号在信号层面 [$S^i(t)$ 射频、下变频后的中频和所有载频剥离后的基带 $C^i_{\text{C/A}}(t)D^i(t)$ 信号] 的信号完好性。通常应用信号分析理论在时域（time domain）、谱域（spectrum domain）、调制域（modulation domain）和相关域（correlation domain）进行信号完好性质量监测。

1）时域信号分析

时域信号分析是指 GNSS 空间信号幅值随时间变化的特征分析。通常信号的时域分析是指时域波形分析，采用示波器、万用表等普通仪器直接显示信号波形，读取特征参数。

GNSS 信号的时域波形描述 GNSS 信号随时间的变化情况，信号分析的时域特性通常有信号波形（waveform）图、均值、均方根、方差、信号功率、自相关函数、概率密度函数和眼图（eye diagram）等，另外也可以在基带针对单个码片分析其边缘形状、考察码的时间序列、码速率、码片赋形、数字畸变和模拟畸变程度[36,37]。

（1）信号波形图。GNSS 空间信号 $S^i(t)$ 是以时间为自变量的幅值波形。主要参数有周期 T、频率 $f = 1/T$、峰值 P 和波谷与波峰的双峰值 P_{p-p}。

（2）均值。均值 μ_s 表示 GNSS 信号 $S^i(t)$ 的平均值或数学期望值 $E[S^i(t)]$，反映了信号变化的中心趋势，也称为直流分量：

$$\mu_s = E[S^i(t)] = \lim_{T \to \infty} \frac{1}{T} \int_0^T S^i(t)\, dt \qquad (3-26)$$

（3）均方根。均方根 ψ_s^2 表示 GNSS 信号 $S^i(t)$ 平方的数学期望值 $E\{[S^i(t)]^2\}$，也表达了信号的强度，又称为均方根，是信号幅度最恰当的量度：

$$\psi_s^2 = E\{[S^i(t)]^2\} = \lim_{T \to \infty} \frac{1}{T} \int_0^T [S^i(t)]^2 dt \qquad (3-27)$$

（4）方差。方差表示 GNSS 信号 $S^i(t)$ 偏离其均值 μ_s 的程度，反映了信号绕均值的波动程度，是描述信号的动态分量：

$$\sigma_s^2 = E(\{S^i(t) - E[S^i(t)]\}^2) = \lim_{T \to \infty} \frac{1}{T} \int_0^T [S^i(t) - \mu_s]^2 dt \qquad (3-28)$$

（5）眼图。GNSS 基带信号时域码间串扰和噪声可由眼图定性观测。眼图是指利用实验的方法估计和改善传输系统性能时在示波器上观察到的一种图形。眼图是用示波器在时域对系统的噪声和码间串扰进行评价，示波器有余辉作用，扫描所得的每一个码元波形将重叠在一起，从而形成眼图。眼图的优势是在不需要知道原始信息数据时也可进行实时的干扰效果评估。

眼图主要是用于定性地观测 GNSS 基带信号码间串扰和噪声的强弱。当存在码间串扰和噪声，观察到的眼图的线迹会变得模糊不清，"眼睛"将张开得很小，与无码间串扰时的眼图相比，原来清晰端正的细线迹，变成了比较模糊的带状线，而且不是很端正。噪声越大，线迹越宽，越模糊；码间串扰越大，眼图越不端正。眼图还有助于直观地评价一个基带系统的性能优劣，可以指示接收滤波器的调整，以减小码间串扰。将实际眼图和理想眼图图形同时显示，观察它们之间的相似度，并计算眼图相关参数，如噪声容限等，从信号的时域特性来评价接收信号的质量。

2）谱域信号分析

谱域信号分析是从谱的角度来分析 GNSS 信号的特征，按照谱的种类可分为频谱（frequency domain）、功率谱（power spectral）和倒谱（cepstrum domain）[38]等。其中频域信号分析方法是信号分析中的最基本方法，是将信号按频率顺序展开，使其成为频率的函数，并分析变化规律，频谱分析的目的是把复杂的时间历程波形，经过傅里叶变换分解为若干单一的谐波分量来研究，以获得信号的频率结构以及各谐波和相位信息。各种谱域的载波和噪声分量可以构成广义的载噪比（carrier to noise ratio，CNR）。

（1）频谱。一个周期为 T 的信号 $f(t)$ 可以用复指数级数展开表示为

$$f(t) = \sum_{n=-\infty}^{\infty} c_n e^{jn\omega_0 t} \qquad (3-29)$$

式中，$\omega_0 = \dfrac{2\pi}{T}$；$c_n = \dfrac{1}{T}\displaystyle\int_{-T/2}^{T/2}f(t)\,\mathrm{e}^{-jn\omega_0 t}\mathrm{d}t$，其中，$c_n$ 称为 $f(t)$ 的傅氏级数系数（频谱系数），c_n 明确地表现了信号的频域特性。对应的周期信号 $f(t)$ 的傅氏变换 $F(\mathrm{j}\omega)$ 称为频谱密度函数，简称频谱：

$$F(\mathrm{j}\omega) = 2\pi\sum_{n=-\infty}^{+\infty}c_n\delta(\omega - n\omega_0) \qquad (3-30)$$

时域信号分析只能反映信号的幅值随时间的变化情况，除单频率分量的简谐波外，很难明确揭示信号的频率组成和各频率分量大小，而对信号进行频谱分析是将 GNSS 信号表示为不同频率正弦分量的线性组合，可以获得更多有用信息，如求得动态信号中的各个频率成分和频率分布范围，求出各个频率成分的幅值分布和能量分布，从而得到主要幅度和能量分布的频率值。GNSS 频域信号分析按照频率范围又可以分为 GNSS 射频信号、中频信号和基带信号三种频率信号质量分析。数字信号调制的 GNSS 信号频谱是类似如图 3.7 所示的形状，从图 3.7 中可以分析几个重要指标，信号中间高的是主瓣（main-lobe），两边分别称为旁瓣（side-lobe），主瓣的最大值称为主瓣峰值电平（peak main-lobe level，PML），旁瓣的最大值相对主瓣最大值的比值称为旁瓣电平［通常用分贝（dB）表示］，两边最大的旁瓣峰值（第一旁瓣）与 PML 的比值称为第一旁瓣电平（the first side-lobe level，FSL），主瓣峰值电平 PML 的 1/2（PML − 3 dB）所截取的主瓣宽度称为 3 dB 带宽；主瓣峰值电平 PML 的 1/10（PML − 10 dB）所截取的主瓣宽度称为 10 dB 带宽，通常 3 dB 带宽用得比较多。

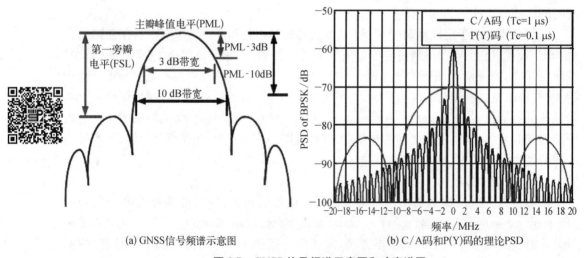

(a) GNSS信号频谱示意图　　　　(b) C/A码和P(Y)码的理论PSD

图 3.7　GNSS 信号频谱示意图和功率谱图

（2）功率谱。功率谱是从能量的观点对信号进行研究，其实频谱和功率谱的关系归根结底还是信号和功率、能量之间的关系。功率谱可以从两方面来定义：一个是自相关函数的傅里叶变换（维纳辛钦定理），另一个是能量谱密度在时间上平均，即单位时间内的能量谱密度（信号傅氏变换模平方）。根据帕塞瓦尔（Parseval）定理，能量谱密度曲线下的面积等于信号幅度平方下的面积，总的能量：

$$\int_{-\infty}^{\infty} \mid f(t) \mid^2 \mathrm{d}t = \int_{-\infty}^{\infty} \mid F(\mathrm{j}\omega) \mid^2 \mathrm{d}\omega \qquad (3-31)$$

信号傅氏变换模平方被定义为能量谱,能量谱密度在时间上平均就得到了功率谱 $P(\mathrm{j}\omega)$,瞬时功率谱表征信号或者时间序列的功率如何随频率分布。图 3.7(b)展示了 GPS 的 C/A 码和 P(Y)码的理论 PSD 图。

(3)倒谱。倒频谱[38]简称倒谱,是信号频谱取对数的傅里叶变换后的频谱,写法上也是将频谱的英文前四个字母反过来写。倒谱有复倒谱和实倒谱之分。复倒谱(complex cepstrum)用 $\hat{x}[n]$ 表示,是信号序列 $x[n]$ 的离散傅里叶变换取复对数再求逆傅里叶变换:

$$\hat{x}[n] = \mathrm{FFT}^{-1}\{\lg[\mathrm{FFT}(x[n])]\} \qquad (3-32)$$

在复倒谱定义中,如果只考虑模,而忽略它的相位,那就得到实倒谱,有时简称倒谱,用 $\hat{x}_r[n]$ 表示。倒谱相对于复倒谱的计算要简单得多,由傅里叶变换的性质可知,倒谱是复倒谱的偶部:

$$\hat{x}_r[n] = \mathrm{FFT}^{-1}\{\lg \mid \mathrm{FFT}(x[n]) \mid\} = \frac{\hat{x}[n] + \hat{x}[-n]}{2} \qquad (3-33)$$

如果频谱上呈现出复杂的周期结构而难以分辨时,对功率谱密度取对数后,再进行一次傅里叶积分变换,可以使周期结构呈现便于识别的谱线形式。有的文献就是通过语音信号在复频域的"低通滤波"来减少多径信号(混响)的影响,提出对抗多径传播引起的衰落的去混响方法[38]。倒谱方法也可用于 GNSS 信号去多径研究以及探测多径信号的存在程度。

(4)载噪比。各种谱域的载波和噪声分量可以构成广义的载噪比,但通常都是从功率谱上和频谱上分析载噪比。载噪比是指已经调制的信号和载波的功率与加性噪声功率之比;信噪比(signal to noise ratio, SNR)是指信号功率与加性噪声功率的比值。信噪比与载噪比区别在于,载噪比中的已调信号和载波的功率包括了传输信号的功率和调制载波的功率,而信噪比中仅包括传输信号的功率。因此对同一个传输系统而言,载噪比要比信噪比大,两者之间相差一个载波功率。严格地说在调制后的射频和中频上应当使用载噪比,而在解调后的基带上应当使用信噪比。但是不像调幅(AM)系统那样,GNSS 系统这种调频(FM)或调相(PM)系统的信号和载波功率在调制前后变化很小,因而载噪比与信噪比的数值差别不大(载波功率很小),因此在 GNSS 系统中信噪比和载噪比是可以通用的,本书也不做区别。

载噪比(信噪比)为载波(信号)与噪声幅度比的平方:

$$\mathrm{CNR} = \frac{P_{\mathrm{carrier}}}{P_{\mathrm{noise}}} = \left(\frac{A_{\mathrm{carrier}}}{A_{\mathrm{noise}}}\right)^2, \ \mathrm{SNR} = \frac{P_{\mathrm{signal}}}{P_{\mathrm{noise}}} = \left(\frac{A_{\mathrm{signal}}}{A_{\mathrm{noise}}}\right)^2 \qquad (3-34)$$

载噪比 CNR 和信噪比 SNR 通常都用 dB 表示(如不加特别说明,本书都用 dB 值表示 CNR 和 SNR):

$$\mathrm{CNR}_{\mathrm{dB}} = 10\lg\left(\frac{P_{\mathrm{carrier}}}{P_{\mathrm{noise}}}\right) = 20\lg\left(\frac{A_{\mathrm{carrier}}}{A_{\mathrm{noise}}}\right),$$

$$\mathrm{SNR}_{\mathrm{dB}} = 10\lg\left(\frac{P_{\mathrm{signal}}}{P_{\mathrm{noise}}}\right) = 20\lg\left(\frac{A_{\mathrm{signal}}}{A_{\mathrm{noise}}}\right) \qquad (3-35)$$

载噪比和信噪比在所有的信号传输中都是一个非常重要的参数,在通常的 GNSS 导航应用中 CNR(SNR)有时作为信号监测质量的唯一标识,因此 LALIIM 也应当重视 CNR (SNR)监测。根据式(3-31)的帕塞瓦尔定理,功率既可以在频域也可在时域求取,通常从频域监测载噪比和信噪比比较直观简便。

信号频域完好性分析可以利用准测量仪器如实时频谱分析仪、矢量信号分析仪和分析软件等,通过测试 GNSS 的信号完整性的载波频率、信号功率谱及包络、带宽和中心频率、主瓣零点宽度等方面,比较实际信号功率谱与理想信号功率谱之间的差异,通过对频谱不对称性或失真、信号杂散及载波泄漏等方面指标的评价,综合考察接收信号的频谱失真程度以及频域其他相关特性[39]。其中矢量信号分析仪是在预定频率范围内自动测量电路增益,它有内部的扫频频率源或可控制的外部信号源,它的电路结构与频谱分析仪相似。矢量信号分析仪则只测量自身的或受控的已知频率,而且全面测量输入信号的幅度和相位(矢量仪器)。频谱分析仪需要测量未知的和任意的输入频率,且只测量输入信号的幅度(标量仪器)。

3) 调制域信号分析

GNSS 信号频带时常紧张,为了在有限的频谱上实现复用并减少信号间干扰,在同一频点上采用调相方式实现信号多路复用,如式(3-25)所示的 GPS 卫星上发射的 $S^i(t)$ 信号就是在 f_{L1} 频点上有同相分量 $\cos(2\pi f_{\mathrm{L1}}t + \theta_{\mathrm{L1}}^i)$ 和正交分量 $\sin(2\pi f_{\mathrm{L1}}t + \theta_{\mathrm{L1}}^i)$ 分别调制了民用 C/A 码信号和军用 P(Y)码信号两种分量,同相 I 和正交 Q 分量相对独立,是正交且互不相干的。图 3.8 也列出了 GPS 在 L_1 上的 C/A 码和 P(Y)码采用 BPSK 复用方式,为了提高信号多路复用效率,今后发展中的 GNSS 会出现更多的复用方式,如 GPS 的 L_5 传输就将采用四相相移键控(quadrature phase shift keying, QPSK),也称为正交相移键控。因此可将调制的数字信号表示在复平面上,以直观地表示信号以及信号之间的关系,这种图示就是星座图。调制域信号分析主要是从星座图(constellation diagram)及其体现的调制误码比(modulation error ratio, MER)和误差矢量幅值(error vector magnitude, EVM)来分析码间串扰及噪声。

(1) 星座图。星座图的横轴和纵轴分别代表同相 I 分量和正交 Q 分量,星座图各符号在图中所处的位置具有合理的限制或判决边界,整个坐标平面形成了信号和噪声构成的幅度相位平面,BPSK 整体被"I"和"Q"分成了左右两个部分,QPSK 被分成四个象限部分,每一个星座点对应一个一定幅度和相位的模拟信号。星座图中反映了调制技术的两个基本参数:载波的幅度和相位。图 3.8 分别仿真了 GNSS 的 BPSK(左边)和 QPSK(右边)信号在不同信噪比下星座图。

代表各接收符号的点在图中越接近,信号质量就越高。如图 3.8 所示,圆点分别是 I/Q 支路信号对应到矢量图空间中的理想星座点,加号表示在不同信噪比下噪声导致的

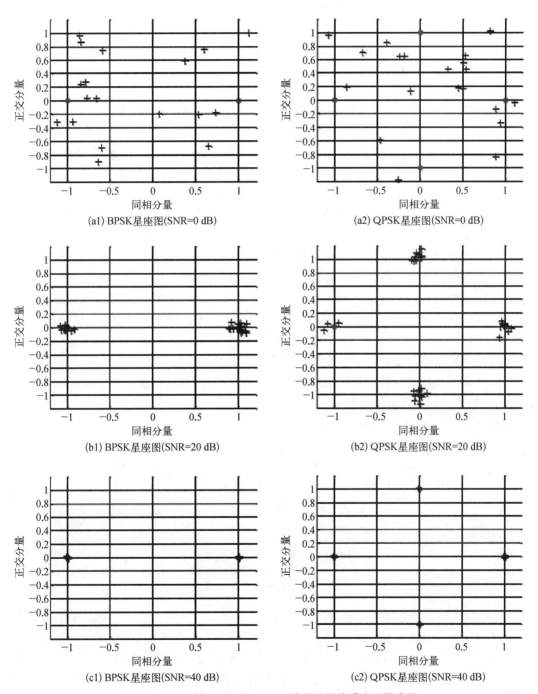

(a1) BPSK星座图(SNR=0 dB)　　(a2) QPSK星座图(SNR=0 dB)

(b1) BPSK星座图(SNR=20 dB)　　(b2) QPSK星座图(SNR=20 dB)

(c1) BPSK星座图(SNR=40 dB)　　(c2) QPSK星座图(SNR=40 dB)

图3.8　GNSS 的 BPSK 和 QPSK 信号不同信噪比下星座图

信号电平值判断,如果与圆点相距较远也可看成是出现误码,由此可以看出此时系统近似的误码率。在最上面的子图,信噪比为 0 dB(信噪能量一样)信号受噪声影响很大,与理想情况下的矢量点偏离较远,误码率也就很高;中间子图是信噪比为 20 dB 时的情况,在信号空间中实际信号的分布比较集中,误码率明显降低;最下面子图是信噪比为 40 dB 时的情况,此时信号空间中实际信号的分布非常集中,误码率非常低。由于星座图图形对应着幅度和相位,阵列的形状可用来分析和确定系统或信道的许多缺陷和畸变,并帮助查找其原因,星座图是一个很好的故障排除辅助工具[40]。

星座图可提供干扰的来源与种类的线索,使用星座图可以轻松发现幅度失衡、幅度噪声、相位噪声、相位误差、正交误差、相关干扰和调制误差比等调制问题。星座显示是示波器显示的数字等价形式,将正交基带信号的 I 和 Q 两路分别接入示波器的两个输入通道,通过示波器的"X-Y"的功能即可很清晰地看到调制信号的星座图。因此可用示波器或者矢量信号分析仪构建星座图,提取 I/Q 支路相位正交性、载波正交性、幅度不平衡性等指标,考察由于信道失真和噪声干扰等引起的相位及幅度误差,并由直方图表示信号电平值的概率密度评估信号噪声水平的大小[39]。

有文献对星座图与信号质量和系统问题的关系进行了直观描述[41]:良好的星座图上星座点被很合理地定位在正方形内,表明系统有良好的增益、相噪及调制差错比;非连续无规律的噪声干扰(incoherent noise interference)形成云雾状星座图;连续有规律性噪声的干扰(coherent interference);相位噪声(phase noise)形成旋转型星座图;增益压缩(gain compression)形成压缩型星座图;星座图上出现一些孤立远离主簇的点表明是周期性干扰。定量的调制域信号分析完好性性能,可通过星座图用 MER 和 EVM[41]等指标衡量。

(2)调制误码比。数字系统中的调制误码比(MER)类似模拟系统中的信噪比或载噪比,是指传送码正常值被误判为一个平均总数,用噪声功率取代信号功率的比率的 dB 值表示,MER 值越大越好,MER 定义为

$$\text{MER}_{\text{dB}} = 10\lg \frac{\frac{1}{N}\sum_{j=1}^{N}(\boldsymbol{I}_j^2 + \boldsymbol{Q}_j^2)}{\frac{1}{N}\sum_{j=1}^{N}(\Delta\boldsymbol{I}_j^2 + \Delta\boldsymbol{Q}_j^2)} = 20\lg \frac{\sqrt{\frac{1}{N}\sum_{j=1}^{N}(\boldsymbol{I}_j^2 + \boldsymbol{Q}_j^2)}}{\sqrt{\frac{1}{N}\sum_{j=1}^{N}(\Delta\boldsymbol{I}_j^2 + \Delta\boldsymbol{Q}_j^2)}} \tag{3-36}$$

$$\text{MER}_{\text{ratio}} = \frac{C_{\text{rms}}}{\sqrt{\frac{1}{N}\sum_{j=1}^{N}(\Delta\boldsymbol{I}_j^2 + \Delta\boldsymbol{Q}_j^2)}} \tag{3-37}$$

式中,$\boldsymbol{I}_j^2$、$\boldsymbol{Q}_j^2$ 是各星座点的矢量坐标;$\Delta\boldsymbol{I}_j^2$、$\Delta\boldsymbol{Q}_j^2$ 是到对应理想星座点的矢量偏差;C_{rms} 是星座点矢量模的均方根值。MER 不仅考虑到幅度噪声,也考虑到相位噪声。测量信号的 MER 值是判定通路失效边界(系统失效容限)的关键部分。它不像在模拟系统中,图像质量会随着载噪比性能的下降明显降低,通常情况下较差的 MER 对数据传输的影响并不显著,只有在低于系统 MER 门限值的情况下才严重影响数据传输。MER 是一个统计测量,其主要局限是不能捕捉到周期性的瞬间的测量。在周期性的干扰下测得的 MER 可能很好,但比特误码率(bit error ratio, BER)值有可能却很差。

（3）误差矢量幅值。误差矢量幅值(EVM)[41]，是表征平均误码量值与最大符号量值的比值，其公式为

$$\text{EVM}_{\text{rms}} = 100\% \times \sqrt{\frac{\frac{1}{N}\sum_{j=1}^{N}(I_j^2 + Q_j^2)}{C_{\text{max}}^2}} \qquad (3-38)$$

$$\text{EVM}_{\text{ratio}} = \sqrt{\frac{\frac{1}{N}\sum_{j=1}^{N}(\Delta I_j^2 + \Delta Q_j^2)}{C_{\text{max}}^2}} \qquad (3-39)$$

式中，I_j^2、Q_j^2 是各星座点的矢量坐标；ΔI_j^2、ΔQ_j^2 是到对应理想星座点的矢量偏差；C_{max} 是最大最远星座点矢量的模。

EVM 和 MER 有一定关系但又表达不同的信息，MER 类似信噪比，而 EVM 则可以理解成类似模拟电路中的波形失真率的一个参数。

从 EVM 和 MER 的定义式中可以看出它们之间存在一定的关系：

$$\text{EVM}_{\text{ratio}} = \frac{C_{\text{rms}}}{\text{MER}_{\text{ratio}}C_{\text{max}}} \qquad (3-40)$$

$$\text{MER}_{\text{dB}} = 20\lg\text{MER}_{\text{ratio}} = 20\lg\left(\frac{C_{\text{rms}}}{\text{EVM}_{\text{ratio}}C_{\text{max}}}\right) = -20\lg\left(\frac{\text{EVM}_{\text{ratio}}C_{\text{max}}}{C_{\text{rms}}}\right) \qquad (3-41)$$

4）相关域信号分析

相关域是信号分析中非常重要的一个概念，GNSS 等码分多址(code division multiple access, CDMA)信号在弱信号下仍然能正常工作，相关作用居功至伟。相关是指变量之间的线性关系，相关分析可了解两个信号或同一信号在时移前后的关系，相关分析在力学、光学、声学、电子学、地震学、地质学和神经生理学等领域，都得到广泛的应用。对于随机变量，相关体现两个随机变量之间线性关系的强度和方向；对于 GNSS 信号，相关可用来衡量两个 GNSS 信号或者 GNSS 信号与干扰及噪声相对于其相互独立的距离。相关通过大量的统计揭示了两变量之间内在某种对应的、表征其特性的近似物理关系。GNSS 信号的相关域分析主要是从互相关函数(cross correlation function, CCF)等相关特性曲线、相关曲线方差(variance of correlation curve, VCC)、相关损耗(correlation loss, CL)、相关特性曲线对称性分析等方面来进行分析，评估信号相关以及导航信号异常引起的相关函数畸变。设计优秀如文献[42]的扩频码能保证自相关足够大而码间互相关足够小，因而也更加容易从相关域中检测 GNSS 的完好性。

相关包括自相关和互相关，自相关函数描述信号在这一个时刻与另一时刻之间的相互关系；互相关函数描述两个信号或干扰噪声之间的相互关系：

$$R_{xx}(\tau) = \frac{1}{T}\int_0^T x(t)x(t+\tau)\,\mathrm{d}t \qquad (3-42)$$

$$R_{xy}(\tau) = \frac{1}{T}\int_0^T x(t)y(t+\tau)\,\mathrm{d}t \qquad (3-43)$$

通常可利用自相关函数检查混杂在随机噪声中有无周期性 GNSS 信号,利用互相关函数可检测 GNSS 信号传播延时,并据此研究 GNSS 信号传播通道及播发信号的健康情况,也可以检测隐藏在外界噪声中的信号。

相关域分析可以很好地检测 GNSS 的空间信号异常,美国交通部 DOT 和 FAA 等机构的标准文档也是利用相关域分析监测导航信号异常,并依此制定导航信号异常标准模型[43]。卫星信号发生畸变的第一个典型案例是 1993 年 3 月观测到的 GPS 的 SV19卫星发射板硬件故障,导致其功率谱主瓣的中心出现较大的脉冲及相关输出畸变,全世界好几个站点独立观测并报告了 SV19 卫星异常,这导致十几倍的导航垂直位置误差[44]。当时接收机利用 19 号卫星进行定位解算时,产生了 3~8 m 的误差,而不用SV19 解算时误差仅为 50 cm,该问题于 1994 年通过更换成备用的发射板卡后得到解决[45]。为研究各种故障导致的信号变形对接收性能的影响,业界提出了多种导航信号异常模型,如最差波形(most evil waveform, MEWF)模型、最大似然子集(most likelysubset, MLS)模型和二阶阶跃响应异常(2 order step anomaly,2OS)模型[44](图 3.9),2OS 模型在 DOT 和 FAA 的标准文档中确认为导航信号异常标准模型[43],所以也称为ICAO 模型[46]。

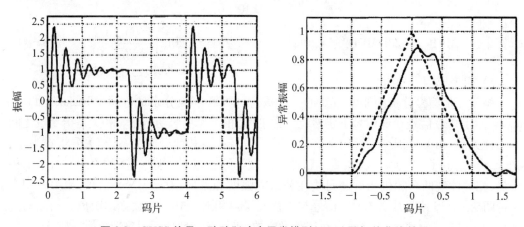

图 3.9 GNSS 信号二阶阶跃响应异常模型(2OS)及相关曲线效果

2OS 三种典型导航信号异常模型分别是:数字类型异常(threat model A, TMA),用超前或者滞后参数 0 建模;模拟类型异常(threat model B, TMB),用谐振频率参数 f_d 和衰减因子参数 σ 建模;两者的组合类型异常(threat model C, TMC),用三个参数建模。这三种类型异常包含的信号异常的故障模式是按码的时域波形划分的,体现到相关域分别对应三种相关峰(correlation peak)异常:TMA 导致死区平顶效应(dead zone),但相关峰还是对称的;TMB 导致相关峰畸变(distortion)且相关特性曲线扭曲不对称;TMC 综合上面两者,导致相关特性曲线不对称且出现假相关峰(false peak),如图 3.9所示。

(1)互相关函数。从 GNSS 基带信号与本地理想 C/A 码序列参考信号进行归一化互相关函数(CCF)[47]:

$$\text{CCF}(\varepsilon) = \frac{\int_0^{T_p} S_{\text{BB-PreProc}}(t) S_{\text{Ref}}^*(t-\varepsilon)\,\mathrm{d}t}{\left[\int_0^{T_p} \mid S_{\text{BB-PreProc}}(t)\mid^2\mathrm{d}t\right] \cdot \left[\int_0^{T_p} \mid S_{\text{Ref}}(t)\mid^2\mathrm{d}t\right]} \tag{3-44}$$

式中，$S_{\text{BB-PreProc}}(t)$ 表示处理后的基带信号；$S_{\text{Ref}}(t)$ 表示本地产生的理想基带复制码参考信号；T_p 是参考信号的主码周期。CCF 最大值 Peak_{CCF} 用 dB 值表示为

$$\text{Peak}_{\text{CCF}} = \max_{\text{over-all-}\varepsilon}\left[20\lg(\mid \text{CCF}(\varepsilon)\mid)\right] \tag{3-45}$$

（2）相关曲线方差。相关曲线方差（VCC）表征实际相关特性曲线与理想相关特性曲线的偏离程度：

$$\text{VCC}_{\text{CCF}} = \int\left[\text{CCF}_{\text{Ideal}}(\varepsilon) - \text{CCF}_{\text{Real}}(\varepsilon)\right]^2\mathrm{d}\varepsilon \tag{3-46}$$

（3）相关损耗。相关损耗（CL）指的是在相关处理中有用信号功率相对于所接收信号的全部可用功率的损耗，CL 是与导航性能有关的非常重要的参数，互相关的相关损耗 CL_{CCF} 可用 dB 值表示为

$$\text{CL}_{\text{CCF}} = \text{Peak}_{\text{CCF-Ideal-input}} - \text{Peak}_{\text{CCF-Real-input}} \tag{3-47}$$

主要有两个原因引起相关损耗：① 同一载频上复用了多个信号分量；② 由于信道限带和失真所致[47]。

3. 数据完好性

首先来看 LALIIM 中 GNSS 信号在数据层面［导航电文 $D^i(t)$ 和 $\text{PRNC}_{\text{C/A}}^i(t)$］的数据完好性。通常应用信号分析理论在码域（code domain）、电文域（data domain）和应用域（application domain）进行数据完好性质量监测。

1）码域数据分析

码域指的是类似 GPS 的 $C_{\text{C/A}}^i(t)$ 和 $C_{\text{Y}}^i(t)$ 等 GNSS 的伪随机 PRN 码。每颗卫星的 PRN 是唯一相对 GNSS 用户来说早已经确知（约定俗成）的，因而可以以此为基础，判断卫星信号在传播过程中是否存在 PRN 码的失真畸变、码/CP 不一致[48]等，进而从 PRN 码的角度推断数据完好性。

码域分析是通过对单个码片分析其边缘形状、考察码的时间序列、码速率、码片赋形、数字畸变和模拟畸变等码畸变度，进而对码的完好性进行整体判断[37]，也可从 3.4.1 节介绍的时域、频域和相关域方法进行 PRN 码级的完好性分析。

2）电文域数据分析

GNSS 电文域指的是类似 GPS 的导航电文 $D^i(t)$ 等信息，其中包括导航所需的卫星星历、卫星钟差、电离层时延、时间系统偏差等参数或数据，是影响系统服务性能的最重要因素，也是 GNSS 公开信号监测与评估的重要内容之一[39]。

监测站依据与其他台站差分信息和其他可用资源如其他方式播报的系统时间、双频或多频伪距观测量计算的传播延时。IGS 服务等服务资源与 GNSS 电文进行比对，得到导航电文的相关检测验证。

导航电文的完好性分析主要从以下方面进行评价电文星历误差[49]:

(1) 导航信息总体指标(与导航公布的 ICD 匹配程度);

(2) 广播星历的卫星轨道精度(统计广播星历和精密星历轨道差异);

(3) 广播星历的时钟偏差精度(统计广播星历和精密星历时钟差异);

(4) 空间信号用户伪距误差(SIS UERE);

(5) 广播星历电离层延时精度(统计广播星历和精密星历电离层延时差异);

(6) 广播星历对流层延时精度(统计广播星历和精密星历对流层延时差异);

(7) 广播星历的群延时精度(统计广播星历和精密星历群延时差异);

(8) 广播星历的内部系统偏差(inter system bias, ISB)精度(统计广播星历内部系统偏差的差异);

(9) 导航系统时间性能(广播的 GNSS 系统时与 UTC 差值和稳定性);

(10) 导航系统参考坐标系性能(GNSS 参考坐标系与惯性坐标系差别)。

3) 应用域数据分析

应用域数据分析包括接收机各种量测(伪距、CP、DS)和导航解算值 PVTA 等以数据形态存在的数值分析,对 LALIIM 的监测站来说实现起来比较简单,不但可用于和其他完好性监测参照比对,而且也是完好性监测的重要内容。主要指标有各种量测误差(如伪距误差、CP 误差、DS 误差)及 PVTA 误差等。

各种信号分析方法都是了解 GNSS 运行状态和进行故障检测的重要手段,信号分析理论进展很快,信号分析和处理的方法和种类非常多,各种方法也互有优劣,在 GNSS 完好性监测中,应当对各类信号分析方法的处理方式、分析特征、优点和局限性,做到合理选择、正确使用、互相结合、优势互补,才能更好地检测故障的有无,有故障的话判断在什么位置,并最终达到故障排除目的。

3.4.2 区域增强级信息完好性监测评测指标

区域增强级信息完好性监测(LALIIM)目的是实时监测 GNSS 的信号质量,与普通用户相比,LALIIM 拥有高增益抛物面伺服跟踪天线系统,可以直接在时域和射频进行实时 GNSS 完好性监测。

1. GNSS 高增益抛物面伺服跟踪天线系统作用

GNSS 高增益抛物面伺服跟踪天线系统可以通过扩大天线有效接收面积的信号收集接收作用和低噪声放大器(low noise amplifier, LNA)的低噪声放大作用,提高接收射频 GNSS 信号的载噪比,直接实现不解扩接收,它是 LALIIM 不可缺的重要设备。

有很多 GNSS 分析是建立在将射频信号进行带限、采样和量化(bandlimiting, sarmpling and quantizing, BSQ)[50]下变频到数字中频信号进行正交载波剥离和多普勒去除,在获得的待分析基带(baseband)信号基础上进行分析(基带分析),但射频信号解扩到基带会导致频谱等部分信息丢失,而且也引入了滤波、调制、量化编码等很多非线性 BSQ 误差因素[50-53],在地面上直接观测原始的 GNSS 射频信号(不进行其他任何转换)显然是非常有利于 GNSS 完好性监测的,因此 LALIIM 大多是建立在地面监测站基础上的。但拥有较大有效接收面积的抛物面天线,可以实现在射频端将处于噪底下的不可见 GNSS 信号直接提升到噪底上的可见 GNSS 信号,因此有效接收面积较大的抛物面天线是直接在时域和射频进行信号质量完好性监测的有力工具。

2. 区域增强级信息完好性评测指标[28]

依据 3.4.1 节介绍的信号分析理论,评测指标分别从时域、谱域、调制域、相关域、码域、电文域和应用域入手,相应的 LALIIM 方案如图 3.10 所示。

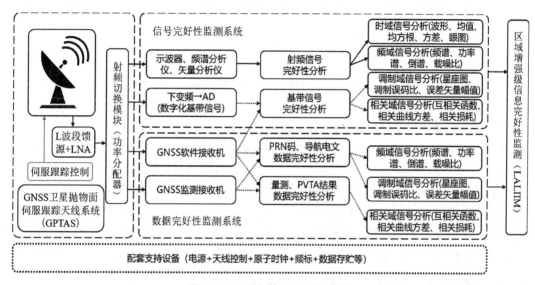

图 3.10　GNSS 的 LALIIM 方案

整个 LALIIM 方案由 GPTAS(图 3.10 左侧长划线围成部分)、信号完好性监测系统(图 3.10 上面长划线围成部分)、数据完好性监测系统(图 3.10 中间长划线围成部分)、LALIIM 综合分析系统(图 3.10 最右边实线框)和配套支持设备(图 3.10 最下面虚线框)五个部分组成。

其中 GPTAS 由大口径抛物面天线体、L 波段馈源、LNA、伺服跟踪控制器、射频切换模块(或功率分配器)和馈线等组成,实现对指定 GNSS 某颗卫星的跟踪和射频信号收集与分发。

信号完好性监测系统由上半部分的射频信号完好性分析(实线)和下半部分的基带信号完好性分析(虚线)组成。射频信号完好性分析主要用示波器、频谱分析仪和矢量分析仪进行实时的时频信号分析,即分别采用波形图、均值、均方根、方差和眼图等方法进行时域信号分析,采用频谱、功率谱、倒谱和载噪比等方法进行频域信号分析;基带信号完好性分析主要通过下变频将射频变换到模拟中频然后进行带限、采样和量化为数字基带信号并在调制域和相关域进行基带信号分析,相关域信号分析指标有互相关函数、相关曲线方差和相关损耗;调制域信号分析指标有星座图、MER 和 EVM。

数据完好性监测系统由上半部分的 PRN 码、导航电文数据完好性分析和下半部分的量测、PVTA 结果数据完好性分析组成(分析流程用虚线表出),PRN 码、导航电文数据通过 GNSS 软件接收机获得,在码域进行码畸变度、码速率和码片边缘等数据完好性分析;

在电文域进行电文星历误差统计等数据完好性分析;量测(伪距、CP、DS)误差和 PVTA 结果数据通过 GNSS 监测接收机获得,在 GNSS 用户应用域进行数据完好性分析。

LALIIM 综合分析系统综合信号完好性监测和数据完好性监测的结果,并参考其他台站差分信息和其他可用资源对 GNSS 的实时完好性进行全面评判,并实时分发完好性给用户。

配套支持设备包括电源、天线控制需要下载的实时星历、原子时钟和频标及数据存储回放等支撑系统运行设备。

3.5 终端应用级用户完好性监测

终端应用级用户完好性监测(terminal application level user integrity monitoring, TALUIM)位于 GNSS 用户段(US),是 GNSS 用户的最终体验,也是完好性监测的落脚点,是最直接、及时和便捷的完好性监测方法。在实际的用户完好性监测中用户可以利用的资源不仅包括 GNSS 接收机,还包括使用接收机的用户可以得到的用户辅助导航资源(例如,飞机用户除了 GNSS 接收机还有高度计及惯导等其他导航资源可用),这就形成了两类 TALUIM,即接收机自主完好性监测和用户辅助完好性监测。本节首先介绍终端应用级用户完好性监测展开位置、展开途径及分类,最后介绍了用于 TALUIM 的一致性检测理论。

3.5.1 终端应用级用户完好性监测展开位置及途径

分析 TALUIM 及其性能提升之前,先查看 GNSS 各种应用的终端用户接收机结构。图 3.11 是 GNSS 通用接收机原理结构图,图中两根竖虚线将整个结构分成了射频、基带和量测解算三个大部分,射频部分主要是进行 GNSS 的 RF 处理(图 3.11 左边部分表示射频处理流程),包括带限、采样和量化过程,将数字中频 IF 信号传输给下级;基带部分主要进行 N 通道的基带数字信号处理,得到的 GNSS 伪距、伪距率、CP 量测(ρ, $\Delta\rho$, Φ)和导航电文传送给下级(图 3.11 中间部分表示基带数字信号处理流程);量测解算部分根据量测进行导航解算,得到导航解 PVTA[图 3.11 右边表示量测解算(MS)处理流程]。

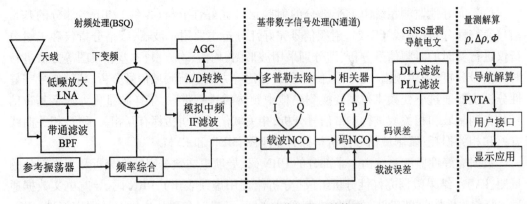

图 3.11 GNSS 通用接收机原理结构图

　　TALUIM 也按照接收机这三个监测位置部分的完好性监测可分为射频环境完好性监测、基带处理完好性监测和量测解算完好性监测三大类完好性方法。它们的完好性监测目标分别如下。

　　（1）接收机的射频环境完好性监测主要监测射频域完好性（radio frequency RAIM，RFRAIM），包括 CNIR 评估、电磁环境［干扰/阻塞和欺骗（interference/jamming and spoofing，IJS）］监测和观测环境（多径）监测三个方面，射频域完好性通过阵列天线和 AGC 增益检测等检测和增强完好性。

　　（2）接收机基带处理完好性监测主要监测基带域完好性（baseband RAIM，RFRAIM），主要通过伪码波形畸变监测、相关器输出功率检测和载噪比密度 C/N_0 监测开展完好性监测，其中载噪比密度 C/N_0 直接影响到 DLL 伪距误差监测、PLL 的 CP 误差监测和 FILL 的 DS 误差监测。

　　（3）接收机的量测解算完好性监测主要从量测域完好性（measurement RAIM，MRAIM）和 PVTA 导航解算域完好性（solution RAIM，SRAIM）两个方面进行一致性判断监测完好性，量测域又包括伪距域和 CP 域。量测解算一致性判断是业界进行完好性监测的主要研究对象和主要完好性监测方法。

　　下面分别对射频环境完好性监测、基带处理完好性监测和量测解算完好性监测三大类 TALUIM 完好性方法进行说明。

　　1. 射频环境完好性监测

　　接收机的射频环境完好性监测主要监测射频域完好性，包括载噪干比评估、电磁环境监测和观测环境监测三个方面。

　　1）载噪干比评估

　　载噪干比（CNIR）与信噪干比（signal to noise plus interference ratio，SNIR）分别指已调信号的功率（包括传输信号的功率和调制载波的功率）和传输信号的功率与噪声加干扰功率和的比值。SS 和 CS 及大气环境（电离层与对流层）引起的 GNSS 信号变化，以及多径、干扰、遮蔽、接收机热噪声等引起的导航故障都可导致 CNIR 和 SNIR 的波动和变化，因此 CNIR 和 SNIR 都是检测 GNSS 信号及干扰的重要指标，也是接收机最容易获取的直观因素，可用于 GNSS 完好性监测。通常在基带才使用 SNIR，此处考虑射频前端所以使用 CNIR。可以通过长期观测和经验，对 GNSS 接收机设置一个 CNIR 阈值范围，实时 CNIR 值超出此范围看成是有完好性故障的可能。

　　2）电磁环境监测

　　射频信号解扩到基带上，不但会给 GNSS 信号引入新的误差，而且也会导致 IJS 部分频谱等信息丢失，不便于 IJS 检测和 GNSS 完好性监测。因此射频前端部分的电磁环境的监测也是 GNSS 完好性监测的重要考量。

　　3）观测环境监测

　　射频前端的观测环境主要是指多径的影响。消除多径的最简易方法是进行规避，如给天线加扼流圈等，但有时无法规避时只有进行抑制。多径信号会引起信号衰落，使接收信号与参考信号的相关函数产生畸变，从而在伪距和载波测量值中引入误差。在时域信号处理领域，多径抑制技术主要分为三类：第一类是从相关器考虑，即通过采用对多径信号不敏感的窄相关技术减小多径误差;第二类是时域信号处理和估计技术,即利用基准相关函数对直达信号和多径信号的参量进行最大似然和自适应滤波等估计,并据此消除多径信号的影响;第三类中频域的信号处理技术,特别是倒谱技术非常适用于多径信号(混响)的抑制[38]。

4)射频域完好性增强方法

射频域完好性增强方法是在射频前端(包括预处理)加强对射频噪声和干扰(多径)等探测,如发现信号波形畸变等就可以及时告警。此外还有阵列天线和 AGC 增益检测等检测和完好性增强方法。

(1)阵列天线技术。阵列天线技术对有方向性的 IJS 检测和抑制非常有效。阵列信号处理是用传感器阵列来接收空间信号,与传统的单个定向传感器相比,具有灵活的波束控制、高的信号增益、极强的干扰抑制能力及高的空间分辨能力等优点。增加一个接收天线就多了一套卫星量测,如波束控制阵天线和自适应调零天线技术等自适应天线阵列技术可使得天线增益图中的零陷指向外部 IJS 源,从而完成空域滤波的作用,这种技术对于宽带和窄带的 IJS 检测和抑制都是有效的。

(2)基带处理完好性监测。图 3.11 的下变频过程中就存在一个闭环负反馈框图是自动增益控制(automatic gain control, AGC),AGC 利用线性放大和压缩放大的有效组合随信号强度自动地调整输出的幅度,从而扩大信号接收的动态范围。而在 GNSS 接收机中,卫星信号功率远低于噪底功率,因而 AGC 增益不是由信号功率电平驱动,而完全是由环境噪声和干扰决定,因此 AGC 电平幅度可作为监测 GNSS 干扰的有力工具,AGC 电平监测也就可作为不必要完好性监测的重要手段。

2. 基带处理完好性监测

接收机的基带处理完好性监测主要监测基带域完好性,通过分析噪声对 DLL、FLL 和 PLL 的影响判断监测基带域完好性。

1)基带域完好性

GNSS 接收机的基带中频捕获跟踪阶段也是噪声和干扰(多径)探测的关键阶段,通常可以从以下三个方面进行完好性监测。

(1)伪码波形畸变监测。从图 3.11 的基带处理中看到包含的重要部分就是相关器,这可应用 3.4.1 节所说的相关域信号分析进行伪码相关峰对称性的验证及其他相关指标进行完好性监测。

(2)相关器输出功率检测。虽然可用 SNR 检测干扰,但监测直接依赖卫星信号的捕获与跟踪,这就限制了 SNR 的干扰检测能力。相关器输出功率检测可作为完好性监测依据,主要有相关器输出功率变化、相关器输出功率方差和相关后的 FFT 运算。

(3)载噪比密度 C/N_0 监测。从图 3.11 的基带处理看到相关器前也包含了中频处理,通常是用 CNR 信息作为导航接收处理的线性性能最基本参数之一。但各个 GNSS 系统、同一个 GNSS 系统不同频点、同一频点的不同 GNSS 信号的带宽不尽相同,业界为了统一指标常用 CNR 与接收机的滤波器带宽 B 的比值,即载噪比密度 C/N_0 来表征,接收机通常将 C/N_0 作为测量值输出。载噪比密度 C/N_0 与 CNR 的关系如下[54,55]:

$$C/N_{0\,dB-Hz} = CNR_{dB} - 10lgB \qquad (3-48)$$

C/N_0 单位为 dB-Hz,式(3-48)中的 B 为接收机的滤波器带宽。一般在 GNSS 接收机中从相干积分 IQ 支路中把 I 路解调下来的数据作为信号,把 Q 路的能量作为噪声,多次统计平均后来估计载噪比密度 C/N_0。C/N_0 在相关处理中影响到各个锁定环路 DLL、PLL 和 FLL 的环路跟踪特性,从而分别导致接收机判读的伪距误差、CP 误差和 DS 误差。通过监测 C/N_0 可以发现 GNSS 信号导致差错的倾向,并适时提出完好性告警。

第一个伪码波形畸变监测方法和第二个相关器输出功率检测方法其实和上面射频域完好性监测及前面 LALIIM 的信号完好性方法中介绍的类似,也可通用,此处不再作详细叙述。下面对载噪比密度 C/N_0 对各个锁定环路 DLL、PLL 和 FLL 的环路跟踪特性影响作介绍。

2)载噪比密度对相关处理环路误差影响

图 3.11 的基带处理相关器在相关的过程中的三种锁定环路是 GNSS 接收中的捕获跟踪不可或缺的器件,它们分别为 DLL、PLL 和 FLL。DLL 把码相位差变成时钟延迟信号,PLL 和 FLL 分别把载波相位差和频率差转变成压差控制振荡器(voltage controlled oscillator,VCO)。不同的接收机在分析处理 GNSS 信号过程中根据应用有相干(coherent)和非相干(noncoherent)两种捕获跟踪方式,在下面载噪比密度 C/N_0 对相关处理三种环路误差影响时将分别考虑相干和非相干情况。非相干积分只考虑实部,忽略了 CP 偏差;相干积分估算了 CP 偏差,非相干处理复杂度降低,实现较为简单,但相比相干处理性能有一定下降。有文献分别对载噪比密度 C/N_0 和各个锁定环路误差进行了深入分析[14,56]。

(1)DLL 伪距误差监测。非相干处理时,延迟锁定环 DLL 噪声对宽相关峰采样鉴别函数(超前、滞后相关器采样差值)影响,导致的时间估计误差(伪距误差)可表示为

$$\sigma_{\Delta\tau-NC} = c\sqrt{var\{\Delta\hat{\tau}\}} = cT_c\sqrt{\frac{B_{\tau,1}d}{2(C/N_0)}\left[1 + \frac{2}{T_{CO}(C/N_0)}\right]} \qquad (3-49)$$

式中,c 为光速(3.0×10^8 m/s);T_c 为码宽(对于 C/A 码为 1×10^5);d 为相关器间距(此处设为 1);T_{CO} 为积分时间(平均时间,通常小于一个导航数据位 D 的时长约为 20 ms,以保证跟踪时 D 的 ±1 跳变不损失能量,此处设为 10 ms);C/N_0 为载噪比密度(单位为 dB-Hz),$B_{\tau,1}$ 为 DLL 的滤波器带宽 $[B_{\tau,1} = 1/(2T)]$;$\{1 + 2/[T_{CO}(C/N_0)]\}$ 项被称为平方损耗。

相干处理时,没有平方损耗项目,载噪比密度 C/N_0 与码环锁定导致的伪距误差关系为式(3-50),其他各项参数意义与式(3-49)相同:

$$\sigma_{\Delta\tau-C} = cT_c\sqrt{\frac{d}{4T(C/N_0)}} = cT_c\sqrt{\frac{B_{\tau,1}d}{2(C/N_0)}} \qquad (3-50)$$

图 3.12 仿真了以 m 为单位的码环锁定误差(即伪距误差,纵轴)与载噪比密度 C/N_0(横轴,此处设置范围是 10~50,步长为 5)的变化关系。

图 3.12 中虚线和点划线是在相干处理时 DLL 滤波器带宽 $B_{\tau,1}$ 分别为 0.005 Hz 和

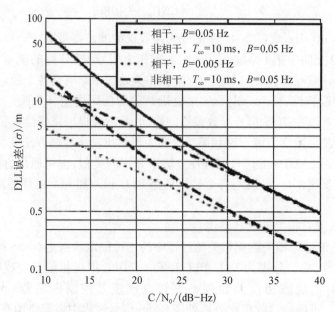

图 3.12 载噪比密度 C/N_0 与延迟锁定环（DLL）锁定误差关系

0.05Hz 时的误差关系曲线，长划线和实线是在非相干处理时 $B_{\tau,1}$ 分别为 0.005 Hz 和 0.05 Hz 时对应误差关系曲线。由图 3.12 可以得出三点结论：① 载噪比密度 C/N_0 越小，码环锁定误差越大；② DLL 滤波器带宽 $B_{\tau,1}$ 越大，码环锁定误差越大，这也说明在组合导航时有速度辅助的 DLL 滤波器带宽小到 0.005 Hz 时能给环路锁定带来好处；③ 平方损耗使非相干 DLL 在载噪比 $C/N_0 < 25dB\text{-}Hz$ 时误差急剧增大。

（2）PLL 的 CP 误差监测。PLL 以最常用的科斯塔环（Costas，又称同相正交环或边环）为例进行分析。非相干科斯塔 PLL 导致 CP 误差为 $\sigma_{\Delta\rho}$，转化为以 m 为单位的伪距误差为

$$\sigma_{\text{PLL-NC}} = \lambda\sigma_{\Delta\rho} = \lambda\sqrt{\text{var}\{\Delta\hat{\theta}\}} = \lambda\sqrt{\frac{B_{\theta,1}}{C/N_0}\left[1 + \frac{1}{2T_c(C/N_0)}\right]} \qquad (3-51)$$

式中，c 为光速（3.0×10^8 m/s）；λ 为载波波长（$\lambda_{L1} = c/f_{L1}$）；$B_{\theta,1}$ 为科斯塔 PLL 噪声等效带宽（此处取 5 Hz 和 15 Hz）；T_c 为积分时间（此处设为 10 ms）；C/N_0 为载噪比密度（单位为 dB-Hz）。

相干锁相环 PLL 没有平方损耗项：

$$\sigma_{\text{PLL-C}} = \lambda\sigma_{\Delta\theta} = \lambda\sqrt{\text{var}\{\Delta\hat{\theta}\}} = \lambda\sqrt{\frac{B_{\theta,1}}{(C/N_0)}} \qquad (3-52)$$

图 3.13 仿真了单位为度的锁相环 PLL 锁定误差（纵轴）与载噪比密度 C/N_0（横轴，此处设置范围是 10~50，步长为 5）的变化关系。

图 3.13 中虚线和点划线是在相干处理时科斯塔 PLL 噪声等效带宽 $B_{\theta,1}$ 分别为 5 Hz

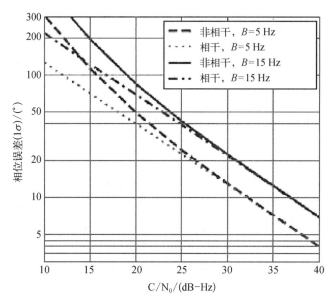

图 3.13　载噪比密度 C/N₀ 与锁相环（PLL）锁定误差关系

和 15 Hz 时的误差关系曲线，长划线和实线是在非相干处理时 $B_{\theta,1}$ 分别为 5 Hz 和 15 Hz 时对应误差关系曲线。由图 3.13 也可以得出与 DLL 类似结论：PLL 的噪声等效带宽越大则相位偏差越大；载噪比 C/N₀ 越小，相位误差越大；平方损耗使非相干 PLL 在载噪比 C/N₀<25 dB-Hz 时相位误差急剧增大。

（3）FLL 的 DS 误差监测。FLL 以叉积鉴相器（cross product discriminator）为例说明。非相干叉积鉴相器 FLL 误差导致载波频率误差为

$$\sigma f_{\mathrm{FLL}} = \sqrt{\mathrm{var}\{\Delta \hat{f}\}} = \sqrt{\frac{B_{f,1}N^3}{2\pi^2(N-1)^2(T_B)^2(\mathrm{C/N_0})}\left[1 + \frac{N(N-1)}{2(\mathrm{C/N_0})T_B}\right]} \quad (3-53)$$

式中，$B_{f,1}$ 是 FLL 环路带宽（环路滤波器的单边噪声带宽，此处设为 10 Hz）；T_B 是数据位的时间间隔（此处设为 10 ms）；N 是信号采样非相干求和取平均的个数（此处分别取 5、10 和 20）；C/N₀ 为载噪比密度（单位为 dB-Hz）。

图 3.14 仿真了 FLL 锁定误差与载噪比密度 C/N₀ 的变化关系。图 3.14 中点划线、实线和长划线分别为信号采样非相干求和取平均的个数 N 为 5、10 和 20 时的曲线关系图。由图 3.14 结合式（3-53）可知给定环路带宽 $B_{f,1}$ 下、高 C/N₀ 时，频率方差大致与 N 成正比，与 C/N₀ 和 $(T_B)^2$ 成反比；低 C/N₀ 时，频率方差大致与 N^3 成正比，与 $(\mathrm{C/N_0})^2$ 和 $(T_B)^3$ 成反比。

3. 量测解算完好性监测

接收机的量测解算完好性监测主要从 MRAIM 和 PVTA 的 SRAIM 两个方面进行一致性判断监测完好性，量测域又包括伪距域和 CP 域。量测解算一致性判断是业界进行完好性监测的主要研究对象和主要完好性监测方法。本书将在后面的 3.5.3 节进行详细介

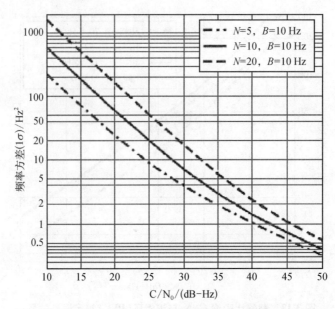

图 3.14　载噪比密度 C/N_0 与延迟锁频环（FLL）锁定误差关系

绍,此处的介绍只是点到为止。

1) 导航解算域完好性

导航解算域完好性(SRAIM)是最直观的 RAIM 方法,最早的 RAIM 就是从 PVTA 导航解(navigation solution) ,主要是位置解(position solution) 展开完好性监测的,如后面 3.5.3 节介绍的 MSS 法是基于导航解的,属于解算域的 SRAIM 范畴。

2) 量测域完好性

导航量测域完好性(MRAIM)是现在普遍应用也是研究得最为深入的一种 RAIM 方法,如后面 3.5.3 节介绍的 RV 法就是最典型的方法。上面说的 SRAIM(从导航解检测的 MSS 法)是一种穷举法,而 RV 法是从量测检测的残差矢量法,是一种批量处理方法,比较量测的残差矢量优于比较导航解(效率高)。3.5.4 节介绍的 RANSAC - RAIM 是基于量测残差矢量法展开的,属于 MRAIM 范畴。

MRAIM 按量测的种类主要分为伪距域完好性(pseudorange-based RAIM,PRAIM)方法和载波相位域完好性(carrier phase-based RAIM,CRAIM)两类。其中 CRAIM 建立在 CP 检测的基础上,比 PRAIM 的 FD 能力强,代价就是要进行整周模糊度解算。

4. 小结

综合上面所介绍的 TALUIM 展开位置及途径,图 3.15 直观地展示了其逻辑关系。

在射频环境完好性监测、基带处理完好性监测和量测解算完好性监测三种监测位置中,当前 GNSS 业界在接收机端的 RAIM 监测主要是在最后面的量测解算展开一致性判断完好性监测,这其中研究得最多的是图 3.15 中最右边虚线框中所示的 MRAIM 的残差矢量完好性监测方法,而其中 PRAIM 监测是很多接收机采用的方法。本节在 3.5.4 节以后将主要针对最右边的 RANSAC 完好性监测方法展开,它归属于 MRAIM 范畴。

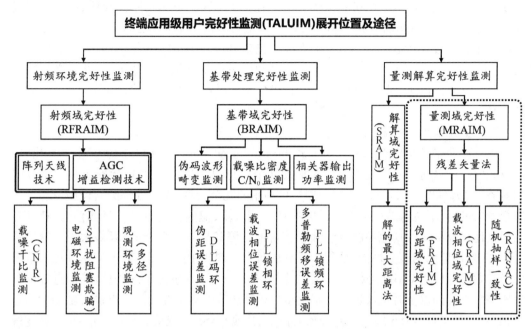

图 3.15 TALUIM 展开位置及途径

3.5.2 终端应用级用户完好性监测分类

3.5.1 节主要是从 TALUIM 在射频环境完好性监测、基带处理完好性监测和量测解算完好性监测三种监测展开位置角度介绍了 GNSS 接收机完好性监测的技术途径,本节依据终端完好性监测主体仅仅只是用户本身一台 GNSS 接收机并且综合用户的其他导航资源进行辅助,介绍 TALUIM 的 RAIM 和 UAIM 两大分类。

1. 接收机自主完好性监测

卫星导航系统完好性监测的主要方法是外部监测和 RAIM。GEAS 小组[57]定义了将来完好性的概念:① GNSS 完好性通道(GIC);② 相对 RAIM(RRAIM);③ 绝对 RAIM(ARAIM)。这些将来完好性概念都包括 RAIM,RAIM 是最直接、最及时和便捷的方法。RAIM 的优势是不依赖其他任何附加的地面或者空中完好性通道就可以实时监测源于各个导航段的差错,特别适合于那些当前和即将建设的完好性增强系统覆盖不到的区域使用。

RAIM 是从用户接收机端自身确定 GNSS 解的完好性,RAIM 算法是对所有的量测或部分解的多个导航解进行相互比较以确保它们的一致性。通常 RAIM 算法都是通过冗余的量测(利用残差矢量)检测量测的相对一致性,以此确定最可能失效的通道(卫星)。这种基于残差矢量的 RAIM 算法有两个重要假定前提:一是假设卫星单差错(多卫星同时出现差错的概率)被忽略;二是假设量测误差服从独立高斯分布[58]。

常规的 RAIM 算法包括图 3.15 右边部分的量测解算完好性监测,主要是 SRAIM 和 MRAIM。SRAIM 中 MSS 法提出最早,近来也出现利用广泛应用计算机视觉中的 RANSAC 模型参数估计方法进行完好性监测的 SRAIM 方法;MRAIM 以量测的残差矢量完好性监测方法为代表,包括 PRAIM 和 FRAIM,最常用的 PRAIM 又分为伪距比较法、最小二乘残差法和奇偶法三种完好性监测 RAIM 方法。以上常规的 RAIM 方法将在 3.5.3 节的一致性检测理论中一一介绍。其他 RAIM 算法还包括 Brown 于 1986 年提出的基于卡尔曼滤波(Kalman filtering, KF)RAIM 算法[59],它是利用历史观测量提高效果,但此法必须给出先验误差特性,而实际误差特性很难准确预测,如果预测不准,反而会降低效果,因此没有被普遍采用。

2. 用户辅助完好性监测

用户辅助完好性监测(user assistant integrity monitoring, UAIM)是指 GNSS 用户利用用户或周边可以利用的导航资源作为辅助冗余信息,与 GNSS 量测或导航解一起估计研判 GNSS 完好性的方法。UAIM 应用周边可利用的冗余信息,无需外部配套设施、投资小、应用方便灵活、不会额外增加太多的完好性监测成本,但因为有更多的量测信息,特别是利用其他接收机或者其他导航方法独立获得的量测和导航信息,却可以最大限度地增强 GNSS 完好性监测的服务性能,值得广泛开展研究。现实中航空等 GNSS 应用领域很早就已经开始实际应用 UAIM 完好性方法,如同时利用气压计和时钟改进模型等信息辅助的气压高度表辅助以及时钟改进模型辅助 RAIM 算法等 UAIM 方法。可以进行辅助的信息有很多种,如其他 GNSS 接收机差分辅助信息、其他 GNSS 系统接收机辅助信息、包括陀螺仪(gyros)和加速度计(accelerators)的 INS 信息、气压计(barometer)、里程表(odometer)、地磁场磁强计(earth field magnetometer)、手机移动网络(mobile network)和无线局域网(wireless fidelity, Wi-Fi)等。按照辅助信息的来源可以分成很多种 UAIM 方法。

1)空基增强系统

空基增强系统(airborne based augmentation system, ABAS),也称为机载增强系统,是指航空中综合 GNSS 接收机内部的冗余信息和航空器机载设备获取的其他辅助信息(如气压高度表、惯导等)用于增强导航的组合系统[4]。ABAS 的完好性监测(故障检测和故障排除)属于航空中的 UAIM 方法。FAA 已将使用气压高度表辅助纳入其技术标准规程 TSO‐C‐29,这种方式无需外部配套设施,投资小,应用方便灵活。

2)差分辅助 GNSS 完好性监测

当前完好性监测只考虑了卫星观测数量、频率多样性、多星座的冗余,没考虑接收机的冗余、空间分布的冗余、时间的冗余等时空冗余信息的利用。本书提出差分辅助完好性监测(difference assistant GNSS integrity monitoring, DAIM)是综合利用 GNSS 接收机能得到的不同频点、不同 GNSS 系统、不同接收机、不同卫星和不同时间历元的差分信息辅助当前 GNSS 信息进行完好性监测判断的方法。

3)惯导辅助 GNSS 完好性监测

INS 也称作惯性参考系统,是一种不依赖外部信息、也不向外部辐射能量(如无线电导航)的自主式导航系统。GNSS/INS 组合导航系统是导航中最常用也是研究得最多的一种组合导航系统。GNSS 和 INS 优缺点互补,结合两者优点的 GNSS/INS 组合导航系统可以提供连续、高带宽频率输出、长时精度和短时精度都比较高、导航参数比较全面(位置、速度、时间、姿态、角速率、加速度测量)。组合系统 GNSS/INS 通常有松组合、紧组合和超紧组合三种组合导航模式[3],都可用于惯导辅助 GNSS 完好性监测。本书将他们统称为惯导辅助 GNSS 完好性监测(INS assistant GNSS integrity monitoring, IAIM)。

4)空时阵列辅助 GNSS 完好性监测

在 3.5.1 节介绍的阵列天线技术具有灵活的波束控制、高的信号增益、极强的干扰抑制能力及高的空间分辨能力,可用于增强有用方向的 GNSS 信号,抑制 IJS 的影响。阵列天线技术也增强了 GNSS 故障检测和排除能力,可以辅助提升 GNSS 完好性监测性能。本书称其为空时阵列辅助 GNSS 完好性监测(space time array assistant integrity monitoring, STAIM)。

3.5.3　一致性检测理论

在用户终端检测 GNSS 完好性的问题,提炼到理论高度实际是数学上的一致性检测问题,本书构建的 GNSS 完好性理论体系中第三级,即 GNSS 的 TALUIM 就是建立在冗余量测和导航解的一致性检测理论基础上的。本小节分别介绍了基于一致性检测理论的 RAIM 方法,并将它们归纳为从导航解检测使用的 MSS 法和从量测检测的 RV 法(伪距比较法、最小二乘残差法、奇偶矢量法),此外还重点介绍了广泛用于计算机图形和视觉估计中的 RANSAC。

1. 一致性及一致性检测

一致性(consistency)也称为相容性或自洽性,是指某个理论体系或者数学模型的内在逻辑一致,不含悖论(矛盾)。也就是说按照诸多样本自身的逻辑推演时,自己可以证明自己正确而不矛盾。从语义上说:当一个命题 S 是由许多命题组成时,如果所有命题可同时为真,则 S 是一致的,否则 S 是不一致的[60]。

用数理统计语言表述一致性[61]:设 $\hat{\theta}_n$ 是 θ 的一系列估计量,如果对于任意的正数 $\varepsilon > 0$ 都有

$$\lim_{n \to \infty} P\{\mid \hat{\theta}_n - \theta \mid < \varepsilon\} = 1 \qquad (3-54)$$

则称 $\hat{\theta}_n$ 是 θ 的一致估计量。若 $\hat{\theta}$ 是 θ 的无偏估计 $[E(\hat{\theta}) = \theta]$,如果有

$$D(\hat{\theta}) \to 0 (n \to \infty) \qquad (3-55)$$

则称 $\hat{\theta}$ 是 θ 的一致估计量。只要总体的 $E(X)$ 和 $D(X)$ 存在,一切样本矩和样本矩的连续函数都是相应总体的一致估计量。由大数辛钦定律可以证明:样本平均数 $\bar{X}$ 是总体均值 μ 的一致估计量,样本的方差 S^2 及二阶样本中心矩 B_2 都是总体方差 σ^2 的一致估计量。

一致性检测就是要检测样本或者数据是否自相矛盾(非一致性)。TALUIM 就是通过对终端的诸多量测或解算结果进行一致性检测。RAIM 算法都至少需要 5 颗可见卫星来检测故障,至少需要 6 颗卫星来识别并排除故障[9]。

2. 解的最大距离法

解的最大距离(MSS)法是由 Brown 于 1988 年提出来的较早的 RAIM 算法(从导航解检测差错),MSS 方法是通过如图 3.16 所示比较可见卫星全集和其子集分别估计得到的位置来实现的[62]。RAIM 要求最少要有 5 颗卫星,为简单计算,假设有(1,2,3,4,5)共 5 颗卫星可见,当前的 GNSS 定位误差大约为 $R < 10\,\mathrm{m}$,图 3.16(a)表示是没有卫星出错的

情况,所有 5 种四星组合得到的位置解全在以真值为圆心,以 R 为半径的误差圆内,5 个位置解两两之间最大距离 $D(\max)$ 不会超过 $2R$。不失一般性,图 3.16(b)子图表示的是假定 3 号的 SV_3 卫星出现故障,5 种四星组合得到的位置解中只有(4,5,1,2)不包含差错的 SV_3 卫星,必然会落在误差圆内,但其他位置解都受到 SV_3 卫星影响,不能保证落在误差圆内,5 个位置解两两之间最大距离 $D(\max)$ 会增大。将 $2R$ 作为位置解最大距离 $D(\max)$ 的判决门限,可以检测出来是否存在差错卫星。若 $D(\max)$ 超过了 $3R$ 则可确定哪个位置存在故障。

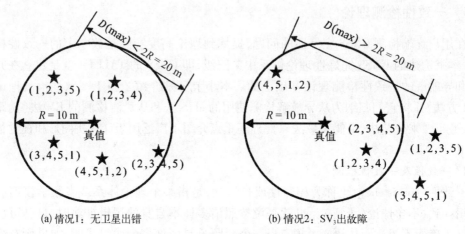

(a) 情况1:无卫星出错   (b) 情况2:SV_3 出故障

图 3.16　解的最大距离 RAIM 法示意图

MSS 方法属于 SRAIM 方法,原理很直观,实现起来比较麻烦,特别是可见卫星较多时,数学分析过程很复杂。例如,n 个可见卫星,用 m 个即可定位解算($m = 4$),多余卫星观测数 $r = n - m$。因此可以得 n 选 4 的四星解的数量 C_n^m 为

$$C_n^m = \frac{n!}{m!\ (n-m)!}, \ n = m + r \qquad (3-56)$$

C_n^m 个解两两之间的距离个数为 D_n^m:

$$D_n^m = \frac{C_n^m(C_n^m - 1)}{2!} \qquad (3-57)$$

可见卫星 $n = 5 \sim 12$ 时,$r = 1 \sim 8$,$C_5^4 \sim C_{12}^4$ 分别为 5、15、35、70、126、210、330 和 495 个导航解,两两解的距离个数 $D_5^4 \sim D_{12}^4$ 分别为 10、105、595、2 415、7 938、21 945、54 285 和 122 265 个,最大距离的求取比较工作量是非常大的,而且 MSS 故障检测的判决门限不太好确定,加之 MSS 过于乐观,经常会出现故障检测不出来的情况。后来发展的奇偶矢量法相对容易且 FD 结果可靠得多,因而 MSS 方法没有被推广开来。

MSS 方法只适用于单差错的情况,但 MSS 方法后来被 Pervan 等[63] 和 Blanch 等[64] 推广到多卫星同时出现差错的情况,并发展为多假设解距离(multiple hypothesis solution separation, MHSS)法。MHSS 包含允许同时出现多个差错量测的 MHSS 保护级(MHSS -

PL)计算过程,同时也可附带 FDE 过程。MHSS 的计算量也很可观。

3. 残差矢量法

MRAIM 是现在普遍应用也是研究得最为深入的一种 RAIM 方法(从量测检测),残差矢量法(RV)就是最典型的方法。在 GNSS 的 RAIM 领域,RV 法就是先确定一个与量测和导航目标解相关的检测统计量,再将它与各颗卫星的量测变换进行比较求取残差,通过对各个相应残差的分析判断对应卫星量测的完好性情况。

残差检测也称为非一致性度量,或者说是奇异值度量,属于一致性检测理论的一种实现方法[65]。3.5.3 节 MSS 的 SRAIM 方法是一种穷举法,求解和比较的工作量较大,而 RV 法是从量测检测的残差矢量法,是一种批量处理方法,比较量测的残差矢量法效率优于 SRAIM 的 MSS 法。

RV 法包括三种常用方法,分别是 Lee 于 1986 年提出的伪距比较法,Parkinson 于 1988 年提出的最小二乘残差法和 Sturza 于 1988 年提出的奇偶矢量法[9]。三种方法仅利用当前伪距观测量,被称为快照法。对于存在一个故障偏差情况,三种方法都有较好效果,并且具有等效性,且都要求量测误差服从独立高斯分布。其中奇偶矢量法就是针对高维复杂的序列样本寻找一种映射函数,将高维样本序列(包括已知样本和未知新样本)的每一个样本,一一对应地映射到奇偶空间进行残差检测的方法,奇偶矢量法计算相对简单,是美国航空无线电技术委员会 RTCASC‑159 推荐的基本算法,被 GNSS 业界普遍采用。

1) 伪距比较法

Lee 于 1986 年提出伪距比较法,其原理很巧妙。同样假设有 n 个可见卫星,用 m 个即可定位解算($m=4$),多余卫星观测数 $r=n-m$。由此可以构造 GNSS 线性化伪距量测方程组式(3‑58):

$$y = Hx + \varepsilon \qquad (3-58)$$

式中,y 是 n 维(n 颗可见卫星)伪距观测值的观测偏差矢量;x 是用户位置和时间构成的 4 维估计偏差矢量;ε 是量测误差;H 是 x 和 y 的线性关联矩阵。

以如图 3.17(a)所示的真实位置为 x 的一个接收天线有 $n=6$ 颗可见卫星($SV_1 \sim SV_6$)场景(六星场景)为例,伪距比较法的残差求取过程如下:此时 GNSS 线性化伪距量测方程组(3‑58)由 6 个方程组成,随意选取参与位置解算的 4 颗卫星(如虚线标示 $SV_3 \sim SV_6$)的方程(对于检测差错来说选取哪 4 个都没关系),解算出一个导航位置解 x_0,再由 x_0 和量测得到的另外两颗卫星 SV_1 和 SV_2 的 LOS 矢量就可预测出没有参与解算的另外两颗卫星 SV_1 和 SV_2 的伪距 $p1$ 和 $p2$(长划线所示),它们与真实的伪距观测值 $o1$ 和 $o2$(虚线标示)进行比较,得到两个伪距的差值(也就是残差矢量)$y1=p1-o1$ 和 $y2=p2-o2$。如果两个残差 $y1$ 和 $y2$ 都比较小(一致性),就可以认为 GNSS 卫星都是无故障的,如果一大一小或者都很大则很可能存在故障卫星。

可见,六星场景对 GNSS 的 RAIM 完好性判断来说有残差 $y1$ 和 $y2$ 两个自由度(degrees of freedom, DOF),伪距比较法就是在以残差 $y1$ 和 $y2$ 构成的如图 3.17(b)所示二

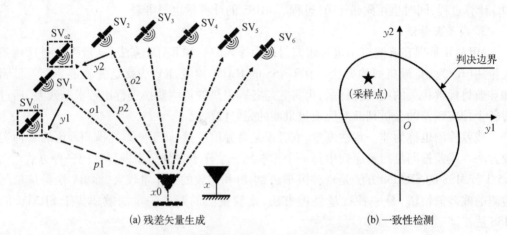

(a) 残差矢量生成　　　　　　　　　　(b) 一致性检测

图 3.17　伪距比较法残差矢量生成及判决示意图

维空间平面进行一致性检测,先确定判决边界(decision boundary)椭圆,如果实测的 $(y1, y2)$ 采样点落在判决边界椭圆之内则为无差错,如果落在判决边界椭圆之外则提醒用户完好性缺失。如果可见卫星更多,则自由度 DOF 更高,判决边界将是三维的椭球或更高维数的封闭曲面(包含空间中)。

伪距比较法难点在于判决边界不好确定,尤其是在高维情况下不太好实现。

2) 最小二乘残差法

Parkinson 于 1988 年提出最小二乘残差法的 RAIM 解算方法是在伪距比较法基础上应用最小二乘原理的一种批量式求解方法。GNSS 线性化伪距量测方程组式(3 - 58)的最小二乘位置解 $\hat{\boldsymbol{x}}_{LS}$ 为

$$\hat{\boldsymbol{x}}_{LS} = (\boldsymbol{H}^{\mathrm{T}}\boldsymbol{H})^{-1}\boldsymbol{H}^{\mathrm{T}}\boldsymbol{y} \tag{3-59}$$

将 $\hat{\boldsymbol{x}}_{LS}$ 代入式(3 - 58)可得到最小二乘估计的观测偏差矢量 $\hat{\boldsymbol{y}}_{LS}$:

$$\hat{\boldsymbol{y}}_{LS} = \boldsymbol{H}\hat{\boldsymbol{x}}_{LS} = \boldsymbol{H}(\boldsymbol{H}^{\mathrm{T}}\boldsymbol{H})^{-1}\boldsymbol{H}^{\mathrm{T}}\boldsymbol{y} \tag{3-60}$$

式(3 - 58)与式(3 - 60)求差即得到最小二乘残差矢量 $\boldsymbol{w}$:

$$\boldsymbol{w} = \boldsymbol{y} - \hat{\boldsymbol{y}}_{LS} = \boldsymbol{y} - \boldsymbol{H}\hat{\boldsymbol{x}}_{LS} = \boldsymbol{y} - \boldsymbol{H}(\boldsymbol{H}^{\mathrm{T}}\boldsymbol{H})^{-1}\boldsymbol{H}^{\mathrm{T}}\boldsymbol{y} = [\boldsymbol{I} - \boldsymbol{H}(\boldsymbol{H}^{\mathrm{T}}\boldsymbol{H})^{-1}\boldsymbol{H}^{\mathrm{T}}]\boldsymbol{y}$$
$$= [\boldsymbol{I} - \boldsymbol{H}(\boldsymbol{H}^{\mathrm{T}}\boldsymbol{H})^{-1}\boldsymbol{H}^{\mathrm{T}}](\boldsymbol{H}\boldsymbol{x} + \boldsymbol{\varepsilon}) = [\boldsymbol{I} - \boldsymbol{H}(\boldsymbol{H}^{\mathrm{T}}\boldsymbol{H})^{-1}\boldsymbol{H}^{\mathrm{T}}]\boldsymbol{\varepsilon} = \boldsymbol{S}\boldsymbol{\varepsilon}$$
$$\tag{3-61}$$

式中, $\boldsymbol{S} = [\boldsymbol{I} - \boldsymbol{H}(\boldsymbol{H}^{\mathrm{T}}\boldsymbol{H})^{-1}\boldsymbol{H}^{\mathrm{T}}]$ 为最小二乘残差矢量 $\boldsymbol{w}$ 与量测误差 $\boldsymbol{\varepsilon}$ 的转换矩阵。由最小二乘残差矢量 $\boldsymbol{w}$ 构造卫星伪距残差平方和(sum of squared errors, SSE):

$$\text{SSE} = \boldsymbol{w}^{\mathrm{T}}\boldsymbol{w} = u_1^2 + u_2^2 + \cdots + u_{n-4}^2 \tag{3-62}$$

式中, u_i^2 是 $\boldsymbol{w}^{\mathrm{T}}\boldsymbol{w}$ 的各个元素。SSE 服从自由度为 $(n - 4)$ 的卡方分布(Chi-square distribution),常记为 χ^2 分布。在无故障卫星和有故障卫星存在时,SSE 呈现出不同的统计特性,可以作为检测当前观测量中是否存在故障的依据。Parkinson 推荐使用由 SSE 构造的 T_x,作为检

测统计量(test statistic)[9]：

$$T_x = \sqrt{\mathrm{SSE}/(n-4)} \tag{3-63}$$

根据 PFA 和 PMD 要求以及可见卫星的数目,可预先计算得到检测门限 T_D 并比较 T_x 和 T_D 可以进行 RAIM 完好性判断：

$$\begin{cases} T_x < T_D, 无故障 \\ T_x \geq T_D, 有故障 \end{cases} \tag{3-64}$$

最小二乘残差法除了进行故障检测,还可进一步进行故障识别。检测到故障存在可以通过子集比较法来识别故障：子集比较法是从当前的 n 颗可见卫星中依次剔除一颗卫星,计算余下 $(n-1)$ 颗卫星构成的子集检测统计量,因为共有 n 个这样的子集,所以有 n 个故障检测统计量,n 个故障检测统计量中最小的那个对应着被剔除的那颗卫星最有可能是故障源。

3) 奇偶矢量法

Sturza 于 1988 年提出奇偶矢量法的 RAIM 解算方法是在最小二乘残差法基础上,将故障检测的残差矢量 w 从 n 维的伪距空间 y 正交变换到 $n-4$ 维的奇偶空间 p 进行 RAIM 判断的完好性方法。从奇偶空间 p 进行 FDE 比伪距空间的 w 要容易得多。美国航空无线电技术委员会 RTCASC-159 已经将奇偶矢量法作为推荐的 RAIM 基本算法。

最小二乘残差法中 $n \times 1$ 伪距残差矢量 w 的 n 个元素中有 4 种限制(与 4×1 向量 x 的 4 个未知分量相关联),这 4 种限制会掩蔽感兴趣的不一致信息。因而作为一致性检测并不很理想。进行正交变换以消除这些因素,将伪距残差矢量 w 中包含的信息变换到奇偶矢量 p 中。

奇偶变换 P 是 $(n-4) \times n$ 矩阵,P 将 y 变换为 $p(p=Py)$,P 可通过 H 矩阵 QR 分解获得,P 的各行相互正交,大小归一,并与 H 的各列相互正交。由于有这些规定的特性,伪距 y 变换的奇偶矢量 p 就具有特殊性质,特别是相对于噪声来说更是如此：如果量测误差矢量 ε 独立随机且服从高斯分布 $N(0, \sigma^2)$,则 $p=Py$,$p=P\varepsilon$ 且有

$$p^T p = w^T w = \mathrm{SSE} \tag{3-65}$$

把 y 变换为奇偶矢量 p 的同一变换矩阵 P 也把伪距残差矢量 w 或量测误差矢量 ε 变换为奇偶矢量 p,也就是说在伪距空间和奇偶空间的残差平方和是相同的。通常奇偶矢量法中的检测统计量是选取为归一化奇偶差矢量的幅值 $|p/\sigma|^2$。对于 5 颗可见卫星,$|p/\sigma|^2$ 服从高斯分布。对于 6 颗或者以上可见卫星,$|p/\sigma|^2$ 服从自由度为 $(n-4)$ 的 χ^2 分布。

PFA 对应无故障假设 $H_0: E(\varepsilon)=0$ 下的中心 χ^2 分布[图 3.18(a)上右方尾部所示]：

$$H_0: E(\varepsilon)=0, |p/\sigma|^2 \sim \chi^2(n-4) \tag{3-66}$$

PMD 对应有故障假设 $H_1: E(\varepsilon) \neq 0$ 下非中心 χ^2 分布[图 3.18(a)下左方尾部所示]：

$$H_1 : E(\boldsymbol{\varepsilon}) \neq 0, \mid \boldsymbol{p}/\sigma \mid^2 \sim \chi^2(n-4,\lambda) \tag{3-67}$$

式中，$k = (n-4)$ 为自由度，λ 为 $E(\boldsymbol{\varepsilon}) \neq 0$ 时 χ^2 分布非中心化参数：$\lambda = km^2 = (n-4)m^2$，$m$ 为归一化均值。

以水平面内奇偶矢量法判决过程总结此 RAIM 残差矢量法的一致性检测过程的四个步骤如下[参见图 3.18(b)]。

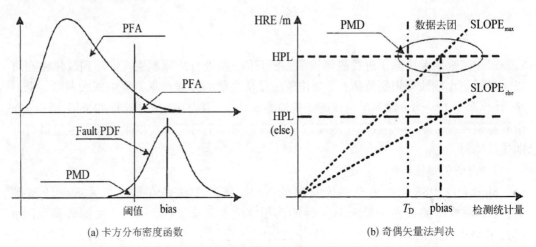

(a) 卡方分布密度函数　　　　　　　　　　　(b) 奇偶矢量法判决

图 3.18　有无故障下 2 自由度卡方分布密度函数及奇偶矢量法示意图

步骤 1：求取最大特征斜率 $\text{SLOPE}_{\text{max}}$。每根过原点的斜虚线是水平径向误差（horizontal radial error, HRE）与无噪声情况下检测统计量（归一化奇偶差矢量的幅值 $\mid \boldsymbol{p}/\sigma \mid^2$）的线性关系线，它确定了对每颗可见卫星的特征斜率线，其斜率 $\text{SLOPE}(i)$ 是线性关联（也代表几何分布）矩阵 $\boldsymbol{H}$ 的函数：

$$\text{SLOPE}(i) = \sqrt{A_{1i}^2 + A_{2i}^2} \big/ \sqrt{S_{ii}} , \; i = 1, 2, \cdots, n \tag{3-68}$$

式中，$\boldsymbol{A} = \boldsymbol{H}(\boldsymbol{H}^{\text{T}}\boldsymbol{H})^{-1}\boldsymbol{H}^{\text{T}}$，$\boldsymbol{S} = [\boldsymbol{I} - \boldsymbol{H}(\boldsymbol{H}^{\text{T}}\boldsymbol{H})^{-1}\boldsymbol{H}^{\text{T}}]$ 为最小二乘残差矢量 $\boldsymbol{w}$ 与量测误差 $\boldsymbol{\varepsilon}$ 的转换矩阵。最大的斜率 $\text{SLOPE}(i)$ 对应着 $\text{SLOPE}_{\text{max}}$ 线（虚斜线）。

步骤 2：计算奇偶空间的临界偏差 pbias。图 3.18(b) 右边的点划竖直线对应奇偶空间的 PFA 和 PMD 的最小检测偏差 pbias，这个取值与高斯分布 $N(0, \sigma^2)$ 的量测误差矢量 $\boldsymbol{\varepsilon}$、量测几何布局、GNSS 应用允许的差错概率有关，具体地说由 NVS、GNSS 的 UERE（即卫星伪距测量的标准偏差）及允许的 PMD 有关：

$$\text{pbias} = \sigma_{\text{UERE}} \sqrt{\lambda} \tag{3-69}$$

步骤 3：算出水平保护级别（horizontal protection level, HPL）。$\text{SLOPE}_{\text{max}}$ 线与奇偶空间的临界偏差 pbias 交点对应的 HRE 称为 HPL。

$$\text{HPL} = \text{SLOPE}_{\text{max}} \times \text{pbias} \tag{3-70}$$

各颗卫星的斜率 $\text{SLOPE}(i)$ 都对应有自己的 HPL，但 $\text{SLOPE}_{\text{max}}$ 线是整个时刻所有卫星的最大 HPL。数据云团（cloud of data）描述了斜率最大的卫星 $\text{SLOPE}_{\text{max}}$ 有了偏差时发

生的散布。检测门限 T_D 切割出来的数据云团左侧部分的数据百分比等于 PMD。

步骤 4：根据如 3.1 节介绍的不同 GNSS 应用对 GNSS 完好性的需求所给出的 HAL 与计算出的 HPL 进行比较判断完好性：

$$\begin{cases} \text{HPL} < \text{HAL}, \text{无故障} \\ \text{HPL} \geq \text{HAL}, \text{有故障} \end{cases} \tag{3-71}$$

对于给定 HRE，斜率最大的卫星具有最小的检测统计量 $|\,p/\sigma\,|^2$，因而是最难检测的，也是最可能出故障的卫星。

参 考 文 献

[1] United States Department of Defense. 2010 Federal radio navigation plan[S]. Spring field：National Technical Information Service，2011.

[2] Feng S. Integrity monitoring for GNSS[R]. Shanghai：Shanghai Jiao Tong University，2012.

[3] 金德琨，敬忠良，王国庆，等.民用飞机航空电子系统[M].上海：上海交通大学出版社，2011.

[4] ICAO-9613. Performance based navigation manual，volume I（concept and implementation guidance）[R]. Montreal：ICAO，2007.

[5] 王党卫.基于性能导航(PBN)技术研究[J].现代导航，2013，4(1)：5-10.

[6] 中国民用航空局.基于性能的导航实施路线图[S].2009.

[7] ICAO. International standards and recommended practices，aeronautical telecommunications[S]. 6th ed. Montreal：ICAO，2006.

[8] Ilcev D S. Development and characteristics of african satellite augmentation system（ASAS）network[J]. Telecommunication Systems，2013，52(1)：121-137.

[9] Parkinson B，Jr J J S，Axelrad P，et al. Global positioning system：theory and applications（volume Ⅱ）[M]. Washington：AIAA，1996.

[10] Ober P B. Integrity prediction and monitoring of navigation systems[D]. Leiden：TU Delft，2003.

[11] Harter H L. Circular error probabilities[J]. Journal of the American Statistical Association，1960，55(292)：723-731.

[12] Kaplan E P. GPS 原理与应用[M].寇艳红，译.2 版.北京：电子工业出版社，2007.

[13] 欧吉坤.相关观测情况的可靠性研究[J].测绘学报，1999，28(3)：6.

[14] Kaplan E D，Hegarty C J. Understanding GPS：principles and applications[M]. 2nd ed. Norwood：Artech House，2006.

[15] Hewitson S，Wang J L. GNSS receiver autonomous integrity monitoring（RAIM）performance analysis[J]. GPS Solutions，2006，10(3)：155-170.

[16] Ochieng W，Sheridan K. Sauer K，et al. An assessment of the RAIM performance of a combined Galileo/GPS navigation system using the marginally detectable errors（MDE）

algorithm[J]. GPS Solutions, 2002, 5(3): 42-51.

[17] Su X L, Zhan X, Fang H. Receiver autonomous integrity monitoring for GPS attitude determination with carrier phase FD/FDE algorithms[C]. Portland: 23rd International Technical Meeting of the Satellite Division of the Institute of Navigation (ION GNSS 2010), 2010.

[18] Hewitson S. GNSS receiver autonomous integrity monitoring: a separability analysis [C]. Portland: Proceedings of the 16th International Technical Meeting of the Satellite Division of The Institute of Navigation (ION GPS/GNSS 2003), 2003.

[19] 《数学辞海》第五卷编辑委员会.数学辞海(第五卷)[M].太原:山西教育出版社,2002.

[20] Hewitson S, Lee H K, Wang J L. Localizability analysis for GPS/Galileo receiver autonomous integrity monitoring[J]. Journal of Navigation, 2004, 57 (2): 245-259.

[21] Command A F S. Air force space command capstone requirements document for global position, velocity, and time determination capability (Draft)[S]. 1997.

[22] DOD. Global positioning system standard positioning service performance standard [S]. 5th ed. Washington: DOD, 2008.

[23] Teunissen P J G, Kleusberg A. GPS for geodesy[M]. 2nd ed. Berlin: Springer, 1998.

[24] Teunissen P J G. Minimal detectable biases of GPS data[J]. Journal of Geodesy, 1998, 72(4): 236-244.

[25] Teunissen P J G. Quality control in integrated navigation systems[J]. IEEE Aerospace and Electronic Systems Magazine, 1990, 5(7): 35-41.

[26] 杨元喜,任夏,许艳.自适应抗差滤波理论及应用的主要进展[J].导航定位学报, 2013,1(1): 9-15.

[27] Hewitson S. Quality control for integrated GNSS and inertial navigation systems [D]. Kensington: The University of New South Wales, 2006.

[28] 苏先礼.GNSS 完好性监测体系及辅助性能增强技术研究[D].上海:上海交通大学,2013.

[29] 谢钢.GPS 原理与接收机设计[M].北京:电子工业出版社,2009.

[30] Wu C H, Su W H, Ho Y W. A study on GPS GDOP approximation using support-vector machines [J]. IEEE Instrumentation and Measurement Society, 2010,60(1): 137-145.

[31] 彭启琮,邵怀宗,李明奇.信号分析导论[M].北京:高等教育出版社,2010.

[32] 香农.通信的数学理论[M].沈永朝,译.上海:上海市科学技术编译馆,1965.

[33] 维纳.控制论[M].郝季仁,译.2 版.北京:科学出版社,1963.

[34] 中国通信学会.百度百科信号词条[EB/OL]. https://baike.baidu.com/item/%E4% BF%A1%E5%8F%B7/32683?fr=aladdin[2020-05-05].

[35] IS-GPS-200. Navstar GPS space segment/navigation user interfaces[R]. 2010.

[36] Mitelman A M. Signal quality monitoring for GPS augmentation systems[D]. Stanford: Stanford University, 2005.

［37］Hegarty C J, Ross J T. Initial results on nominal GPS L5 signal quality［C］.Portland：Proceedings of the 23rd International Technical Meeting of The Satellite Division of the Institute of Navigation（ION GNSS 2010），2010.

［38］苏先礼.语音去混响研究［D］.成都：四川大学,2006.

［39］焦文海,丁群,李建文,等.GNSS 开放服务的监测评估［J］.中国科学：物理学力学天文学,2011,41(5)：521–527.

［40］王康,高远航.使用星座图监测数字信号的系统质量［J］.中国有线电视,2008,(11)：1146–1148.

［41］温怀疆.HFC 网络中数字信号的测量及星座图分析［J］.现代电视技术,2005,(4)：146–150.

［42］Niu M, Zhan X, Liu L, et al. A class of SLCE-based spreading codes for GNSS use［J］. IEEE Transactions on Aerospace and Electronic Systems, 2013, 49(1)：698–702.

［43］DOT, FAA. Specification：performance type one local area augmentation system ground facility［S］. 1999.

［44］Mitelman A M, Phelts R E, Akos D M, et al. A real-time signal quality monitor for GPS augmentation systems［C］. Salt Lake City：Proceedings of the 13th International Technical Meeting of the Satellite Division of the Institute of Navigation（ION GPS 2000），2000.

［45］杨志群.一种基于多相关器处理算法的卫星导航信号质量监测实现技术［C］.北京：第一届中国卫星导航学术年会,2010.

［46］金国平,王梦丽,范建军,等.卫星导航信号质量监测系统的现状及设计思路［J］.桂林电子科技大学学报,2012,32(5)：358–363.

［47］卢晓春,周鸿伟.GNSS 空间信号质量分析方法研究［J］.中国科学：物理学力学天文学,2010,40(5)：528–533.

［48］成芳,卢晓春,王雪.卫星信号码/载波相位一致性对定位精度影响分析［C］.北京：第一届中国卫星导航学术年会,2010.

［49］CSNO. Monitoring and assessment parameters for GNSS（draft）［EB/OL］. http://www.beidou.gov.cn/2012/11/07/20121107d74954ae09a543d983a0fbc9ab85414b.html［2012–11–07］.

［50］Betz J W, Shnidman N R. Receiver processing losses with bandlimiting and one-bit sampling［C］. Fort Worth：proceedings of the 20th international technical Meeting of the Satellite Division of the Institute of Navigation（ION GNSS 2007），2007.

［51］Betz J W. Bandlimiting, sampling, and quantization for modernized spreading modulations in white noise［C］. San Diego：Proceedings of the 2008 National Technical Meeting of the Institute of Navigation, 2008.

［52］Hegarty C J. Analytical model for GNSS receiver implementation losses［C］. Savannah：Proceedings of the 22nd International Technical Meeting of the Satellite Division of the Institute of Navigation（ION GNSS 2009），2009.

[53] Pratt A R, Avila-Rodriguez J A. Time and amplitude quantisation losses in GNSS receivers[C]. Savannah: Proceedings of the 22nd International Technical Meeting of the Satellite Division of the Institute of Navigation (ION GNSS 2009), 2009.

[54] 计国,徐永霞,白旭平.不同载噪比条件下误码性能测试分析[J].兵工自动化,2009, 28(12): 46-48.

[55] 黄劲松,刘峻宁,刘成宝,等.GPS 信号载噪比研究[J].武汉大学学报(信息科学版), 2007,32(5): 427-430,434.

[56] Misra P, Enge P. Global positioning system signals, measurements and performance [M]. 2nd ed. Massachusetts: Ganga-Jamuna Press, 2006.

[57] Walter T, Enge P, Blanch J, et al. Worldwide vertical guidance of aircraft based on modernized GPS and new integrity augmentations[J]. Proceedings of the IEEE, 2008, 96(12): 1918-1935.

[58] Kirkko-Jaakkola M, Traugott J, Odijk D, et al. A RAIM approach to GNSS outlier and cycle slip detection using L1 carrier phase time differences[C]. Tampere: IEEE Workshop on Signal Processing Systems, 2009.

[59] Wang B X, Zhai C R, Zhan X Q. GPS based attitude determination RAIM method study and optimize[C]. Changchun: Mechatronics and Automation (ICMA 2009), 2009.

[60] 维基百科.命题一致性[EB/OL]. http://zh. wikipedia. org/wiki/Wikipedia [2013- 10-03].

[61] 王永德,王军.随机信号分析基础[M].2 版.北京: 电子工业出版社,2009.

[62] Brown R G, Mcburney P W. Self-contained GPS integrity check using maximum solution separation[J]. Navigation, 1988, 35(1): 41-54.

[63] Pervan B S, Pullen S P, Christie J R. A multiple hypothesis approach to satellite navigation integrity[J]. Journal of the Institute of Navigation, 1998, 45(1): 61-71.

[64] Blanch J, Ene A, Walter T, et al. An optimized multiple hypothesis RAIM algorithm for vertical guidance[C]. Fort Worth: The Institute of Navigation, 2007.

[65] 王莉.基于转导推理思想的一致性预测器[D].青岛: 中国海洋大学,2011.

第四章 惯性导航系统

4.1 惯性导航系统组成及分类

4.1.1 惯性导航系统的组成

惯性导航系统通常由惯性测量装置、计算机、控制显示器等组成[1]。惯性测量装置包括加速度计和陀螺仪,又称惯性导航组合。3 个自由度陀螺仪用来测量运载体的 3 个转动运动的角速率;3 个加速度计用来测量运载体的 3 个平移运动的加速度。计算机根据测得的加速度信号计算出运载体的速度和位置数据。控制显示器显示各种导航参数。

1. 加速度计[2-3]

加速度计由检测质量(也称敏感质量)、支承、电位计、弹簧、阻尼器和壳体组成。检测质量受支承的约束只能沿一条轴线移动,这个轴常称为输入轴或敏感轴。当仪表壳体随着运载体沿敏感轴方向作加速运动时,根据牛顿定律,具有一定惯性的检测质量力图保持其原来的运动状态不变。它与壳体之间将产生相对运动,使弹簧变形,于是检测质量在弹簧力的作用下随之加速运动。当弹簧力与检测质量加速运动时产生的惯性力相平衡时,检测质量与壳体之间便不再有相对运动,这时弹簧的变形反映被测加速度的大小。电位器作为位移传感元件把加速度信号转换为电信号,以供输出。加速度计本质上是一个一自由度的振荡系统,须采用阻尼器来改善系统的动态品质。

2. 陀螺仪

陀螺仪的原理是一个旋转物体的旋转轴所指的方向在不受外力影响时不会改变(图 4.1)。人们根据这个原理,用它来保持方向,制造出来的东西就叫陀螺仪[4-8]。陀螺仪在工作时要给它一个力,使它快速旋转起来,一般能达到每分钟几十万转,可以工作很长时间。然后用多种方法读取轴所指示的方向,并自动将数据信号传给控制系统。

在现实生活中,陀螺仪发生的进给运动是在重力力矩的作用下发生的。

当陀螺转子以高速旋转时,在没有任何外力矩作用在陀螺

图 4.1 陀螺仪示意图

仪上时,陀螺仪的自转轴在惯性空间中的指向保持稳定不变,即指向一个固定的方向;同时反抗任何改变转子轴向的力量。这种物理现象称为陀螺仪的定轴性或稳定性,其稳定性随以下的物理量的改变而改变:

(1) 转子的转动惯量越大,稳定性越好;

(2) 转子角速度越大,稳定性越好。

所谓的"转动惯量",是描述刚体在转动中的惯性大小的物理量。当以相同的力矩分别作用于两个绕定轴转动的不同刚体时,它们所获得的角速度一般是不一样的,转动惯量大的刚体所获得的角速度小,也就是保持原有转动状态的惯性大;反之,转动惯量小的刚体所获得的角速度大,也就是保持原有转动状态的惯性小。

如图 4.2 所示,当转子高速旋转时,若外力矩作用于外框轴,陀螺仪将绕内框轴转动;若外力矩作用于内框轴,陀螺仪将绕外框轴转动,其转动角速度方向与外力矩作用方向互相垂直。这种特性,叫作陀螺仪的进动性。进动角速度的方向取决于动量矩 **H** 的方向(与转子自转角速度矢量的方向一致)和外力矩 **M** 的方向,而且是自转角速度矢量以最短的路径追赶外力矩。进动性的大小也有三个影响的因素:

(1) 外界作用力越大,其进动角速度也越大;

(2) 转子的转动惯量越大,进动角速度越小;

(3) 转子的角速度越大,进动角速度越小。

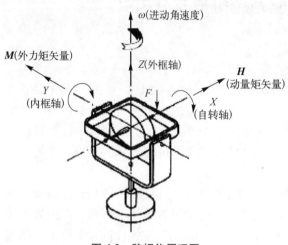

图 4.2　陀螺仪原理图

4.1.2　惯性导航系统的分类

从加速度计的原理可知,加速度计的输出是沿加速度计敏感轴方向的比力,比力中含有载体绝对加速度的信息。如果载体上能得到三个敏感轴互相正交的加速度计的输出信号,同时又能获知各加速度计敏感轴的准确指向,就可以完全掌握载体的运动加速度,结合载体的初始运动状态(速度、位置),就能推算载体的瞬时速度、位置。这是利用惯性导航系统实现定位的基本思路。

对加速度计输出信号的采集并不困难,如何准确获知加速度计敏感轴的指向呢? 根据获知加速度计敏感轴的指向的两种方法,可以将惯导分为两大类。

1. 平台式惯性导航系统

这种导航系统中有一个三轴陀螺稳定平台,加速度计固定在平台台体上,其敏感轴与平台稳定轴平行,系统使平台的三根稳定轴模拟一种导航坐标系,导航坐标系轴的指向可知。这样就保证了加速度计敏感轴指向的可知性。例如,平台的三根稳定轴始终指向当地地理坐标系三根轴(东、北、天),那么与平台稳定轴平行的加速度计敏感轴也就指向了东、北、天。平台式惯性导航系统能直接模拟导航坐标系,导航计算比较简单。此外,惯导平台能隔离载体的角运动,给惯性测量元件提供较好的工作环境,系统的精度较高。不利的方面是平台本身结构比较复杂、体积大、制造成本高[9-10]。

根据物理平台模拟的坐标系类型不同,平台惯导系统又可分为两类。

(1) 空间稳定惯性导航系统,又称为解析式惯性导航系统。它的惯导平台相对惯性空间保持稳定,即处于几何稳定状态。这种惯性导航系统的平台所模拟的导航坐标系是惯性坐标系。由于惯性导航平台相对惯性空间没有转动,加速度计输出信号中不含哥氏加速度分量,但含有重力加速度分量,计算导航参数时,必须通过计算才能消除重力加速度的影响。同时,由于所获取的加速度是相对惯性空间的,由此求出的速度、位置也是相对惯性参照系,故要进行坐标系变换得到相对地球的导航参数。空间稳定惯导系统的平台结构比较简单,但计算量较大。这种系统主要用于宇宙航行及弹道式导弹。

(2) 当地水平惯性导航系统,又称半解析式惯性导航系统。它的导航坐标系是一种当地水平坐标系,即平台有两根稳定轴 (x_p, y_p) 保持在当地水平面内,另一根稳定轴 (z_p) 与当地垂线重合。对于平面二维定位来说,如舰船导航,不需要高度测量,只需要安装两个加速度计,使其敏感轴互相垂直并与平台的两根水平稳定轴平行。由于平台保持水平,沿两根水平轴向的比力分量中不含重力加速度分量,这样就不需要补偿比力中的重力加速度成分,避免了因估算重力加速度不准带来的误差,使得精度相当高。舰船、飞机等贴近地面的载体中使用的惯性导航系统多为当地水平惯性导航系统。

当地水平惯性导航系统根据两根水平轴指向的不同又可分为: ① 指北方位惯性导航系统,又称为指北方位半解析式惯性导航系统,这种系统在工作时,平台的三个稳定轴分别为指向地理东向、地理北向、当地地面的法线方向,即平台的坐标系 $Ox_p y_p z_p$ 模拟了当地地理坐标系 $Ox_t y_t z_t$; ② 自由方位惯性导航系统,这种系统在工作时,平台的 z_p 轴不跟踪地理坐标系绕 z_t 轴转动,而是相对惯性空间保持稳定,因此 $y_p(x_p)$ 轴不指向地理北向(东向),而是与北向(东向)有称为自由方位角 $\alpha_f(t)$ 的夹角; ③ 游移方位惯性导航系统。这种系统与自由方位惯性导航系统类似,工作时,平台的 z_p 轴不跟踪由载体相对地球自转引起的地理坐标系绕 z_t 轴的角速度分量,因此 $y_p(x_p)$ 轴也不指向地理的北向(东向),而是与北向(东向)有称为游移方位角 $\alpha(t)$ 的夹角。

2. 捷联式惯性导航系统

这种系统中没有稳定平台,而是将加速度计和陀螺仪的基座与载体直接固联,载体转动时加速度计和陀螺仪的敏感轴指向也跟随转动。系统通过陀螺仪测量载体的角运动,通过计算得到载体的姿态角,也就确定了加速度计敏感轴的指向。再通过坐标转换,将加速度计输出的比力信号转换到导航计算比较方便的导航坐标系下,进行导航计算。由于该系统没有水平台体,结构简单、体积小、维护方便;但惯性元件直接安装在载体上,工作环境恶劣,对元件的要求很高。同时,由于加速度计输出的加速度分量是沿载体坐标系轴向的,需经计算机转换到某种导航坐标系中去,计算量要大得多。

综上所述,平台式惯导系统将陀螺仪和加速度计成组地安装在带框架的平台上。围绕平台轴的任何角运动将有相应的陀螺仪敏感,并经过合适的伺服控制,将惯性传感器组合件与参考坐标系保持一致。三轴加速度计组合件测量沿参考系的比力矢量,其输出数据经过定标与积分后,产生速度分量和位置分量。框架上的角速度传感器用来提供载体的姿态输出。捷联式惯导系统将 IMU(包括陀螺仪和加速度计的惯性传感器组合件)直接安装在运载体上,以测量运载体相对三个正交轴的角运动和线运动。陀螺仪不是在物理系上形成参考坐标系,而是将陀螺仪的输出经过解析计算得到系统初始状态和当前状态之间的相对方向角,从而定义适当的参考坐标系。换句话说,捷联式惯导系统是以计算方法来取代机械式平台确定参考坐标系。然而,无论何种系统,都是将惯性仪表输出数据经过时间积分产生位移、速度及姿态信息。

4.2　惯性导航基本原理

4.2.1　惯性导航系统基础

4.2.1.1　常见坐标系

坐标系是量测物体的质心或质点在空间的相对位置,以及物体在空间的相对方位所使用的基准线组。引入坐标系可以确切地描述飞行器的运动状态,研究飞行器运动参数的变化规律,同时可以结合时间反映物理事件的顺序性和持续性。除了第二章提到的惯性坐标系和地球坐标系,本节将介绍地平坐标系、载体坐标系、地理坐标系、平台坐标系、导航坐标系和计算坐标系[11]。

1. 地平坐标系(t 系)

地平坐标系,也称为航迹坐标系,原点与载体质心重合,其中一坐标轴沿当地的垂线方向,另外两轴在水平面内,x,y,z 三轴构成右手直角坐标系。地平坐标系各坐标轴方向顺序与地理坐标系坐标轴方向相似,可以灵活选取。

2. 载体(机体)坐标系(b 系)

载体坐标系 $Ox_by_bz_b$,原点与载体质心重合。对于飞机、舰船等巡航载体,x_b 沿载体横轴向右,y_b 沿载体纵轴向前,z_b 沿载体竖轴向上,即"右前"坐标系,如图 4.3(a)所示。有时,载体坐标系也定义为:x_b 沿载体纵轴向前,y_b 沿载体横轴向右,z_b 沿载体竖轴向下,即"前右下"坐标系。

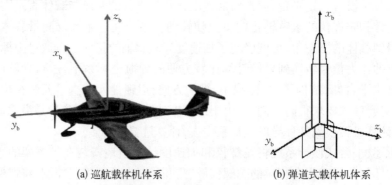

(a) 巡航载体机体系　　　　　　(b) 弹道式载体机体系

图 4.3　巡航载体机体系和弹道式载体机体系

对于弹道导弹弹道式载体,x_b 沿弹体纵轴指向弹头方向,y_b 垂直于 x_b 方向,在导弹的主对称平面内,向上为正,z_b 与 x_b、y_b 构成右手直角坐标系,即"前上右"坐标系,如图4.3(b)所示。

3. 地理坐标系(g 系)

地理坐标系,也被称为当地垂线坐标系,原点位于载体质心,其中一坐标轴沿当地地理垂线的方向,另外两个轴在当地水平面内分别沿当地经线和纬线的切线方向。根据坐标轴方向的不同,地理坐标系的 x,y,z 轴的方向可选为东北天、北东地、北西天等右手直角坐标系。本书中地理坐标系均取为东北天(ENU),即 x 轴指向东,y 轴指向北,z 轴垂直于当地水平面,沿当地垂线向上。

由上述介绍,可以得到地心惯性坐标系、地球坐标系、地理坐标系、载体坐标系关系如图 4.4 所示。

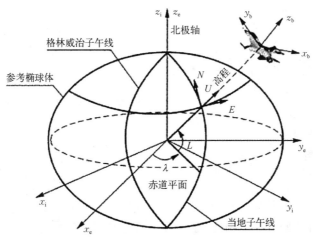

图 4.4 惯性系、地球系、地理系、载体系关系示意图

4. 平台坐标系(p 系)

描述平台式惯性导航系统中平台指向的坐标系,它与平台固连。如果平台无误差,指向正确,那么这样的平台坐标系称为理想平台坐标系。

5. 导航坐标系(n 系)

导航坐标系是惯性导航系统在求解导航参数时所采用的坐标系。通常,它与导航系统所在的位置有关。对平台式惯性导航系统来说,理想的平台坐标系就是导航坐标系,一般选取地理坐标系;对捷联式惯性导航系统来说,导航参数并不在载体坐标系内求解,它必须将加速度计信号分解到某个求解导航参数较为方便的坐标系内,再进行导航计算,这个方便求解导航参数的坐标系就是导航坐标系,一般也是选取地理坐标系。

6. 计算坐标系(c 系)

惯性导航系统利用本身计算的载体位置来描述导航坐标系时所用的坐标系称为计算坐标系。计算坐标系因惯性导航系统含有误差而存在误差,它一般用于描述惯性导航误差和推导惯性导航误差方程。

4.2.1.2 在地球上运动的角速率表达

由 4.2.1.1 节坐标系的定义可知,地理坐标系相对惯性坐标系随载体相对地球坐标系的位置的变化而变化,载体相对于地球的运动引起地理坐标系相对于地球坐标系的转动。坐标系间的相对运动关系是导航理论研究的重要基础,也是进行导航解算中必不可少的重要步骤。

由运动学关系可知,地理坐标系相对于惯性参考坐标系的转动角速度包括两部分:地理坐标系相对于地球坐标系的转动角速度 ω_{eg} 和地球坐标系相对于惯性参考坐标系的转动角速度 ω_{ie}。与地理坐标系相似,地平坐标系相对于惯性坐标系的转动角速度可以表

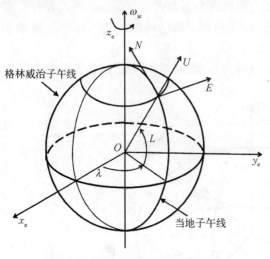

示为:地平坐标系相对地球坐标系的转动角速度 ω_{et} 与地球坐标系相对惯性坐标系的转动角速度 ω_{ie} 之和。其他坐标系依此类推。本节主要以地理坐标系相对于惯性坐标系的转动角速率为例进行详细阐述。

如图 4.5 所示,地球坐标系相对于惯性参考坐标系的转动角速度 ω_{ie},即为地球自转角速率 ω_{ie}。那么,地球自转角速度 ω_{ie} 在地理坐标系下的投影为

$$\begin{cases} \omega_{iex}^{g} = 0 \\ \omega_{iey}^{g} = \omega_{ie}\cos L \quad\quad (4-1) \\ \omega_{iez}^{g} = \omega_{ie}\sin L \end{cases}$$

图 4.5 地球坐标系和地理坐标系

载体在地球表面三维运动时,与载体中心固连的地理坐标系相对于地球坐标系的关系(位置和角度)在不断变化。因此,地理坐标系与地球坐标系之间还存在角速率。载体的空间速度可分解为当前地理坐标系上的垂直速度和水平速度,但垂直速度不会产生相对于地球的角速率,只有水平速度才会产生相对于地球坐标系的角速率。

设载体纬度为 L(经度值任意,可以不考虑),高度为 h,水平速度为 v,该速度与北向之间的夹角为 ψ,如图 4.6 所示。

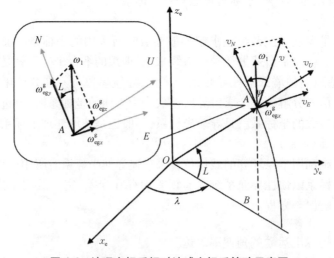

图 4.6 地理坐标系相对地球坐标系转动示意图

由图 4.6 可知：

$$\begin{cases} v_N = v\cos\psi \\ v_E = v\sin\psi \end{cases} \tag{4-2}$$

根据运动学定理，圆周运动的切线速度、运动半径矢量和角速度矢量满足右手定则，且

$$\boldsymbol{v} = \boldsymbol{R} \times \boldsymbol{\omega} \tag{4-3}$$

由式(4-1)和式(4-2)可知，北向速度 v_N 引起的地理系相对地球系的转动角速率方向向西(地理坐标系的东向为正)，其值表示为

$$\omega_{egx}^g = -\frac{v_N}{\overline{OA}} = -\frac{v_N}{R+h} = -\frac{v\cos\psi}{R+h} \tag{4-4}$$

式中，R 为地球半径。

而东向速度引起的地理系相对地球系的转动角速率方向沿地球系 z_e 轴正向，其值表示为

$$\omega_1 = \frac{v_E}{\overline{OB}} = \frac{v_E}{(R+h)\cos L} = \frac{v\sin\psi}{(R+h)\cos L} \tag{4-5}$$

将式(4-5)投影到地理坐标系的北向和天向(图 4.6)，可得

$$\begin{cases} \omega_{egy}^g = \omega_1\cos L = \dfrac{v_E}{(R+h)\cos L}\cos L = \dfrac{v_E}{R+h} = \dfrac{v\sin\psi}{R+h} \\ \omega_{egz}^g = \omega_1\sin L = \dfrac{v_E}{(R+h)\cos L}\sin L = \dfrac{v_E}{R+h}\tan L = \dfrac{v\sin\psi}{R+h}\tan L \end{cases} \tag{4-6}$$

由式(4-5)和式(4-6)，得到地理坐标系相对于地球坐标系的转动角速率在地理系上的投影为

$$\begin{cases} \omega_{egx}^g = -\dfrac{v\cos\psi}{R+h} = -\dfrac{v_N}{R+h} \\ \omega_{egy}^g = \dfrac{v\sin\psi}{R+h} = \dfrac{v_E}{R+h} \\ \omega_{egz}^g = \dfrac{v\sin\psi}{R+h}\tan L = \dfrac{v_E}{R+h}\tan L \end{cases} \tag{4-7}$$

由式(4-1)和式(4-7)可得，地理坐标系相对于惯性坐标系的转动角速率在地理系上的投影为

$$\boldsymbol{\omega}_{ig}^g = \boldsymbol{\omega}_{ie}^g + \boldsymbol{\omega}_{eg}^g = \begin{bmatrix} -\dfrac{v_N}{R+h} \\[3mm] \omega_{ie}\cos L + \dfrac{v_E}{R+h} \\[3mm] \omega_{ie}\sin L + \dfrac{v_E}{R+h}\tan L \end{bmatrix} \tag{4-8}$$

4.2.1.3　坐标系间的变换矩阵

导航系统和技术中,尤其在惯性导航中,经常需要将矢量从一个坐标系变换到另一个坐标系中,坐标变换是导航技术中分析、处理问题不可缺少的方式。坐标变换包括正交变换和非正交变换。对于两个正交坐标系之间的变换,变换矩阵是方向余弦矩阵。两个非正交系或者正交系与非正交系之间的变换,都是非正交变换[12],如惯性导航中惯性器件的安装坐标系。本节讨论的变换,都是正交变换。

1. 方向余弦矩阵与正交坐标系之间的转换

刚体的六自由度导航参数对其空间描述非常重要。刚体在空间的角位置用与刚体固连的坐标系相对选用的参考坐标系的角度关系来描述,通常采用方向余弦矩阵来表示。

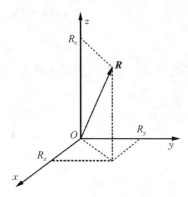

如图 4.7 所示,正交直角坐标系 $Oxyz$ 中,一过原点的矢量 $\mathbf{R}$ 在三个坐标轴上的投影可表示为 $R\cos(R, x)$、$R\cos(R, y)$ 和 $R\cos(R, z)$。其中 $R\cos(R, x)$,$R\cos(R, y)$ 和 $R\cos(R, z)$ 是矢量 $\mathbf{R}$ 与 x, y 和 z 正向夹角的余弦,叫作方向余弦。方向余弦可以描述定点转动刚体的角位置。只要确定了与刚体固连的坐标系的 3 个轴在参考坐标系中的 9 个方向余弦,便可唯一确定刚体的角位置。同样,对于刚体在空间的一个角位置,有唯一的一组方向余弦值与其对应。假设存在两个坐标系 a 系 $Ox_0y_0z_0$ 和 b 系 $Ox_1y_1z_1$,则两个坐标系各轴间的 9 个方向余弦如表 4.1 所示。

图 4.7　矢量在空间直角坐标系中的投影

表 4.1　两个坐标系各轴之间的方向余弦

	x_0	y_0	z_0
x_1	$c_{11} = \cos(x_1, x_0)$	$c_{12} = \cos(x_1, y_0)$	$c_{13} = \cos(x_1, z_0)$
y_1	$c_{21} = \cos(y_1, x_0)$	$c_{22} = \cos(y_1, y_0)$	$c_{23} = \cos(y_1, z_0)$
z_1	$c_{31} = \cos(z_1, x_0)$	$c_{32} = \cos(z_1, y_0)$	$c_{33} = \cos(z_1, z_0)$

将表 4.1 组成矩阵的形式并称为方向余弦矩阵,则有

$$\mathbf{C}_a^b = \begin{bmatrix} c_{11} & c_{12} & c_{13} \\ c_{21} & c_{22} & c_{23} \\ c_{31} & c_{32} & c_{33} \end{bmatrix} \tag{4-9}$$

方向余弦矩阵除了描述坐标系之间的角位置关系外,还有另一个重要作用就是用于坐标变换,因此,方向余弦矩阵也称为坐标变换矩阵,该变换矩阵可以将某个矢量从一个坐标系投影转换到另一个原点相同的坐标系中。

若矢量 $\mathbf{R}$ 在 $Ox_ay_az_a$ 中的 3 个投影为 $\begin{bmatrix} x_a & y_a & z_a \end{bmatrix}^T$,在 $Ox_by_bz_b$ 中的投影为 $\begin{bmatrix} x_b & y_b & z_b \end{bmatrix}^T$,利用方向余弦矩阵 $\mathbf{C}_a^b$,将矢量 $\mathbf{R}$ 从 a 坐标系转换到 b 坐标系的表达式为

$$\begin{bmatrix} x_b \\ y_b \\ z_b \end{bmatrix} = \begin{bmatrix} c_{11} & c_{12} & c_{13} \\ c_{21} & c_{22} & c_{23} \\ c_{31} & c_{32} & c_{33} \end{bmatrix} \begin{bmatrix} x_a \\ y_a \\ z_a \end{bmatrix} = \boldsymbol{C}_a^b \begin{bmatrix} x_a \\ y_a \\ z_a \end{bmatrix} \tag{4-10}$$

因此 $\boldsymbol{C}_a^b$ 也称为 a 系到 b 系转换的方向余弦矩阵。

注意以上讨论的坐标转换都是在两个正交空间进行,因此 $\boldsymbol{C}_a^b$ 是正交矩阵,我们要求解 b 系到 a 系转换的方向余弦矩阵 $\boldsymbol{C}_b^a$,则可以简单地由式(4-11)获得

$$\boldsymbol{C}_b^a = \begin{bmatrix} \boldsymbol{C}_a^b \end{bmatrix}^{-1} = \begin{bmatrix} \boldsymbol{C}_a^b \end{bmatrix}^T \tag{4-11}$$

当然,方向余弦矩阵 $\boldsymbol{C}_b^a$ 也是正交矩阵,如采用 $\boldsymbol{C}_a^b$ 的元素,则 $\boldsymbol{C}_b^a$ 可以表达为

$$\boldsymbol{C}_b^a = \begin{bmatrix} c_{11} & c_{21} & c_{31} \\ c_{12} & c_{22} & c_{32} \\ c_{13} & c_{23} & c_{33} \end{bmatrix} \tag{4-12}$$

尽管方向余弦矩阵中有 9 个元素,但由于方向余弦矩阵是正交矩阵,因此 9 个元素之间存在 6 个独立的约束条件,即每一行或者每一列的平方和等于 1,所以实际上只有 3 个独立的变量。通常这 3 个独立的变量用欧拉角来表示比较直接。

2. 地心惯性坐标系和地球坐标系之间的变换矩阵

地球坐标系和地心惯性坐标系之间的转动是由地球自转引起的,从导航开始时刻,地球坐标系绕 z 轴转过 $\omega_{ie}t$。由转动关系可知,地心惯性坐标系到地球坐标系的变换矩阵为

$$\boldsymbol{C}_i^g = \begin{bmatrix} \cos\omega_{ie}t & \sin\omega_{ie}t & 0 \\ -\sin\omega_{ie}t & \cos\omega_{ie}t & 0 \\ 0 & 0 & 1 \end{bmatrix} \tag{4-13}$$

3. 地理坐标系和地球坐标系之间的变换矩阵

对于在地球上经度、纬度分别为 λ、L 的点的地理坐标系和地球坐标系之间的转动可由经度、纬度组成的转移矩阵来表示。根据经纬度的定义,地球坐标系到东北天地理坐标系可通过绕 z_e 转动 $(90° + \lambda)$,再绕所得的坐标系的 x 轴转 $(90° - L)$ 得到,则地球坐标系到地理坐标系的变换矩阵为

$$\boldsymbol{C}_e^g = \begin{bmatrix} -\sin\lambda & \cos\lambda & 0 \\ -\sin L\cos\lambda & -\sin L\sin\lambda & \cos L \\ \cos L\cos\lambda & \cos L\sin\lambda & \sin L \end{bmatrix} \tag{4-14}$$

同理,若已知 $\boldsymbol{C}_e^g$,也可得到该点所处的经纬度。若用 c_{ij} 表示转换阵 $\boldsymbol{C}_e^g$ 的元素（$i = 1, 2, 3;, j = 1, 2, 3$）,则

$$
\begin{cases}
L = \arctan \dfrac{c_{33}}{c_{23}} \\[2mm]
\lambda_{主} = \arctan \dfrac{c_{22}}{c_{21}}
\end{cases}
\tag{4-15}
$$

其中，λ 下标"主"表示反三角函数主值；纬度 L 的定义域为$-90°\sim+90°$；经度 λ 的定义域为$-180°\sim+180°$，因此 λ 要进行象限的判断。

由此可见，$\boldsymbol{C}_e^g$ 实质上就是确定地理坐标系（g 系）和地球坐标系（e 系）之间的位置关系，因此 $\boldsymbol{C}_e^g$ 也叫位置矩阵。

4. 姿态角定义及载体坐标系和地理坐标系之间的变换

根据载体坐标系和地理坐标系之间的相对角位置关系，可以定义并确定载体的姿态角（俯仰角、横滚角和航向角）。

（1）定义载体绕垂线方向转动，载体的纵轴在水平面上的投影与地理北向之间的夹角为航向角，数值以地理北向为起点，顺时针方向为正，其定义域为 $0°\sim360°$。

（2）定义载体绕横向水平轴转动产生的纵轴与纵向水平轴的夹角为俯仰角，俯仰角以水平轴为起点，向上为正，向下为负，定义域为 $-90°\sim90°$。

（3）定义载体绕纵轴相对于铅垂平面的转角为横滚角，从铅垂平面算起，右倾为正，左倾为负，定义域为 $-180°\sim180°$。

如图 4.8 所示，图中的俯仰角、横滚角和航向角均为正值。

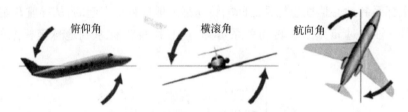

图 4.8　姿态角定义示意图

根据姿态角的定义，航向角、俯仰角和横滚角分别为 ψ，θ，γ 的飞机的载体坐标系与地理坐标系（与 n 系重合）的关系如图 4.9 所示。可得地理坐标系到载体坐标系的变换矩阵为

$$
\begin{aligned}
\boldsymbol{C}_g^b &=
\begin{bmatrix} \cos\gamma & 0 & -\sin\gamma \\ 0 & 1 & 0 \\ \sin\gamma & 0 & \cos\gamma \end{bmatrix}
\begin{bmatrix} 1 & 0 & 0 \\ 0 & \cos\theta & \sin\theta \\ 0 & \sin\theta & \cos\theta \end{bmatrix}
\begin{bmatrix} \cos\psi & -\sin\psi & 0 \\ \sin\psi & \cos\psi & 0 \\ 0 & 0 & 1 \end{bmatrix} \\[2mm]
&=
\begin{bmatrix}
\cos\gamma\cos\psi + \sin\gamma\sin\theta\sin\psi & -\cos\gamma\sin\psi + \sin\gamma\sin\theta\cos\psi & -\sin\gamma\cos\theta \\
\cos\theta\sin\psi & \cos\theta\cos\psi & \sin\theta \\
\sin\gamma\cos\psi - \cos\gamma\sin\theta\sin\psi & -\sin\gamma\cos\psi - \cos\gamma\sin\theta\cos\psi & \cos\gamma\cos\theta
\end{bmatrix}
\end{aligned}
\tag{4-16}
$$

若已知 $\boldsymbol{C}_g^b$，也可求得载体的水平姿态角和航向角。用 t_{ij} 表示 $\boldsymbol{C}_g^b$ 的元素（$i = 1$，2，3；

$j = 1，2，3），则$

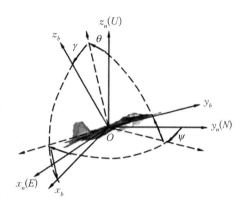

$$\begin{cases} \theta_{主} = \arctan \dfrac{t_{23}}{\sqrt{t_{21}^2 + t_{22}^2}} \\[4mm] \gamma_{主} = \arctan\left(-\dfrac{t_{13}}{t_{33}}\right) \\[4mm] \psi_{主} = \arctan \dfrac{t_{21}}{t_{22}} \end{cases} \qquad (4-17)$$

式中,下标"主"表示反三角函数的主值。因此,根据姿态角的定义域,除 θ 外,其余两个角都要进行象限的判断,判断方式如表 4.2、表 4.3 所示。

图 4.9 载体坐标系和地理坐标系的角度关系

表 4.2 航向角的判断

t_{22} 的符号	t_{21} 的符号	航向角真值	象　　限
+	+	ψ	$0° \sim 90°$
−	+	$\psi + 180°$	$90° \sim 180°$
+	−	$\psi + 360°$	$270° \sim 360°$
−	−	$\psi + 180°$	$180° \sim 270°$

表 4.3 横滚角的判断

t_{13} 的符号	t_{33} 的符号	横滚角真值	象　　限
+	+	γ	$0° \sim 90°$
+	−	$\gamma + 180°$	$90° \sim 180°$
−	−	$\gamma - 180°$	$-180° \sim -90°$
−	+	γ	$-90° \sim 0°$

由此可见,载体的姿态和航向就是机体系 b 和地理系 g 之间的方位关系,故 C_g^b 称为姿态矩阵。

4.2.1.4 舒勒调谐

在运载体上确定地垂线后即可确定运载体的姿态。在静止或匀速直线运动条件下,地垂线可用单摆等简单方法确定,但当运载体具有加速度时,单摆将偏离地垂线,加速度越大,单摆偏离地垂线越严重。

德国教授舒勒在 1923 年提出了一个自然振荡周期等于 84.4 min 能指示垂线的装置,此装置不会受支点加速度的干扰,这样的摆称为舒勒摆[13]。

假设垂线指示系统用物理摆来实现,物理摆悬挂在飞机上,物理摆绕悬挂中心的转动惯量为 J,飞机在 0 时刻以前处于水平匀速直线运动状态,摆处于 OA 位置(垂线位置),0 时刻以后以加速度 a 做水平直线加速运动,t 时刻到达 B 点,由于加速度 a 引起的惯性力

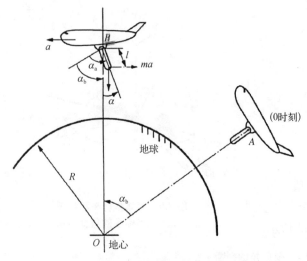

图 4.10 物理摆受运载体运动的影响

的作用,摆偏开垂线 OB,产生相对垂线的偏差角,如图 4.10 所示。

从 A 点(对应 0 时刻)到 B 点(对应 t 时刻)地垂线的角位移为 α_b,物理摆的角位移为 α_a,根据动量矩定理,物理摆的运动方程为

$$J\ddot{\alpha}_a = -mgl\sin\alpha + mal\cos\alpha \qquad (4-18)$$

式中,$\ddot{\alpha}_a = \ddot{\alpha} + \ddot{\alpha}_b$,$\ddot{\alpha}_b$ 是由飞机运动引起的地垂线的角加速度,$\ddot{\alpha}_b = \dfrac{a}{R}$。

如果垂线偏差角为小角度,则式 (4-18) 可写成:

$$\ddot{\alpha} + \frac{mgl}{J}\alpha = \left(\frac{ml}{J} - \frac{1}{R}\right)a \qquad (4-19)$$

若物理摆满足:

$$\frac{ml}{J} = \frac{1}{R} \qquad (4-20)$$

则式 (4-19) 写成:

$$\ddot{\alpha} + \frac{g}{R}\alpha = 0 \qquad (4-21)$$

α 的变化规律满足式 (4-21) 所示齐次方程,解该方程,得

$$\alpha(t) = \alpha(0)\cos\omega_s t + \frac{\dot{\alpha}(0)}{\omega_s}\sin\omega_s t \qquad (4-22)$$

式中,$\omega_s = \sqrt{\dfrac{g}{R}}$ 称为舒勒频率;$\alpha(0)$ 和 $\dot{\alpha}(0)$ 为摆的初始偏差角和偏差角变化率初值。对应 ω_s 的振荡周期为

$$T_s = \frac{2\pi}{\omega_s} = 2\pi\sqrt{\frac{R}{g}} \qquad (4-23)$$

取 $g = 9.81\ \mathrm{m/s^2}$,$R = 6\,371\,000\ \mathrm{m}$,则 $T_s = 84.4\ \mathrm{min}$ 为地球上的舒勒周期。

从式 (4-22) 可看出,当物理摆满足式 (4-20) 时,摆偏离垂线的偏差角 α 与飞机的运动状态无关,即偏差角不再受载体运动加速度的影响,围绕地垂线以舒勒周期作摆动。

如果 $\alpha(0)=0$，$\dot{\alpha}(0)=0$，不管飞机飞到何处，其运动状态如何，摆都能正确指示地垂线，这种摆称为舒勒摆。舒勒摆相当于一个摆长等于地球半径的单摆，摆锤放在地心，支点在地球表面运动，不管载体做多大的加速运动，摆线一定和地垂线一致。虽然这样的单摆在实际中是无法实现的，但是在惯性导航中舒勒原理得到了实现[14]。

设惯性导航系统经过标定后的陀螺、加速度计的刻度系数误差可忽略，则惯导平台的水平偏角在地球表面的运动特性如图 4.11 所示。

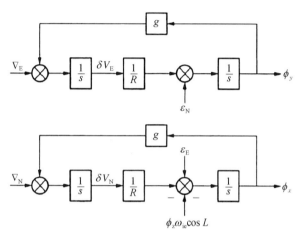

图 4.11　惯导平台的水平回路简化框图

从图 4.11 可以得出，惯导系统的水平回路具有舒勒特性。也就是说，惯性导航平台有运动加速度时，能始终保持在当地水平，不受运动加速度的影响。

4.2.1.5　比力方程

在捷联惯性导航系统中，陀螺仪用来感知运载体的角运动，实现姿态跟踪解算的功能；加速度计则给出运载体相对于惯性空间的比力在载体系中的投影值。加速度计的输出经过适当的坐标变换和补偿后，经过一次积分可以得到运载体的速度信息，两次积分可以得到运载体的位置信息。

无论哪种类型的惯性系统，都要遵守共同的惯导基本方程。惯导所遵循的基本定律是牛顿第二定律，而牛顿第二定律是相对惯性坐标系对时间求取变化率的，这是绝对变化率。而当研究物体运动时，通常需要将向量投影在某个运动着的坐标系（如地理坐标系）上，该投影对时间的变化率称为相对变化率。

哥氏定理用于描述绝对变化率和相对变化率之间的关系[8]。设有矢量 r，m 和 n 是两个作相对旋转的坐标系，则哥氏定理可描述为

$$\left.\frac{\mathrm{d}r}{\mathrm{d}t}\right|_{m}=\left.\frac{\mathrm{d}r}{\mathrm{d}t}\right|_{n}+\boldsymbol{\omega}_{mn}\times r \qquad (4-24)$$

式中，$\left.\dfrac{\mathrm{d}r}{\mathrm{d}t}\right|_{m}$ 和 $\left.\dfrac{\mathrm{d}r}{\mathrm{d}t}\right|_{n}$ 分别是 m 坐标系和 n 坐标系内观察到的 r 的时间变化率；$\boldsymbol{\omega}_{mn}$ 是坐标系 n 相对坐标系 m 的旋转角速度。

自地心至理想平台坐标系 T 的支点引位置矢量 $\boldsymbol{R}$，则根据哥氏定理，可得

$$\left.\frac{\mathrm{d}\boldsymbol{R}}{\mathrm{d}t}\right|_{\mathrm{i}} = \left.\frac{\mathrm{d}\boldsymbol{R}}{\mathrm{d}t}\right|_{\mathrm{e}} + \boldsymbol{\omega}_{\mathrm{ie}} \times \boldsymbol{R} \tag{4-25}$$

式中，$\left.\dfrac{\mathrm{d}\boldsymbol{R}}{\mathrm{d}t}\right|_{\mathrm{i}}$ 是地球上观察到的位置矢量的变化率，所以也是运载体相对地球的运动速度，简称地速，记为 $\boldsymbol{V}_{\mathrm{eT}}$。对式（4-25）求绝对变化率，并再次用哥氏定理，可得出

$$\left.\frac{\mathrm{d}\boldsymbol{V}_{\mathrm{eT}}}{\mathrm{d}t}\right|_{t} = \boldsymbol{f} - (2\boldsymbol{\omega}_{\mathrm{ie}} + \boldsymbol{\omega}_{\mathrm{eT}}) \times \boldsymbol{V}_{\mathrm{eT}} + \boldsymbol{g} \tag{4-26}$$

式（4-26）为比力方程，是惯性系统的基本方程[12]。该式表明要获得载体对地运动的加速度必须从加速度计的测量值 $\boldsymbol{f}$ 中清除掉有害加速度。有害加速度包括三部分：① 有害加速度 $2\boldsymbol{\omega}_{\mathrm{ie}} \times \boldsymbol{V}_{\mathrm{eT}}$ 为哥氏加速度，由运载体相对地球运动（相对运动）和地球旋转（牵连运动）引起；② 有害加速度 $\boldsymbol{\omega}_{\mathrm{eT}} \times \boldsymbol{V}_{\mathrm{eT}}$ 是运载体在地球表面做圆周运动引起的对地向心加速度；③ 重力加速度 $\boldsymbol{g}$。

4.2.2　指北方位惯导系统的力学编排

1. 平台的指令角速度

指北方位惯导系统以地理坐标系为导航坐标系[15]，也就是说理想平台坐标系 T 即为地理坐标系 g。平台模拟地理坐标系，将 3 个加速度计的敏感轴定向在当地的东、北、天方位上。所以平台应该跟踪地理坐标系，即

$$\boldsymbol{\omega}_{\mathrm{iT}} = \boldsymbol{\omega}_{\mathrm{ig}} \tag{4-27}$$

地理坐标系的旋转角速度由两部分组成：跟随地球旋转的角速度 $\boldsymbol{\omega}_{\mathrm{ie}}$ 和由于运载体运动而引起的相对地球的旋转角速度 $\boldsymbol{\omega}_{\mathrm{eg}}$，即

$$\boldsymbol{\omega}_{\mathrm{ig}} = \boldsymbol{\omega}_{\mathrm{ie}} + \boldsymbol{\omega}_{\mathrm{eg}} \tag{4-28}$$

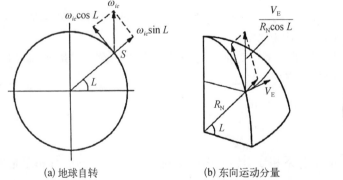

(a) 地球自转　　　　　　(b) 东向运动分量　　　　　　(c) 北向运动分量

图 4.12　地理坐标系的旋转角速度

由图 4.12,得

$$\boldsymbol{\omega}_{\mathrm{ie}}^{\mathrm{T}} = \boldsymbol{\omega}_{\mathrm{ie}}^{\mathrm{g}} = \begin{bmatrix} 0 \\ \omega_{\mathrm{ie}}\cos L \\ \omega_{\mathrm{ie}}\sin L \end{bmatrix} \qquad (4-29)$$

$$\boldsymbol{\omega}_{\mathrm{eT}}^{\mathrm{T}} = \boldsymbol{\omega}_{\mathrm{eg}}^{\mathrm{g}} = \begin{bmatrix} -\dfrac{V_{\mathrm{N}}}{R_{\mathrm{M}}} \\[2mm] \dfrac{V_{\mathrm{E}}}{R_{\mathrm{N}}\cos L}\cos L \\[2mm] \dfrac{V_{\mathrm{E}}}{R_{\mathrm{N}}\cos L}\sin L \end{bmatrix} = \begin{bmatrix} -\dfrac{V_{\mathrm{N}}}{R_{\mathrm{M}}} \\[2mm] \dfrac{V_{\mathrm{E}}}{R_{\mathrm{N}}} \\[2mm] \dfrac{V_{\mathrm{E}}}{R_{\mathrm{N}}}\tan L \end{bmatrix} \qquad (4-30)$$

所以

$$\boldsymbol{\omega}_{\mathrm{iT}}^{\mathrm{T}} = \boldsymbol{\omega}_{\mathrm{ig}}^{\mathrm{g}} = \boldsymbol{\omega}_{\mathrm{ie}}^{\mathrm{g}} + \boldsymbol{\omega}_{\mathrm{eg}}^{\mathrm{g}} = \begin{bmatrix} -\dfrac{V_{\mathrm{N}}}{R_{\mathrm{M}}} \\[2mm] \omega_{\mathrm{ie}}\cos L + \dfrac{V_{\mathrm{E}}}{R_{\mathrm{N}}} \\[2mm] \omega_{\mathrm{ie}}\sin L + \dfrac{V_{\mathrm{E}}}{R_{\mathrm{N}}}\tan L \end{bmatrix} \qquad (4-31)$$

2. 速度方程

将上述角速率代入比力方程式(4-26),得

$$\dot{V}_{\mathrm{E}} = f_{\mathrm{E}} + \left(2\omega_{\mathrm{ie}}\sin L + \frac{V_{\mathrm{E}}}{R_{\mathrm{N}}}\tan L\right)V_{\mathrm{N}} - \left(2\omega_{\mathrm{ie}}\cos L + \frac{V_{\mathrm{E}}}{R_{\mathrm{N}}}\right)V_{\mathrm{U}} \qquad (4-32\mathrm{a})$$

$$\dot{V}_{\mathrm{N}} = f_{\mathrm{N}} - \left(2\omega_{\mathrm{ie}}\sin L + \frac{V_{\mathrm{E}}}{R_{\mathrm{N}}}\tan L\right)V_{\mathrm{E}} - \frac{V_{\mathrm{N}}}{R_{\mathrm{M}}}V_{\mathrm{U}} \qquad (4-32\mathrm{b})$$

$$\dot{V}_{\mathrm{U}} = f_{\mathrm{U}} + \left(2\omega_{\mathrm{ie}}\cos L + \frac{V_{\mathrm{E}}}{R_{\mathrm{N}}}\right)V_{\mathrm{E}} + \frac{V_{\mathrm{N}}^{2}}{R_{\mathrm{M}}} - g \qquad (4-32\mathrm{c})$$

3. 经、纬度方程

如图 4.13 所示,北向速度分量引起运载体的纬度变化,东向速度分量则引起经度变化。由图 4.13 可得

$$\dot{L} = \frac{V_{\mathrm{N}}}{R_{\mathrm{M}}} \qquad (4-33)$$

$$\dot{\lambda} = \frac{V_{\mathrm{E}}}{R_{\mathrm{N}}\cos L} \qquad (4-34)$$

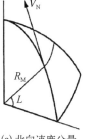
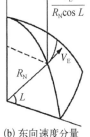

(a) 北向速度分量　　　　　(b) 东向速度分量

图 4.13　速度引起的经、纬度变化

4. 高度计算

由于纯惯性高度通道指数发散,通常用外来高度信息引入高度通道作阻尼,若外来高度信息不可获取,惯性高度回路通常不计算,避免惯性高度回路指数发散对水平回路的耦合影响。

5. 指北方位系统的特点

由于平台模拟当地的地理坐标系,各导航参数间的关系比较简单,导航解算方程清晰,计算量较小。

由式(4-31)知,方位角速度为 $\omega_{ie}\sin L + \dfrac{V_E}{R_N}\tan L$,随着纬度 L 的增高,在极区($L \approx 90°$)根本无法计算该角速率;在水平速度解算中有正切函数 $\tan L$,当 $L \approx 90°$ 时,速度中的计算误差被严重放大,甚至产生溢出。所以指北方位系统不能在高纬度地区正常工作,而只适用于中、低纬度地区的导航。

4.2.3 游移方位惯导系统的力学编排

1. 游移方位角

游移方位惯导系统的导航坐标系仍然是地平坐标系,但其方位仅跟踪地球旋转,即方位角速度为

$$\omega_{\text{cmd}\,z}^{T} = \omega_{iTz}^{T} = \omega_{ie}\sin L \tag{4-35}$$

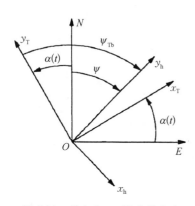

平台的水平轴 x_T 和 y_T 相对东向轴和北向轴存在偏转角 α,此偏转角称为游移方位角,逆时针为正,如图 4.14 所示。

由图 4.14,得

$$\Psi = \Psi_{Tb} - \alpha \tag{4-36}$$

由于 $\boldsymbol{\omega}_{iT}^{T} = \boldsymbol{C}_{g}^{T}\boldsymbol{\omega}_{ig}^{R} + \boldsymbol{\omega}_{gT}^{T}$,即

图 4.14 航向角 $\boldsymbol{\Psi}$、平台航向角 $\boldsymbol{\Psi}_{Tb}$ 和游移方位角 $\boldsymbol{\alpha}(t)$

$$\begin{bmatrix} \omega_{iTx}^{T} \\ \omega_{iTy}^{T} \\ \omega_{iTz}^{T} \end{bmatrix} = \begin{bmatrix} \cos\alpha & \sin\alpha & 0 \\ -\sin\alpha & \cos\alpha & 0 \\ 0 & 0 & 1 \end{bmatrix} \begin{bmatrix} \omega_{igx}^{g} \\ \omega_{igy}^{g} \\ \omega_{igz}^{g} \end{bmatrix} + \begin{bmatrix} 0 \\ 0 \\ \dot{\alpha}(t) \end{bmatrix} \tag{4-37}$$

由式(4-37),得

$$\omega_{iTz}^{T} = \omega_{igz}^{g} + \dot{\alpha}(t) = \omega_{ie}\sin L + \frac{V_E}{R_N}\tan L + \dot{\alpha}(t) \tag{4-38}$$

将式(4-35)代入式(4-37),得游移方位角的变化规律为

$$\dot{\alpha}(t) = -\frac{V_E}{R_N}\tan L \tag{4-39}$$

式(4-39)说明,当运载体向北运动或静止时,游移方位角保持不变,一旦有东向速度分量,游移方位角就是变化的。

2. 方向余弦矩阵和定位计算

1) 方向余弦矩阵和定位计算间的关系

游移方位系统的方向余弦矩阵为

$$
\boldsymbol{C}_e^T = \boldsymbol{C}_g^T \boldsymbol{C}_e^g = \begin{bmatrix} \cos\alpha_f & \sin\alpha_f & 0 \\ -\sin\alpha_f & \cos\alpha_f & 0 \\ 0 & 0 & 1 \end{bmatrix} \begin{bmatrix} -\sin\lambda & \cos\lambda & 0 \\ -\sin L\cos\lambda & -\sin L\sin\lambda & \cos L \\ \cos L\cos\lambda & \cos L\sin\lambda & \sin L \end{bmatrix}
$$

$$
= \begin{bmatrix} -\cos\alpha_f\sin\lambda - \sin\alpha_f\sin L\cos\lambda & \cos\alpha_f\cos\lambda - \sin\alpha_f\sin L\sin\lambda & \sin\alpha_f\cos L \\ \sin\alpha_f\sin\lambda - \cos\alpha_f\sin L\cos\lambda & -\sin\alpha_f\cos\lambda - \cos\alpha_f\sin L\sin\lambda & \cos\alpha_f\cos L \\ \cos L\cos\lambda & \cos L\sin\lambda & \sin L \end{bmatrix}
$$

$$(4-40)$$

由式(4-40),得

$$L = \arcsin c_{33} \tag{4-41a}$$

$$\lambda_主 = \arctan\frac{c_{32}}{c_{31}} \tag{4-41b}$$

$$\alpha_主 = \arctan\frac{c_{13}}{c_{23}} \tag{4-41c}$$

其中经度真值的确定如表4.4所示,游移方位角真值的确定如表4.5所示。

<table>
<tr><td colspan="3">表4.4　经度 λ 的真值确定</td></tr>
<tr><td>c_{31} ＼ $\lambda_主$</td><td>＋</td><td>－</td></tr>
<tr><td>－</td><td>$\lambda = \lambda_主 + 180°$</td><td>$\lambda = \lambda_主 - 180°$</td></tr>
<tr><td>＋</td><td colspan="2">$\lambda = \lambda_主$</td></tr>
</table>

<table>
<tr><td colspan="3">表4.5　游移方位角的真值确定</td></tr>
<tr><td>c_{23} ＼ $\alpha_主$</td><td>＋</td><td>－</td></tr>
<tr><td>＋</td><td>$\alpha = \alpha_主$</td><td>$\alpha = \alpha_主 + 360°$</td></tr>
<tr><td>－</td><td colspan="2">$\alpha = \alpha_主 + 180°$</td></tr>
</table>

2) 方向余弦阵 $\boldsymbol{C}_e^T$ 的确定

由于 $\boldsymbol{\omega}_{eT}^T = \boldsymbol{\omega}_{iT}^T - \boldsymbol{\omega}_{ie}^T$,根据式(4-35),有

$$\omega_{eTz}^T = \omega_{iTz}^T - \omega_{iez}^T = \omega_{ie}\sin L - \omega_{ie}\sin L = 0 \tag{4-42}$$

记 $\boldsymbol{\omega}_{eT}^T = [\omega_{eTx}^T \quad \omega_{eTy}^T \quad 0]^T$,代入式(4-43):

$$\dot{\boldsymbol{C}}_e^T = -\boldsymbol{\omega}_{eT}^T \times \boldsymbol{C}_e^T \tag{4-43}$$

得

$$\dot{c}_{12} = -\omega_{eTy}^T c_{33} \tag{4-44a}$$

$$\dot{c}_{13} = -\omega_{eTy}^T c_{33} \tag{4-44b}$$

$$\dot{c}_{22} = \omega_{eTx}^{T} c_{32} \tag{4-44c}$$

$$\dot{c}_{23} = \omega_{eTx}^{T} c_{33} \tag{4-44d}$$

$$\dot{c}_{32} = \omega_{eTy}^{T} c_{12} - \omega_{eTx}^{T} c_{22} \tag{4-44e}$$

$$\dot{c}_{33} = \omega_{eTy}^{T} c_{13} - \omega_{eTx}^{T} c_{23} \tag{4-44f}$$

$$c_{11} = c_{22} c_{33} - c_{23} c_{32} \tag{4-44g}$$

$$c_{21} = c_{12} c_{33} - c_{13} c_{32} \tag{4-44h}$$

$$c_{31} = c_{12} c_{23} - c_{22} c_{13} \tag{4-44i}$$

3) 位置速率 $\boldsymbol{\omega}_{eT}^{T}$ 的确定

游移方位系统的位置速率：

$$\omega_{eTx}^{T} = -\frac{V_x^{T}}{\tau} - \frac{V_y^{T}}{R_{yT}} \tag{4-45a}$$

$$\omega_{eTy}^{T} = \frac{V_x^{T}}{R_{xT}} + \frac{V_y^{T}}{\tau} \tag{4-45b}$$

地球沿平台水平轴方向的曲率及扭曲率为

$$\frac{1}{R_{xT}} = \frac{1}{R_e}(1 - ec_{33}^2 + 2ec_{13}^2) \tag{4-46a}$$

$$\frac{1}{R_{yT}} = \frac{1}{R_e}(1 - ec_{33}^2 + 2ec_{33}^2) \tag{4-46b}$$

$$\frac{1}{\tau} = \frac{2e}{R_e} c_{13} c_{23} \tag{4-46c}$$

3. 速度方程

注意到 $\omega_{eTz}^{T} = 0$，可得游移方位系统的水平速度方程为

$$\dot{V}_x^{T} = f_x^{T} + 2\omega_{ie} c_{33} V_y^{T} \tag{4-47a}$$

$$\dot{V}_y^{T} = f_y^{T} - 2\omega_{ie} c_{33} V_x^{T} \tag{4-47b}$$

4. 平台的指令角速度

由于 $\boldsymbol{\omega}_{iT}^{T} = \boldsymbol{C}_e^{T} \boldsymbol{\omega}_{ie}^{e} + \boldsymbol{\omega}_{eT}^{T}$，所以平台的指令角速度为

$$\omega_{cmd\,x}^{T} = \omega_{iTx}^{T} = c_{13}\omega_{ie} + \omega_{eTx}^{T} \tag{4-48a}$$

$$\omega_{cmd\,y}^{T} = \omega_{iTy}^{T} = c_{23}\omega_{ie} + \omega_{eTy}^{T} \tag{4-48b}$$

$$\omega_{cmd\,z}^{T} = \omega_{iTz}^{T} = c_{33}\omega_{ie} \tag{4-48c}$$

式中，ω_{eTx}^{T} 和 ω_{eTy}^{T} 由式(4-45)和式(4-46)确定。

5. 游移方位系统框图

游移方位系统的工作原理如图 4.15 所示。

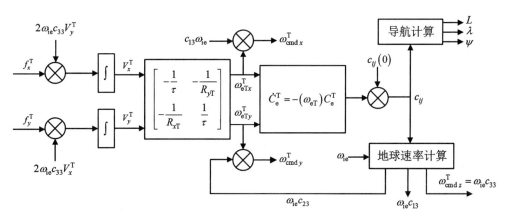

图 4.15　游移方位系统的工作原理框图

游移方位系统的力学编排避开了在高纬度地区对方位角速率 $\tan L$ 项的计算,从而使得在高纬地区的惯性导航系统可以正常完成姿态方向余弦矩阵和位置方向余弦矩阵的解算。但是从其方向余弦矩阵式(4-47)和式(4-48)可以看出,当接近极点时,由于 $\cos L$ 趋于 0,使得经度 λ 和游移角 α 的计算存在不确定性。也就是说,在地理坐标系下编排的惯性导航系统,无论是指北方位还是游移方位,都无法回避的本质问题是:高纬地区,随着纬度的升高,经线逐渐收敛于极点,使得同一纬圈上的经线航向急剧变化,经度的计算精度迅速下降。

4.2.4　惯性高度通道

在 4.2.2 节和 4.2.3 节中讨论惯导系统的力学编排方程时,主要研究了惯导系统两个水平通道的加速度测量及速度计算等问题,这些都是导航定位时求取经、纬度的基础,也是平面导航定位最基本的需求。

如果需要三维导航定位,就必须知道载体高度。惯导系统虽可利用垂直加速度计的输出,通过积分计算得到惯性高度,但由于惯导系统的高度通道存在缺陷,纯惯性高度发散,本节将简要分析其发散原因。

从比力方程式(4-26),可得

$$\dot{V}_{eTz}^{T} = f_z^{T} + (2\omega_{iey}^{T} + \omega_{eTy}^{T}) \cdot V_{eTx}^{T} - (2\omega_{iex}^{T} + \omega_{eTx}^{T}) \cdot V_{eTy}^{T} - g \qquad (4-49)$$

记 $a_z^{T} = -(2\omega_{iey}^{T} + \omega_{eTy}^{T}) \cdot V_{eTx}^{T} + (2\omega_{iex}^{T} + \omega_{eTx}^{T}) \cdot V_{eTy}^{T}$,则

$$\dot{V}_{eTz}^{T} = f_z^{T} - a_z^{T} - g \qquad (4-50)$$

根据式(4-50),可画出纯惯性高度通道的方块图,如图 4.16 所示。

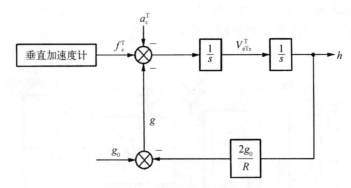

图 4.16　纯惯性高度通道方块图

由图 4.16,得

$$\frac{h(s)}{f_z(s)} = \frac{\dfrac{1}{s^2}}{1 + \dfrac{1}{s^2} \cdot \dfrac{2g_0}{R}(-1)} = \frac{1}{s^2 - \dfrac{2g_0}{R}} \qquad (4-51)$$

可见高度通道是不稳定的。假设加速度测量误差为零位偏置 ∇_z,单考虑由 ∇_z 引起的高度误差。记 $s_0 = \sqrt{\dfrac{2g_0}{R}}$,则由式(4-51),得

$$\delta h(s) = \frac{\nabla_z}{s} \cdot \frac{1}{(s-s_0)(s+s_0)} = \frac{\nabla_z}{2s_0^2}\left(\frac{1}{s-s_0} + \frac{1}{s+s_0} - \frac{2}{s}\right) \qquad (4-52)$$

$$\delta h(t) = \frac{\nabla_z}{2s_0^2}(e^{s_0 t} + e^{-s_0 t} - 2) = \frac{R\nabla_z}{4g_0}(e^{\sqrt{\frac{2R_0}{R}}t} + e^{-\sqrt{\frac{2g_0}{R}}t} - 2) \qquad (4-53)$$

引起纯惯性高度通道发散的根本原因是系统无阻尼,使系统出现正特征根。为此,常引入其他设备提供的高度信息(如大气数据系统提供的气压高度或卫星导航系统提供的高度)使惯性高度通道稳定,如图 4.17 所示。

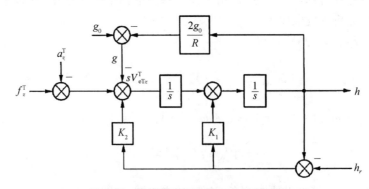

图 4.17　惯性高度通道的二阶阻尼回路

由图 4.17,得

$$sV_{eTz}^{T} = f_z^{T} - K_2(h - h_r) - \left(g_0 - \frac{2g_0}{R}h\right) - a_z^{T} \tag{4-54}$$

$$sh = V_{eTz}^{T} - K_1(h - h_r) \tag{4-55}$$

若要获得更高的阻尼特性,可采用三阶阻尼回路。

4.3 惯性导航系统误差分析

惯性导航系统中存在几种误差来源。陀螺仪、加速度计、初始对准、伺服系统、计算机、计算机方程式、地理数据和重力异常都是潜在的误差源。飞机系统的精度通常是根据位置误差累积的速率来确定的,通常以每小时圆概率误差(circle equal probability,CEP)表示(单位为 nm)。在系统的设计阶段,必须分析各个误差源,以确保在组装所有组件时,这些误差的总体影响不超过指定的 CEP。为了使系统能够在规范内运行,对允许的组件误差的估计通常被称为"误差预算"。

本节研究了指北方位平台惯导系统中最重要的系统误差,以及它们对系统的运行和准确性的影响[16-18]。使用平台惯导系统是因为它是基本力学编排且相对容易分析。主要考虑下列误差。

(1)两个水平轴上的误差:加速度误差(ε_a)、速度误差(ε_v)、初始倾斜误差(θ_0)、陀螺仪调平(δ_L)。

(2)方位轴误差在水平轴上的交叉耦合效应:方位角未对准(Ψ)、方位陀螺漂移(δ_Ψ)。

(3)高度通道中的误差。

(4)长时间累积(单独检查)。

在误差分析过程中,做了如下简化:① 每个轴都独立分析,因为除了方位角误差外,误差从一个轴到另一个轴的交叉耦合可以忽略;② 通过科里奥利补偿和地球速率项反馈到系统中的纬度误差忽略不计。图 4.18 是指北方位平台惯导系统的原理框图,其中标出了误差输入的位置。此图也是整个误差分析的基础。

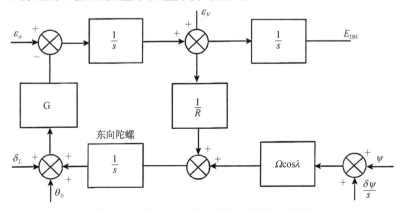

图 4.18 指北方位平台惯导系统原理框图

4.3.1 两个水平轴上的误差

1. 加速度误差

加速度误差通常是由加速度计的偏差引起的。该误差被积分到一个有误差的速度中,该速度通过"视在漂移"补偿使平台偏离水平。于是,加速度计可以感应到与加速度误差方向相反的重力分量。通过重绘图 4.18 的相关部分(图 4.19),可以计算出 ε_a 对输出的影响。

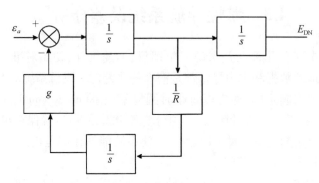

图 4.19　加速度计误差

图 4.19 的传递函数为

$$\frac{E_o}{\varepsilon_a} = \left[\frac{\dfrac{1}{s}}{1 + \dfrac{1}{s} \cdot \dfrac{g}{Rs}} \right] \cdot \frac{1}{s} = \frac{1}{s^2 + \omega_s^2} \tag{4-56}$$

式中, $\omega_s = \sqrt{\dfrac{g}{R}}$。

偏差是系统的阶跃输入,因此:

$$E_o = \frac{\varepsilon_a}{s} \cdot \frac{1}{s^2 + \omega_s^2} = \frac{\varepsilon_a}{\omega_s^2} \cdot \frac{\omega_s^2}{s(s^2 + \omega_s^2)} \tag{4-57}$$

转换到时域,有

$$E_o = \frac{\varepsilon_a}{\omega_s^2} \cdot (1 - \cos \omega_s t) \tag{4-58}$$

E_v 可以通过微分获得

$$E_v = \frac{\mathrm{d}}{\mathrm{d}t}(E_o) = \frac{\varepsilon_a}{\omega_s} \cdot \sin \omega_s t \tag{4-59}$$

加速度计偏差为 $1 \times 10^{-4} g (0.003\,2\ \mathrm{ft/s}^{①})$ 的系统误差曲线如图 4.20 所示。

---

① 　1 ft/s = 0.304 8 m/s。

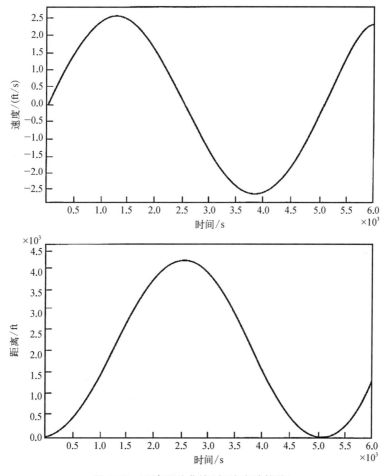

图 4.20　系统误差曲线（加速度计偏差）

2. 速度误差

速度误差可视为第一级积分器中的误差。误差 ε_v 使水平陀螺仪扭矩率产生误差，从而导致平台扭矩超出水平。于是，不水平的加速度计会感应由于倾斜而产生的重力分量。该视加速度被积分为与原始误差方向相反的速度。重绘图 4.18，如图 4.21 所示为系统速度误差计算。

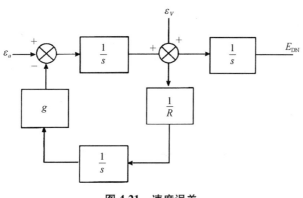

图 4.21　速度误差

该框图的传递函数为

$$\frac{E_\mathrm{d}}{\varepsilon_v} = \left[\frac{1}{1 + \dfrac{g}{Rs^2}}\right] \cdot \frac{1}{s} = \frac{s}{s^2 + \omega_s^2} \tag{4-60}$$

对于速度偏差(阶跃输入),方程变为

$$E_\mathrm{d} = \frac{\varepsilon_v}{s} \cdot \frac{s}{s^2 + \omega_s^2} = \frac{\varepsilon_v}{\omega_s} \cdot \frac{\omega_s}{s^2 + \omega_s^2} \tag{4-61}$$

转换到时域,有

$$E_\mathrm{d} = \frac{\varepsilon_v}{\omega_s} \cdot \sin \omega_s t \tag{4-62}$$

微分给出了速度偏差为 0.1 ft/s 的系统误差曲线,如图 4.22 所示。

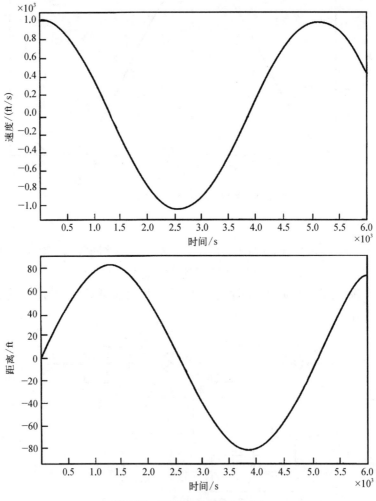

图 4.22   系统误差曲线(速度)

3. 初始倾斜误差

对准后平台上的任何倾斜都将使加速度计感应到重力分量。对该加速度积分并用于将平台转回到其水平位置。但是,当平台到达水平位置时,它的速度是有误差的,该速度将继续使平台转过水平位置,从而导致在相反方向上感应到重力分量。通过重绘图 4.18 (图 4.23)可以清楚地看到这一点。

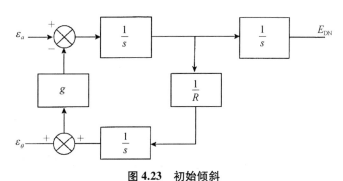

图 4.23　初始倾斜

该框图的传递函数为

$$\frac{E_d}{E_\theta} = \left[\frac{\dfrac{-g}{s}}{1 - \dfrac{-g}{s^2 R}} \right] \cdot \frac{1}{s} = -g \cdot \frac{s}{s^2 + \omega_s^2} \tag{4-63}$$

初始倾斜表示为阶跃输入,有

$$E_d = \frac{-g\theta_0}{s} \cdot \frac{1}{s^2 + \omega_s^2} = \frac{g\theta_0}{\omega_s^2} \cdot \frac{\omega_s^2}{s(s^2 + \omega_s^2)} \tag{4-64}$$

转换到时域,有

$$E_d = \frac{-g\theta_0}{\omega_s^2} \cdot (1 - \cos \omega_s t) \tag{4-65}$$

微分后:

$$E_v = \frac{-g\theta_0}{\omega_s} \cdot \sin \omega_s t \tag{4-66}$$

初始倾斜 6 弧秒的系统误差曲线如图 4.24 所示。

4. 水平陀螺漂移

水平陀螺漂移会导致系统随着时间推移偏离水平,利用图 4.23 及其传递函数表示这种效果。但是,这里的输入是一个不断变化的倾斜角,即斜坡输入。有

$$E_o = \frac{\delta_L}{s^2} \cdot -g \cdot \frac{1}{s^2 + \omega_s^2} = -R\delta_L \cdot \frac{\omega_s^2}{s^2(s^2 + \omega_s^2)} \tag{4-67}$$

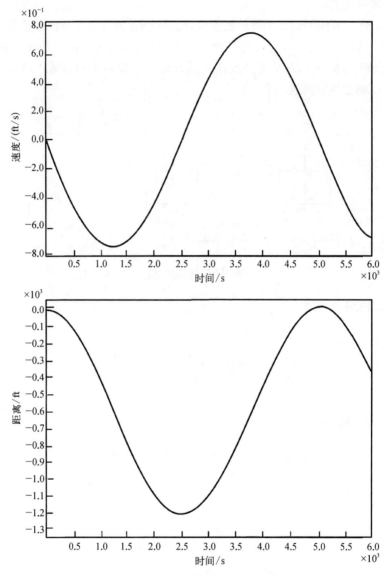

图 4.24　系统误差曲线(初始倾斜)

转换到时域,有

$$E_o = -R\delta_L\left(t - \frac{\sin \omega_s t}{\omega_s}\right) \tag{4-68}$$

和

$$E_v = -R\delta_L(1 - \cos \omega_s t) \tag{4-69}$$

图 4.25 显示了 0.01 度/小时的水平陀螺漂移率的系统误差曲线。注意,与前几种误差不同,由于速度误差的均值非零,所以水平陀螺漂移会带来无限大的误差。

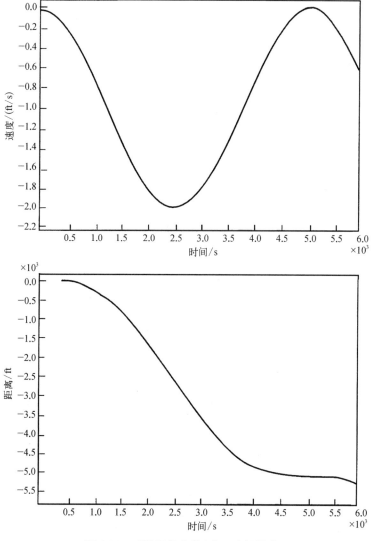

图 4.25　系统误差曲线 (水平陀螺漂移)

4.3.2　方位轴误差在水平轴上的交叉耦合效应

1. 方位未对准

　　初始方位未对准会在处理水平加速度时产生误差,但它也具有重要的交叉耦合效应,这会导致水平陀螺仪感应到不正确的地球速率。这正是分析方位对准的关键。

　　如果平台正确对准,则北向陀螺仪感应到的地球速率的分量为 $\Omega\cos\lambda$,而东向陀螺仪感应到的分量为0。如果平台未按角度 Ψ 对齐,如图 4.26 所示,

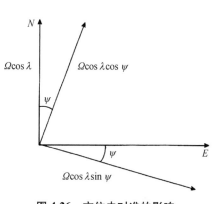

图 4.26　方位未对准的影响

则北向陀螺仪感应到 $\Omega\cos\lambda\cos\Psi$,而东向陀螺仪感应到 $\Omega\cos\lambda\sin\Psi$。

北向陀螺仪以 $\Omega\cos\lambda$ 扭转,以补偿地球速率,因此该信号会产生下列误差:

$$\Omega\cos\lambda\cos\Psi - \Omega\cos\lambda = \Omega\cos\lambda(\cos\Psi - 1) \qquad (4-70)$$

当 Ψ 很小时,上式近似为 0。因此,经度通道中的误差可以忽略。

东部陀螺仪没有扭矩来补偿地球速度,因为它通常会感应到零分量,因此引入的误差为

$$\Omega\cos\lambda\sin\Psi - 0 = \Omega\Psi\cos\lambda, \Psi\text{很小} \qquad (4-71)$$

这将表现为水平陀螺漂移。图 4.27 所示为 55°纬度下 0.1°未对准的系统误差曲线。

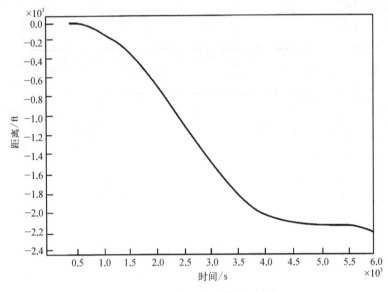

图 4.27　距离误差(方位未对准)

2. 方位陀螺漂移

方位陀螺漂移是轴之间最明显的交叉耦合误差。此时,进入系统的误差会整合到一个未对准角度中,产生东向陀螺漂移。和之前一样,对北向陀螺的影响可以忽略。然而,在这种情况下,Ψ(或者 $\Psi\cos\lambda$)不断增大,速度误差将围绕一个随时间增大的均值振荡。通过重绘图 4.18(图 4.28)来表现方位陀螺漂移的影响。

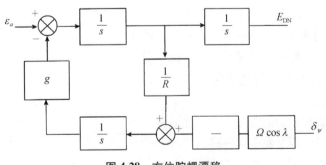

图 4.28　方位陀螺漂移

该框图的传递函数为

$$\frac{E_{DN}}{\delta_\Psi} = \frac{\Omega \cos \lambda}{s} \cdot \frac{-g}{s^2 + \dfrac{g}{R}} \cdot \frac{1}{s} = \Omega \cos \lambda \cdot \frac{-g}{s^2(s^2 + \omega_s^2)}$$

$$= - R\Omega \cos \lambda \cdot \frac{\omega_s^2}{s^2(s^2 + \omega_s^2)} \tag{4-72}$$

对于阶跃输入 δ_Ψ，有

$$E_{DN} = \delta_\Psi \cdot - R\Omega \cos \lambda \cdot \frac{\omega_s^2}{s^3(s^2 + \omega_s^2)} \tag{4-73}$$

转换到时域：

$$E_{DN} = - \delta_\Psi R\Omega \cos \lambda \left[\frac{t^2}{2} - \frac{(1 - \cos \omega_s t)}{\omega_s^2} \right] \tag{4-74}$$

在 55°N 的纬度下，由 0.01 度/小时的方位陀螺漂移引起的北向距离误差曲线如图 4.29 所示。请注意，与抛物线分量相比，振荡分量微不足道，并且与等效的水平陀螺漂移的影响相比，δ_Ψ 对距离的影响在短时间内较小。

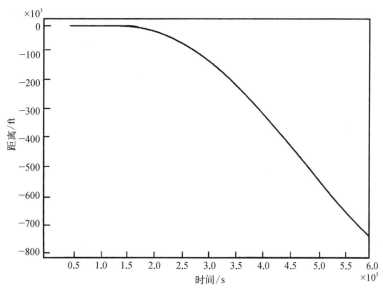

图 4.29 距离误差（方位陀螺漂移）

4.3.3 高度通道误差

到目前为止介绍的所有误差曲线的一个共同特征是振荡成分的频率为舒勒频率，这是惯性导航系统固有的。振荡周期为舒勒周期，为 84.4 分钟。

　　尽管已证明惯性导航系统水平通道的误差是经过舒勒调谐的,而且大多数这些误差是有界的,但高度通道却并非如此。在对加速度计的输出积分以给出垂直速度和高度变化之前,必须对垂直加速度计的重力进行校正,以达到特定高度(g_h)。重力随着高度的增加而降低,其关系如下:

$$g_h = g_0\left(1 - \frac{2h}{R}\right) \text{ 或 } g_h = g_0 \cdot \frac{R^2}{(R + h)^2} \tag{4-75}$$

　　确定 h 过程的任何误差 E_h 都会影响 g_h 的计算,反过来会增加 E_h。因此,高度通道中的误差是无界的,且通道不稳定。从图 4.30 可以明显看出,输入加速度计偏差时的高度输出。

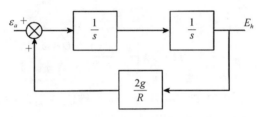

图 4.30　INS 高度通道

　　从框图中可以看出,系统的传递函数为

$$\frac{E_h}{\varepsilon_a} = \frac{\dfrac{1}{s^2}}{1 - \dfrac{2g}{Rs^2}} = \frac{1}{s^2 - \dfrac{2g}{R}} \tag{4-76}$$

　　对于一个阶跃输入 ε_a,式(4-76)变为

$$E_h = \frac{\varepsilon_a}{s} \cdot \frac{1}{s^2 - \dfrac{2g}{R}} \tag{4-77}$$

　　转换到时域:

$$E_h = \frac{\varepsilon_a \cdot R}{2g}\left(\varepsilon^{\frac{2g}{R}t} - 1\right) \tag{4-78}$$

　　因此,误差的增长是不稳定的且近似指数函数。图 4.31 显示了加速度计偏差为 $1 \times 10^{-4}g$ 时的误差曲线。

　　尽管高度通道是不稳定的,但对于短时间的应用(如导弹发射制导)还是非常令人满意的。对于长时间飞行,高度通道必须有另一个源辅助来稳定其误差。

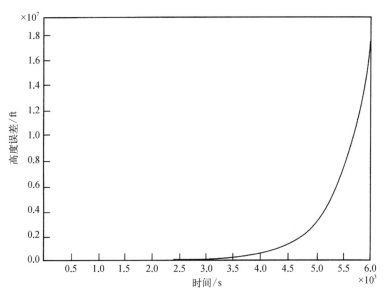

图 4.31　INS 高度通道误差

4.3.4　长时间累积误差

4.3.1 节~4.3.3 节中的误差分析是基于单轴的,每个误差都被单独分析。尽管这对于短时间的运行(少于 4 小时)是合理有效的,但对于较长时间运行,需要考虑三个稳定轴间的相互作用。

在考虑相互作用的情况下,分析完整误差方程,则系统输出的三个频率处都存在无阻尼振荡。舒勒振荡已被检查,另外两种周期振荡是地球速率振荡和傅科效应。

地球速率振荡是由反馈给陀螺仪的地球速率补偿项引起的。实际的振荡周期取决于车辆的速度和纬度。如果车辆静止,则周期为 24 小时;如果它在 45°纬度以 500 节[①]的速度向东行驶,则周期约为 13.5 小时;如果以相同的速度在同一纬度向西行驶,则周期约为 106 小时。

傅科效应是以地球为参考的观察者看到简单摆的振荡平面在旋转。这种旋转的周期称为傅科周期。这种影响存在于平台惯导系统中,且通过科里奥利校正项引入,因为舒勒误差随地球参考系统"观测"的地球半径摆的频率而振荡。实际的振荡周期取决于车辆的速度和所在纬度。如果车辆在 45°纬度下静止,则周期约为 34 小时;如果以 500 节的速度向东行驶,周期约为 19 个小时,如果向西行驶,周期约为 150 个小时。

舒勒振荡最为重要,因为它们在短时间内占主导地位,即使在最简单的误差分析中也是如此。对于许多应用,可以忽略两个长时间振荡而不受影响,但仍然要意识到它们的存在。

4.3.5　整体误差分析

平台方位惯导本质上是舒勒调谐的。系统内引起的误差将导致误差输出以 84.4 分钟为周期振荡。上述误差大致可分为两类:① 以加速度计偏差、速度误差和初始倾斜为

---

① 　1 节 = 1 n mile/h = 1.852 km/h。

误差源,距离误差是有界的;② 以方位未对准、水平陀螺漂移和方位陀螺漂移为误差源,距离误差是无界的且围绕时间的斜坡函数振荡(在方位陀螺漂移的情况下为抛物面)。

高度通道不受舒勒振荡的控制,且由于重力随高度升高而降低,带来固有不稳定性。纯惯性高度信息仅在很短的时间间隔内可用。

尽管短时间内(最多约 4 个小时),舒勒振荡占主导地位,但系统中还有另外两个未衰减的振荡频率,这是由于地球速率补偿和科里奥利校正(傅科效应)引起的。这些仅在分析系统的长时间、高精度使用时才有意义。

4.4　惯性导航系统初始对准

在指北方位平台惯导系统中,假设了系统在飞行前与它的参考坐标系对齐,而校正项是为了保持该对准。下面将具体介绍初始对准是如何实现的。

初始对准包括水平轴调平和北向轴对准北向两部分,也被称为"调平"和"方位对准"。对准的方法可以分为四种:自主对准、参考对准、空中对准和海上对准[19]。前两种方法通常用于静止系统;后两种方法一般应用于车辆运动过程中,事实上,也包含了参考对准技术。选择对准方法需要考虑的因素包括所用参考坐标系、可用时间、准确度需求、可用的支持设备数以及车辆在对准阶段的准确性等。

对于传统的机械惯性导航系统,精确的对准需要时间(通常为 10~15 min),且不能保证操作需求的兼容性。因此,对于战斗机,可能需要快速对准技术。

4.4.1　自主对准

由于 INS 在导航过程中是完全自主的,可以利用本地重力向量进行调平和地球自转向量进行方位对准。常规的自主对准包括以下几个阶段。

1. 预热和粗调平对准

预热和粗对准过程如下。

(1)快速加热(约 15℃/min)到陀螺仪工作温度(通常 70℃),使陀螺仪加速运行。

(2)以机体坐标系为参考使用基准同步器,或者以重力为参考使用加速度计或重力开关,粗调平至 1°以内。在此过程中,俯仰和横滚万向节相互锁定为 90°。

(3)以飞机罗盘系统为参考,将方位角粗调准至 2°以内。

通常在约 35℃以上快速加热的同时进行粗调和方位对准。误差信号直接从传感器馈送到万向节扭矩器,从而避免了最大陀螺仪扭矩限制。此阶段所需的时间仅受平台加热的限制,一般为 3~4 min。

2. 精调平

精调平阶段使用了所谓的加速度计零位技术。在飞机静止的情况下,如果平台水平,那么水平加速度计不应有输出。任何倾斜误差都将导致加速度计感应到重力分量,且产生的信号(与倾斜度成比例)将使水平陀螺仪产生扭矩。当加速度计输出为零时,平台应处于水平状态。北向通道精调平环路示意图如图 4.32 所示。除了北向陀螺仪被扭紧以补偿地球速率和校正信号使加速度计无输出外,东向通道的调平与北向类似。精调平通常需要大约 1.5 min,且受限于陀螺仪的最大允许扭矩率。调平的精度很大程度上取决于加速度计的零位特性,但可以在 6 弧秒内实现调平。

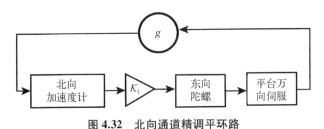

图 4.32 北向通道精调平环路

3. 精方位对准

在方位角上进行自主对准也被称为陀螺罗经,它基于以下事实:如果东向陀螺仪的输入轴指向东方,那么东向陀螺仪将不会感应到地球速度的任何分量。但是,如果未对准,它将感应到分量 $\Omega \cos \lambda \sin \Psi$,其中 Ψ 是未对准的角度。当 Ψ 值很小时,可以写成 $\Omega \Psi \cos \lambda$。 之后,使用感应到的分量来对准平台,有以下两种主要方法。

(1)闭环陀螺罗经。感应到的地球速度分量将导致平台倾斜到不水平的位置,而北向加速度计将感应到重力分量。该系统的示意图如图 4.33 所示。来自加速度计的信号通过高增益馈送,向平台施加方位角扭矩,直到误差为零为止。注意,在陀螺罗经阶段,调平回路仍然有效。使用此闭环陀螺罗经进行方位角对准,可以在 6~10 min 的时间内达到大约 6 弧分的精度。

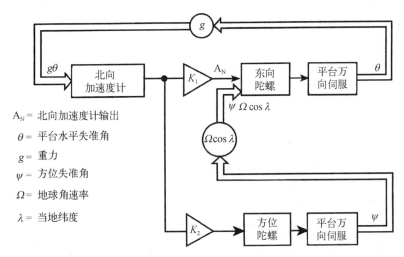

A_N = 北向加速度计输出
θ = 平台水平失准角
g = 重力
ψ = 方位失准角
Ω = 地球角速率
λ = 当地纬度

图 4.33 闭环陀螺罗经系统示意图

(2)开环陀螺罗经。目前,大多数北向伺服 INS 使用开环陀螺罗经。已知 Ω 和 λ,测得地球速率的感应分量 $\Omega \Psi \cos \theta$,可以计算失准角 Ψ。 当系统从"对准"模式切换到"导航"模式时,平台将旋转一个计算的失准角。与闭环方法相比,这似乎是一个更快的过程。然而,假设典型的粗对准误差小于 $2°$,那么误差信号将很小,且在存在噪声的情况下很难测量。为克服这个问题,必须在一段时间(通常约为 7 min)内对未对准信号进行滤波和平均,因此这两种方法所需的时间差异很小。

对于陀螺罗经技术,有两个主要限制。一方面,在高纬度地区(约 70°以上),误差信号变得太小,无法操作闭环系统或测量开环系统;另一方面,对准的精度取决于东向陀螺的漂移,因为它是误差信号的多余部分。此外,由于误差信号强度的降低,所需的时间将随着纬度的增加而增加。

自主对准所需时间取决于系统精度需求、所在纬度和环境温度。因为在精对准阶段之前,组件必须达到正确的温度,所以温度是主要的决定因素。在 50°N～58°N 纬度上,一个典型的系统从 0～15℃开始,需要花费 9～12 min 来完成对准过程。如前所述,这段时间在操作上很可能受到限制,已经有大量的研究来减少这种情况。其中,最大的进展是陀螺仪技术,它的动力调谐陀螺仪(dynamically tuned gyroscope, DTG)和环形激光陀螺仪(ring laser gyroscope, RLG)系统几乎不需要预热阶段。然而,陀螺罗经依然需要时间,且系统允许下的快速对准并不会像完全对准那样精确。通常,快速自主对准可以使系统的精度减少两倍。例如,Tornado 快速对准可以在环境温度、陀螺仪以半速运行的情况下进行平台调平和对准。一旦选择了导航模式,陀螺仪被加热到工作温度并启动。该系统可以在高于 5℃的环境温度下使用,且精度小于完全对准的一半。但是,时间差为 2 min,而不是10 min。

4.4.2 参考对准

由于自主对准最耗时的阶段是陀螺罗经阶段,目前已经有一些利用某种外部参考的形式开发的快速精方位对准的方法。通常来说,这些方法不及自主对准精确,且取决于其支持设备或专门放置的飞机底盘。最重要的方法包括:传递陀螺仪对准、同步存储器对准、平视显示器对准。

1. 传递陀螺仪对准

此方法包括使用便携式陀螺仪(传递陀螺仪)将方位从某个参考陀螺仪(基准陀螺仪)传输到飞机。它相对便宜、易于携带,适合各种场景应用。典型的系统如图 4.34 所示,具体过程如下。

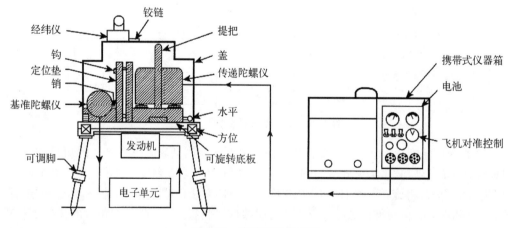

图 4.34 传递陀螺仪系统

（1）基准陀螺仪安装在方位角可以旋转的底板上，并由三脚架支撑。利用陀螺罗经技术使得陀螺仪北向自对准。

（2）传递陀螺仪是一种通过销钉固定到基准陀螺仪底板上的方位陀螺仪。传递陀螺仪从动于基准陀螺仪，直到对准北向。系统大概需要 20 min 来进入此阶段。

（3）飞机系统航向的传递是通过将传递陀螺仪放在飞机上，并用一组类似的销钉固定在底板上。然后，使用同步器将飞机 INS 从动到陀螺仪。

2. 同步存储器对准

通过将方位万向节移动到某个预设的同步控制变压器参考值，可以进行简单、快速的重新对准。如果时间允许，可以用陀螺罗经设置参考，例如，从前次飞行返回获得的参考。这种基本方法中，假设了飞机在"断电"期间没有移动。如果飞机机架是刚性的且不能移动，则输出会很清晰且可重复几秒钟的弧度。实际上，难以保证飞机不会以几分钟的弧度移动。

3. 平视显示器对准

利用飞行员的平视显示器（head up display，HUD）记录位于中间距离的合适物体的真实方位，可以灵活扩展同步存储技术。然后，只要飞机返回到原始真实方位的所需对准精度之内，且物体再次处于 HUD 可见范围内，就可以起飞。将平台保持在方位角上，直到测得真实方位，这意味着航向和相对方位的总和是正确的。因此，平台在方位角上与 HUD 的精度以及任何引入的方位误差对准。根据前次飞行结束时的对准精度，应能获得优于 0.2° 的精度，且该技术具有不依赖于基础设施的优势。

4.4.3　空中对准

完全自主对准非常耗时，参考对准又会降低系统精度，因此一种减少反应时间的解决方案是对准机载平台。这也将允许在长途飞行中或在电源的任何瞬时中断的情况下重新对准系统。不幸的是，纯惯导系统无法区分加速度是由偏心导致还是飞机运动引起，因而无法在飞行中自主对准。然而，如果系统与某种固定辅助工具（如 Loran、Omega 或 GPS）组合在一起或者可以获取外部速度信号，则可以进行空中对准。这些"组合系统"将在 4.5 节中介绍。

4.4.4　海上对准

将飞机上的惯性平台的初始对准应用到移动船舶的甲板上，存在下列特殊问题[20]。

（1）永远不可能完全准确地知道船的位置。

（2）必须考虑船舶的稳定速度，并将此速度的 N/S 和 E/W 分量作为初始条件插入船舶的 INS 中。即使这些值是从船舶的 INS 得出的，它们也在不断变化。

（3）船在转弯时作偏流修正。此时，船的速度矢量方向与罗盘航向相差一个偏流角。

（4）船受俯仰、横滚和偏航的影响。通过在对准环路中使用高次滤波，可以大大克服这些影响。

（5）除非船舶精确定位在 SINS 位置，否则它将占据不同的测量位置，且在转弯时测得不同的速度。这种"杆臂"效应可能相当大。

下列对准方法可以在海上应用，但它们仍受限于各自的误差源。

（1）插入。这种方法先将 INS 对准中心位置，再将其装载到机体上进行插入。但是，INS 在运输过程中可能会受到外界加速度影响，因此需要某种形式的运输动力装置。

（2）传递对准。传递对准可以通过与前面描述相同的方式来实现或者可以通过直接从 SINS 到飞机 INS 的传输电缆中继信息来实现。

（3）陀螺罗经。海上的陀螺罗经需要复杂的计算来处理与船舶运动有关的可变输入。因此，对准时间比基于地面的陀螺罗经长得多。在合理条件下，大约需要 25 min 才能实现精确对准。

（4）辅助陀螺罗经。辅助陀螺罗经可以通过使用便携式传感器从 SINS 传递方位角和更新本地速度信息来实现。

4.5　组合导航系统

INS 在短时间内非常准确，但不可避免地会引入误差。4.3 节分析了常规平台惯导系统中这些误差带来的影响，发现陀螺漂移是最主要的误差源。陀螺仪中的漂移会产生一个均值非零、有界振荡的速度误差，进而带来无界的距离或位置误差。纯惯导的缺点总结如下：① 速度误差围绕非零均值振荡，降低了其用于武器瞄准的准确性；② 陀螺漂移引起无界位置误差；③ 要长时间保持较高的精度，需要非常昂贵的组件来最大限度地减少误差；④ 系统在飞行中无法实现自主对准；⑤ 垂直通道固有不稳定性。

将惯性导航系统与其他导航系统进行组合，可以克服上述缺点。即使辅助系统有较大的误差，但不会随时间累积。因此，组合导航系统就是将惯导的短时间精度和辅助系统的长时间精度结合起来。此外，组合系统可以在飞行中实现对准。

最常见的一种以多普勒为辅助的系统是使用多普勒作为参考速度源，来提供舒勒振荡的阻尼，或者用一种精确的辅助系统来限制位置误差，如 Loran 或 Omega。现代组合导航将惯性导航系统与 GPS 组合在一起，获得三轴位置和速度信息。这种组合较为复杂，一般通过卡尔曼滤波（Kalman filter，KF）技术实现。

4.5.1　多普勒/惯性组合

在多普勒/惯性组合导航系统中，通过比较多普勒和惯性系统提供的速度，给出误差信号。该信号可以用于各种框架中，从而提高系统性能，尤其是提供舒勒振荡的阻尼[21]。

如图 4.35 所示，在一个简单的二阶系统中，将恰当的增益反馈给速度，从而修改第一

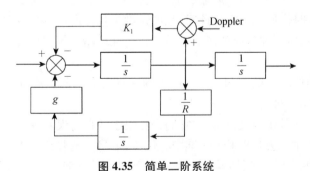

图 4.35　简单二阶系统

积分器的输入。

系统的传递函数为

$$\frac{E_o}{\varepsilon_a} = \frac{\dfrac{1}{s}}{1 + \dfrac{1}{s}\left(K_1 + \dfrac{g}{R}\right)} \cdot \frac{1}{s} = \frac{1}{s^2 + K_1 s + \omega_s^2} \tag{4-79}$$

将传递函数的特征方程与标准形式比较,得到

$$s^2 + 2\xi\omega_n s + \omega_n^2 = s^2 + K_1 s + \omega_s^2 \tag{4-80}$$

于是

$$\xi = \frac{K_1}{2\omega_n}, \; \omega_m = \omega_s \tag{4-81}$$

根据定义,振荡的阻尼频率可以由下式得出

$$\omega_d = \omega_n\sqrt{1 - \xi^2} \tag{4-82}$$

系统以低于舒勒频率的频率振荡。实际振荡频率由 ξ 确定,而 ξ 又由 K_1 值确定。图 4.36 显示了加速度计偏差为 $1 \times 10^{-4}g$ 时, $\xi = 0.5$ 的系统的响应。注意,建立响应时间约为 133 min。在如此长的建立时间下,即使能在短时间内改善速度性能,简单的二阶多普勒/惯性也几乎没有实用价值。

如图 4.37 所示,调谐二阶系统通过适当增益前馈速度误差信号以修改陀螺仪扭矩信号或者像之前一样反馈速度误差信号以修改第一积分器的输入,从而解决简单系统问题。

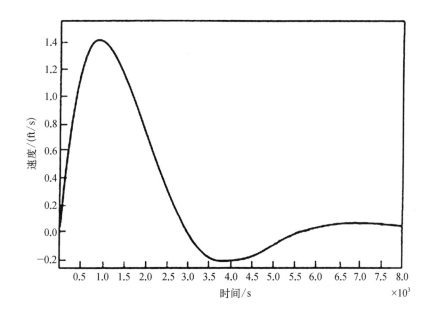

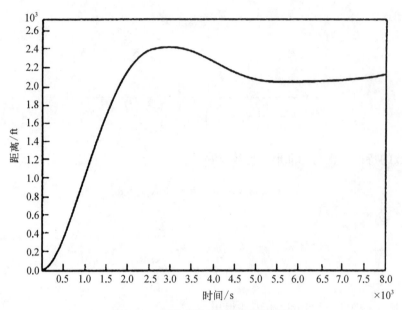

图 4.36　误差曲线(加速度计偏差)

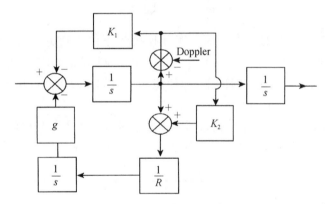

图 4.37　调谐二阶系统

图 4.37 的传递函数为

$$\frac{E_o}{\varepsilon_a} = \frac{\dfrac{1}{s}}{1 + \dfrac{1}{s}\left[K_1 + \dfrac{g}{R}(1 + K_2)\right]} \cdot \frac{1}{s} = \frac{1}{s^2 + K_1 s} + \frac{g}{R}(1 + K_2) \quad (4-83)$$

根据特征方程式,有

$$\xi = \frac{K_1}{2\omega_n} \quad (4-84)$$

$$\omega_n = \omega_s \sqrt{1 + K_2} \quad (4-85)$$

因此,如果 $K_2 = 99$,则固有频率将增加 10 倍,并且周期会减少到 8.4 min。现在需要将原始 K_1 增加 10,从而保持相同的阻尼水平。该系统对加速度计偏差的响应如图 4.38 所示,其中建立响应时间较短。

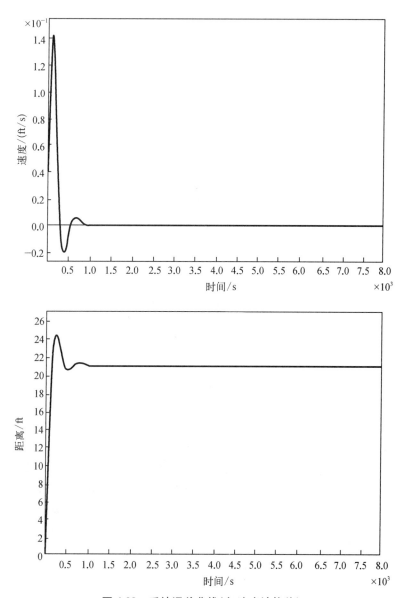

图 4.38　系统误差曲线(加速度计偏差)

　　调谐二阶系统有效结合了 INS 的短时间精度与多普勒的长时间精度,极大地降低了各误差。通过选择恰当的 K_1 和 K_2 值,可以调节阻尼和振荡周期。

　　图 4.39 显示了由 0.01 度/小时的水平陀螺漂移引起的位置误差。尽管系统大大降低了斜率,提高了速度和位置精度,但该误差仍然存在。解决此误差的唯一方法是,将 INS 与其他辅助系统组合。值得注意的是,多普勒/INS 组合系统是完全自主的。

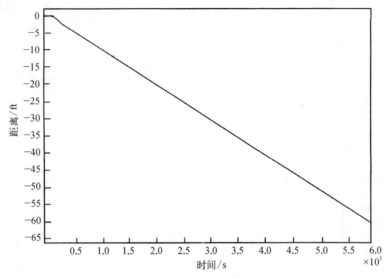

图 4.39 位置误差(水平陀螺漂移)

4.5.2 GPS/惯性组合

4.4 节讨论的自主对准技术仅限于固定基座,因为纯惯导无法区分飞机运动引起的加速度和平台不对准引起的加速度。INS 与另一个速度或者位置的信息来源相结合,可以实现飞行中对准。先将平台大致对准,再利用外部速度或位置信息的误差信号,进行平台调平和方位对准。然而,空中对准的精度受限于速度或位置传感器的精度,经常导致对准精度的降低。但 GPS 是一个例外,它能够提供精确的位置和速度信息,实现飞行中的精确对准和 INS 校准[22]。

1. 功能结构

GPS/惯性组合的三种功能结构见图 4.40,在图 4.40(a)和图 4.40(b)结构中,GPS 接收机和惯导都是独立的导航系统,GPS 给出位置、速度、时间 (p, v, t) 解,惯导给出位置、速度、姿态 (p, v, θ) 解;图 4.40(c)的结构则不同,GPS 和惯导不是独立的导航系统,而仅仅当作传感器用,它们分别给出伪距及伪距率 $(\rho, \dot{\rho})$ 和加速度及角速度 (a, w)。这三种结构分别叫作非耦合方式、松耦合方式和紧耦合方式。

(1)非耦合方式如图 4.40(a)所示,在这种结构中,GPS 用户设备和惯导各自产生互相独立的导航解,两系统独立工作,功能互不耦合,数据单向流动,没有反馈,组合导航解是由外部组合处理器产生的。外部处理器可以像一个选择开关那样简单,也可以用多工作模式卡尔曼滤波器来实现。非耦合方式的特点是基于 GPS 与惯导导航功能的独立性。但不要在概念上混淆这样一个事实:尽管可把全部的硬件设备装在一个实体的(嵌入式)组合单元内,但它在功能上却仍然是非耦合的结构。GPS 与惯导的非耦合组合方式有下述的优点:① 在惯导和 GPS 均可用时,这是最易实现、最快捷和最经济的组合方式;② 由于有系统的冗余度,对故障有一定的承受能力;③ 采用简单选择算法实现的处理器,能在航路导航中提供不低于惯导给出的精度。

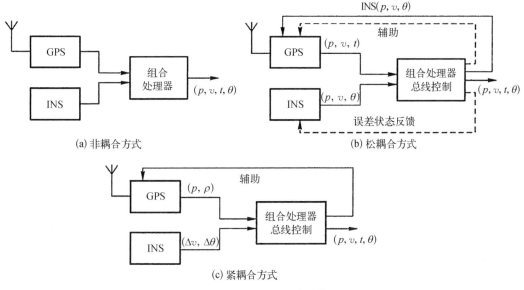

图 **4.40**　**GPS/INS 组合结构图**

（2）松耦合方式见图 4.40（b）。与非耦合方式不同，在这种方式中，组合处理器与 GPS 及惯导设备之间存在着反馈。按照重要性排序，这三种反馈依次为：① 系统导航解至 GPS 用户设备的反馈；② 对 GPS 跟踪环路的惯性辅助反馈；③ 系统导航解至惯导的误差状态反馈。

第①种反馈：给出更精确的基准导航解。这是一种把系统导航解送入 GPS 接收机的反馈。有了这个反馈，使在 GPS 接收机内的导航滤波器能够用 GPS 测量值来校正系统导航解。但在组合条件下，GPS 测量可以通过利用正确的系统导航解（GPS 滤波）实现。

短时间内，导航解是很精确的，因为这时组合系统包含了惯导所感应的加速度信息，而这个信息的精度是很高的。在较低的动态和较低的处理噪声的不确定性情况下，滤波器可以使用一个较大的时间常数（滤波器存储器）工作，从而增加了每个有噪声的 GPS 测量的有效范围，进一步提高了导航精度。

第②种反馈：对 GPS 跟踪环路的惯性辅助。由于这种惯性辅助能够减小用户设备的码环和载波环所跟踪的载体动态，在很大程度上提高了 GPS 导航解的可用性。因而，允许码环及载波环的带宽取得较窄，以保证有足够动态特性下的抗干扰能力。

第③种反馈：向惯导的误差状态反馈。大多数惯性导航系统都具有接受外部输入的手段，用以重调其位置和速度解，以及对稳定平台进行对准的调整。在捷联式惯性系统中，这种调整可用数学校正方式进行，而在平台式惯导中则用施加的力矩（简称为"施矩"）来实现。

（3）紧耦合方式见图 4.40（c）。与松耦合不同，GPS 接收机和惯导不是以独立的导航系统实现，而仅仅作为一个传感器，它们分别提供伪距（ρ）、伪距变化率（$\dot{\rho}$）、加速度（a）和角速度（ω）。两种传感器的输出是在一个以高阶组合滤波器实现的导航处理器内进行组合的。

在紧耦合组合方式中,只有从导航处理器向 GPS 跟踪环路进行速率辅助这一种反馈。在松耦合结构中出现的其余的反馈此处并不需要,其原因是涉及导航处理的所有计算都已在处理器内部完成。GPS 和惯导共同拥有一个机箱,结构紧凑。

2. 组合算法

选择算法和滤波算法是两种基本的组合算法。

(1) 选择算法。在采用选择算法的情况下,只要 GPS 用户设备指示的解在其可接受的精度范围内,就选取 GPS 指示的 PVT 作为系统的导航解。当要求的输出速率高于 GPS 用户设备所能提供的速率时,可在 GPS 连续两次数据更新之间以惯导的数据进行内插。在 GPS 信号中断期间,惯导解自 GPS 最近一次有效解起进行外推。

(2) 滤波算法。这里所述的滤波是指根据统计特性,从带有干扰的测量中得到被估计量的统计滤波,而不是通常以频率调谐方式取出所需信号的信号滤波。我们采用的是利用上一时刻的估计以及实时得到的测量进行实时估计的卡尔曼滤波算法。由于该算法能以线性递推的方式来估计组合导航的状态,便于计算机实现。

状态通常不能直接测得,但能从有关的可测的量值中推算出来。这些测量值可以在一串离散时间点连续得到,也可以时序取得,而滤波器则是对测量的统计特性进行综合。最常用的修正算法是线性滤波器,在这种滤波器中,修正的状态是当前的测量值和先前状态值的线性加权和。

位置和速度是滤波器中常选的状态,通常称为全值滤波状态。对于全值位置和速度状态而言,传播方程就是飞机的运动方程。为了使全值滤波器传播方程能较好地反映实际情况,还应加上加速度状态。例如,GPS 指示的位置和速度是观测量,它们要通过全值状态的组合滤波器进行处理。在极端情况下,组合滤波器可能仅给出 GPS 接收机的位置数据,并将它当作组合后的位置。这种简化的情形就是(1)选择算法提到的选择方式。

在以惯导误差状态实现的 GPS/INS 组合滤波器中,观测量实际上就是 GPS 位置与惯导组合位置之差以及 GPS 速度与惯导速度之差。如同全值状态的情形,当计算状态更新时,须确定测量的增益和传播状态的权值。

非时变增益滤波算法。卡尔曼滤波器中滤波增益采用常值矩阵,即按预先确定的增益将传播的估计与新的测量数据相融合。非时变增益的含义是将这些增益事先存入计算机存储器中,而滤波器是从增益表中选取增益,而不必重新计算。不同的传感器状态和不同的工作状态,可选用不同的增益值,这反映了传播解和测量中的不确定性因素。一般说来,非时变增益滤波器的增益可取任意值,但增益值至少要正确地反映测量与状态之间的关系。非时变增益滤波器的优点是大量减少计算量和实现滤波所需的存储容量。

时变增益滤波算法。在时变卡尔曼滤波器中,只要测量有效,就要计算新的增益值。卡尔曼滤波器实际上是以递推的方式实现最小方差估计的算法过程。其最小方差的含义是,它能使被估计状态的动态不确定性(过程噪声)、测量不确定性(测量噪声)和各状态的可观性(灵敏度)取得正确的平衡。

在当前实现的卡尔曼滤波器中,用 M 个测量更新 N 个状态要涉及大量的矩阵运算、差分方程的传播以及存储矩阵的存储。就目前的技术水平而言,在一个价格性能比合适的处理器中以每秒数次的更新速率可处理大约 20 个状态。因为有多达 100 个误差源会影响 GPS/惯导组合,所以既要把这些误差因素全都考虑进去,又要得到实时的组合结果,目前尚不可能。每个组合系统的设计师必须进行周密的设计研究,以确定最少数目的状态和最低允许的更新率,从而通过可利用的处理器以可接受的设计裕度达到所允许的导航精度。

4.5.3　组合导航系统的应用

　　GPS/惯性组合导航系统主要应用于航空领域,一般用于飞机的航路导航和预警机及战斗机的任务导航,也可用于航海和陆地车辆导航。差分 GPS 与惯导的组合还可用于飞机的进场着陆。差分 GPS 用于进场着陆的主要问题是可用性和完好性不满足要求,两者的有机组合是解决这个问题的好方法,而且,一般的军民用飞机都装有惯性导航,实现这种组合并不会带来较大的经济负担[22]。

　　美国 Honeywell(霍尼韦尔)公司生产的 H‑764G 嵌入式 GPS/惯性组合导航系统将装备空军 F‑15A/B/C/D、海军 F/A‑18 以及 C‑130J 等各类飞机;美国空军采用定位精度为 0.2 n mile/h 的 H‑423 惯导与 GPS 相组合的系统,用以改装 F‑117 隐形战斗机,Litton(利通)公司生产的 LN‑93G 嵌入式 GPS/惯性组合导航系统可用于直升机、运输机和战斗机;小型化 LN‑100G 组合系统则是为美国海军提供的一体化设备。美国 E‑2C 采用 GPS/CAINS 组合导航系统(其中 CAINS 表示航母舰载机惯导)。

　　多普勒/惯性组合导航可以认为是全自主式的,它要向地面辐射无线电波,以检测多普勒频移。它也很有军事应用价值,比如在 20 世纪 70 年代,美国的 E‑2C 预警机上就采用多普勒/惯性组合系统。多普勒导航雷达的主要用户是直升机以及动态机动较小的运输机、轰炸机和侦察机等。至于动态机动较大的战斗机是不宜使用的,因为根据多普勒测速原理,大的动态机动会使它丧失测速功能。总之,凡适用于配装多普勒导航雷达的飞机都能够使用多普勒/惯性组合系统。

　　未来高科技的战争中必然会采用多传感器组合的导航系统,其主要理由有:① 出于自主性、快速反应和集成协同作战的迫切要求;② 经常会采用凭借地形掩蔽,实施出其不意、低空突防的军事行动。因此,想象中未来多传感器组合导航系统很可能由 GPS、惯性导航、地形辅助导航/合成孔径雷达(terrain aided navigation/synthetic aperture radar, TAN/SAR)和联合战术信息分配系统(joint tactical information distribution system, JTIDS)构成。于是,几乎所有军用飞机都将装备这种类型的多传感器组合系统。目前,促进多传感器组合系统开发研究的直接原因是,GPS 在美国国防部的控制下,这使世界各国的各类用户,尤其是军事用户,在使用 GPS 或 GPS/惯导组合系统时心怀疑虑。其他卫星导航系统及多传感器组合导航系统的使用,将摆脱对 GPS 的依赖。

参 考 文 献

[1] 胡小平.自主导航理论与应用[M].长沙:国防科技大学出版社,2002.
[2] 李圣怡,刘宗林,吴学忠.微加速度计研究的进展[J].国防科技大学学报,2004, 26(6):34‑37.
[3] Weston J L, Titterton D H. Modern inertial navigation technology and its application

[J]. Electronics & Communication Engineering Journal, 2000, 12(2): 49 - 64.

[4] 许江宁,边少锋,殷立吴.陀螺原理[M].北京:国防工业出版社,2005.

[5] Barbour N, Schmidt G. Inertial sensor technology trends[J]. IEEE Sensors Journal, 2001, 1(4): 332 - 339.

[6] 李跃.导航与定位[M].北京:国防工业出版社,2008.

[7] 黄德鸣.惯性技术神奇的指路魔杖[M].济南:山东教育出版社,2001.

[8] 秦永元.惯性导航[M].北京:科学出版社,2006.

[9] Bizad D J. Integrated navigation and guidance systems[M]. Reston:AIAA, 1999.

[10] 邓正隆.惯性导航原理[M].哈尔滨:哈尔滨工业大学出版社,1994.

[11] 刘建业.导航系统理论与应用[M].西安:西北工业大学出版社,2010.

[12] Chatfield A B.高精度惯性导航基础[M].武凤德,李凤山,译.北京:国防工业出版社,2002.

[13] 吴俊伟.惯性技术基础[M].哈尔滨:哈尔滨工程大学出版社,2002.

[14] 郭秀中.惯导系统陀螺仪理论[M].北京:国防工业出版社,1996.

[15] 程农,李四海.民机导航系统[M].上海:上海交通大学出版社,2015.

[16] Titterton D H, Weston J L. Strapdown inertial navigation technology [M]. London:Institution of Electrical Engineers, 2004.

[17] Lawrence A. Modern inertial technology: navigation, guidance, and control[M]. New York:Springer-Verlag, 1993.

[18] Savage P G. Strapdown inertial navigation integration algorithm design part I[J]. Journal of Guidance, Control and Dynamics, 1998, 21(1): 19 - 28.

[19] Ali J, Nzar M. Realization of initial alignment algorithm for strapdown inertial navigation system using central difference filter[J]. IFAC Proceedings Volumes, 2008, 41(2): 4731 - 4736.

[20] Morimoto T, Ohtsu K. Rapid initial alignment/calibration using a batch sequential processing for ship's inertial navigation system[J]. IFAC Proceedings Volumes, 1998, 31(30): 167 - 172.

[21] Ali K, Mojtaba H, Hassan S. Design and practical implementation of kinematic constraints in inertial navigation system-Doppler velocity Log (INS-DVL)-based navigation [J]. Navigation, 2018, 65(4): 1 - 14.

[22] 刘振华.无人机导航定位技术[M].西安:西北工业大学出版社,2018.

第五章 基于性能的导航

5.1 基于性能的导航概念

5.1.1 简述

随着区域导航(area navigation, RNAV)技术的逐渐推广使用和航空器机载设备能力的提高以及卫星导航等先进技术的不断发展,出现了所需导航性能(required navigation performance, RNP)的标准。近年来,国际民航组织(ICAO)提出了"基于性能的导航(performance based navigation, PBN)"的概念和标准,作为飞行运行和导航技术发展的基本指导准则。PBN 涵盖了 RNAV 和 RNP 的所有内容,统一了 RNAV 的标准,不仅包括了 RNP 规定的获得特定导航精度的要求,还包括了识别飞行程序、区域导航系统功能及机载/地面导航设备能否支持所需导航性能等 RNP 概念中没有明确要求的内容。此项技术的实施必将使航空业在保证飞行安全、扩大系统容量、提高运行效率、实现机场和空域使用效率最大化等方面的能力明显提升。

基于性能的导航(PBN)技术是一项充满活力的新兴技术,国际民航组织(ICAO)多次修订 PBN 手册和指南,但是许多方面还没有涉及,许多规范、标准也在不断地改进和升级之中。作为我国建设新一代航空运输系统的核心技术之一,PBN 的实施是实现我国民航强国战略计划中的重要组成部分,它的应用和推广将对我国民航的飞行运行、机载设备、机场建设、导航设施布局和空域使用产生重大影响,对有效促进民航持续安全、提高飞行品质、增加空域容量、减少地面设施投入和节能减排等具有重要作用[1]。

5.1.2 区域导航

在航空飞行中,传统导航是利用接收地面导航台信号,通过向台和背台飞行实现对航空器的引导航路划设和终端区飞行程序受地面导航台布局与设备种类的制约,随着航空运输的持续发展,传统航路的局限性渐显严重。随着航空器机载设备能力的提高以及卫星导航等先进技术的不断发展,一种提高导航精度、缩小间隔余度以便更加充分地利用空域资源,可以不依赖地基导航设备,使航空器在两点间沿任意期望的航路点间飞行的区域导航(RNAV)技术于 20 世纪末应运而生。早期的 RNAV 系统采用与传统的地基航路和程序相似的方式,通过分析和飞行测试确定所需的区域导航系统及性能。对于陆地区域导航运行,最初的系统采用全 VOR 和 DME 进行定位。对于洋区运行,则广泛采用 INS／IRS。后来国际民航组织对于区域导航的定义是:一种允许飞机在台基导航设备覆盖范围内或在自主导航设备能力限度内或在两者配合下按希望的飞行路径运行的导航方式。可以用于区域导航的导航系统有:测距仪／测距仪(DME／DME)、惯性导航系统(INS／IRS)、全球卫星导航系统(GNSS)。区域导航允许在航路上定义航路点组成航线,在终端区、进近程序上定义定位点组成进近程序进行导航。

RNAV 被确认为一种导航方法,即允许飞机在相关导航设施的信号覆盖范围内或在机载自主导航设备能力限度内或在两者配合下沿所需的航路飞行。这也正是目前陆基航行系统条件下 RNAV 航路设计的特点。虽然可依靠机载计算组件作用,在导航台的覆盖范围内设计一条比较短捷的航路,但仍按地面是否有导航台来设计航路。

陆基系统的 RNAV 航路可缩短航线距离,但飞行航路仍受到地面导航台的限制。卫星导航系统的应用,从根本上解决了由于地面建台困难而导致空域不能充分利用的问题。星基系统以其实时、高精度等特性使飞机在飞行过程中能够连续准确地定位。在空域允许情况下,依靠星基系统的多功能性或与飞行管理系统(FMC)的配合,飞机容易实现任意两点间的直线飞行或最大限度地选择一条便捷航路。

一般来说利用卫星导航,飞行航路便不再受地面建台与否的限制,实现了真正意义上航路设计的任意性。因而卫星导航技术的应用使 RNAV 充分体现了随机导航的思想。RNAV 技术是整个 PBN 技术的核心和基础。

5.1.3　所需导航性能

在 RNAV 技术逐步发展基础上,出现了所需导航性能的标准。RNP 被定义为在运行中同时要求具备机载监视和告警功能,而 RNAV 不要求具备告警功能,RNP 在原先 RNAV 基础上充分利用了越来越成熟的 GNSS 技术,使得该项技术获得了更高层次的发展和更多类型的选择。基于此,国际民航组织在附件 11《空中交通服务》和《航空器运行手册》中提出了部分区域导航设计和应用的标准与建议[2]。美国和欧洲等航空发达国家已经积累了丰富的 RNAV 和 RNP 应用经验,但由于缺乏统一的标准和指导手册,各地区采用的区域导航命名规则、技术标准和运行要求并不一致,如美国 RNAV 类型分为 A 类和 B 类,欧洲 RNAV 类型分为精密区域导航(P－RNAV)和基本区域导航(B－RNAV)。

RNP 是一种使用现代化飞行计算机、GPS 和创新软件构成的飞机导航方法。它可使飞机按预定航行路径精确飞行。RNP 具有持续监视和位置出现不确定时提供告警的能力,因此 RNP 能确保精确的导航性能。与传统导航技术相比,飞行员不必依赖地面导航设施就能沿着精确定位的航迹飞行,能使飞机在能见度极差的条件下安全、精确地着陆,大大提高了飞行的精确度和安全水平。

RNP 最初是用于那些无地面导航设备导航的越洋航线。由于没有雷达,没有无线电导航设备,越洋飞行的飞机需要满足一些特定的导航性能标准以确保它们之间不会发生冲突。那时的 RNP 航路与传统航路相比并未表现出非常明显的优越性。

让人们认识到 RNP 的优越性及发展潜力的是一个叫史蒂夫·富尔顿的人。史蒂夫·富尔顿是阿拉斯加航空公司的一名飞行技师,他意识到了在阿拉斯加朱诺机场使用更精确形式的 RNP 可以为公司解决难题。每年公司有 10% 的航班由于朱诺机场附近的山区地形及恶劣天气而导致航班备降。富尔顿为阿拉斯加航空公司的飞机设计了一套程序,即飞机利用 GPS 导航系统,使飞机在定位上获得很高的精度。由于飞机位置的高确定性,阿拉斯加航空公司的飞机可以沿着狭窄的、预先设计的航迹在山区中飞行而不论天气好坏。富尔顿的 RNP 程序不仅有进场程序,同时还有复飞和离场程序。朱诺机场在 1996 年第一次使用了 RNP 进场程序。随后,RNP 越来越广泛地应用于阿拉斯加州的其他机场。

RNP 概念早在 1991~1992 年间由 FANS 委员会向 ICAO 提出。1994 年,ICAO 在正式颁布的 RNP 手册中定义 RNP 为:飞机在一个确定的航路、空域或区域内运行时,所需的导航性能精度。RNP 是在新通信、导航和监视技术开发应用条件下产生的新概念。在实际应用中,RNP 概念既影响空域,也影响飞机。对空域特性要求而言,当飞机相应的导航性能精度与其符合时,便可在该空域运行。要求飞机在 95% 的飞行时间内,机载导航系统应使飞机保持在限定的空域内飞行。

5.1.4　基于性能的导航

为统一认识并指导各地区实施新技术,国际民航组织(ICAO)在整合各国和地区 RNAV 和 RNP 运行实践的基础上,提出了"基于性能的导航"的概念和标准,作为飞行运行和导航技术发展的基本指导准则。PBN 将 RNAV 和 RNP 等一系列不同的导航技术应用归纳到一起,涵盖了从航路到进近着陆的所有飞行阶段。PBN 在有的文献中也写为 RNPRNAV。其目的是为了充分利用现代航空器机载设备和导航系统,提供全球一致的适航要求和运行批准标准,以此来规范区域导航的命名、技术标准,从而停止非统一技术的扩散及使用,协调、统一 RNAV 和 RNP 系统的使用以确保互通,并促进区域导航的全球运用。采用 PBN 技术,航空器导航性能特点都有明确的性能指标规定,解决了最初各种 RNAV 和 RNP 标准问题。PBN 着重说明了不同类型航空器需要不同的飞行剖面,这样才能确保飞行轨迹的持续性、可靠性和预测性,并能减小超障评估区域。

PBN 是世界民航 CNS/ATM 系统建设的重要组成部分,2009 年 ICAO 发布的 PBN 手册(第二版),定义了 PBN 的相关概念和运行规范。基于性能导航概念包含了三个基本的因素:导航规范、基础设施和导航应用。导航规范详细描述了沿着特定区域导航所需的性能要求,是民航当局适航和运行批准的基础。基础设施是用于支持每种导航规范的导航基础设施(如星基系统或陆基导航台)。导航应用是将导航规范和导航设施结合起来,在航路、终端区、进近或运行区域的实际应用,包括 RNAV/RNP 航路、标准仪表进离场程序、进近程序等。PBN 把有限的所需性能精度扩展到更为广泛的包括所需性能精度、可用性、连续性、完整性和功能的转变,还包括了对航空器机载设备的要求和对机组培训所要达到的标准的指南。PBN 的实施必将成为优化空域结构,提高空域容量的主要途径之一。PBN 的实施将在保证飞行安全、扩大系统容量、提高运行效率、实现机场和空域使用效率最大化等方面获得明显提升。它将航空器先进的机载设备与卫星导航及其他已经较为成熟的先进导航技术结合起来,包括了从航路、终端区到起飞着陆的所有飞行阶段,提供了更加安全、更为精密的飞行方式和更加高效的空中交通管理模式[3-5]。

发展 PBN 导航是为了提供更多的侧向自由度,从而有更多的能完全使用的可用空域。该导航方式允许航空器不飞经某些导航设施,它有以下三种基本应用:

(1) 在任何给定的起降点之间自主选择航线,以减少飞行距离、提高空间利用率;

(2) 飞机可在终端区范围内的各种期望的起降航径上飞行,以加速空中交通流量;

(3) 在某些机场允许飞机进行 RNAV 进近(如 GPS 进近落地),而无需那些机场的 ILS。

RNAV 设备是通过下列一种或几种的导航设备组合来进行区域导航的:VOR/DME、LORAN、GPS 或 GNSS、甚低频波束导航系统、INS 或 IRS。RNAV 能快速修改航线结构,且容易满足用户不断变化的要求。使用 RNAV 能缩短、简化航线,且如有需要的话,能选出对环境影响最小的航线。预期在不久的将来,导航精确度和完整性将达到更高的水平,从而会出现间隔紧密的平行航线。RNAV 可在飞行的各阶段中使用,如正确使用的话将会带来以下好处:

(1) 改进了飞行员的位置意识;

(2) 减少了飞行员和管制员的工作量;

(3) 优化后的航线/程序设计将减少对环境的影响;

(4) 更短、更直接的航线将减少航油的消耗。

图 5.1 示出了基于性能的导航系统的原理方块图。图中包括位置估测、航迹确定、航迹控制、显示与警报以及飞行控制系统五大部分。位置估测由来自地基无线电助航设备或卫星导航接收机的无线电信号给出。加上航迹确定、航迹控制和导航数据库等功能模块,通过计算机数据处理得到系统的航迹偏差、控制指令及系统警报等输出信号,经显示器显示。

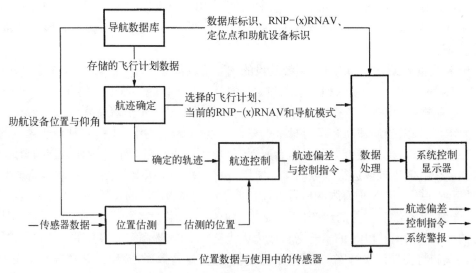

图 5.1　基于性能的导航系统的原理方块图

5.2 RNAV 导航规范

PBN 运行分为 RNAV 运行和 RNP 运行,运行要求主要参考《PBN 手册》中相关规定,以及各国/地区民航当局的相关法律法规[6]。对于不同的飞行阶段,有不同的导航规范可供选择,选择的依据主要基于指定空域内的 CNS/ATM 状况和飞行运行要求。

PBN 导航规范包括 RNAV 和 RNP 两类导航规范,PBN 导航规范如表 5-1 所示。导航规范主要包括七个方面的内容:背景情况、审批过程、航空器要求、运行程序、飞行员知识与培训、导航数据库和对运营人的监督,个别导航规范还附加了其他相关要求。

表 5.1 PBN 导航规范

导航规范	飞 行 阶 段							
	航 路		进 场	进 近				离 场
	洋区/边远地区	大陆航路		起始进近	中间进近	最后进近	复飞①	
RNAV 10	10							
RNAV 5②		5	5					
RNAV 2		2	2					2
RNAV 1		1	1	1	1		1	1
RNP 4	4							
RNP2	2							
RNP 1③							1	1
高级 RNP④	2⑤	2 或 1	1	1	1	0.3	1	1
RNP APCH⑥				1	1	0.3⑦		
RNP AR APCH				1-0.1	1-0.1	0.3-0.1	1-0.1	
RNP 0.3⑧		0.3	0.3	0.3	0.3		0.3	0.3

注:① 仅在开始爬升后满足 50 m(直升机为 40 m)超障后应用。
② RNAVS 作为航路导航规范,可以在 30 n mile 以外 STAR 初始段和 MSA 以上应用。
③ RNP1 规范仅限于 STARs、SIDs、起始进近、中间进近和初始爬开后的复飞航段使用:在机场 ARP 点外 30 n mile,告警精度值为 2 n mile。
④ 高级 RNP 也允许一定范围内的 RNP 水平导航精度。
⑤ 可选项(连续性要求更高)。
⑥ RNP APCH 导航规范分两部分:A 部分可采用 GNSS 水平导航和气压垂直导航(Baro-VNAV);B 部分可用 SBAS 提供水平和垂直导航。
⑦ RNP 0.3 应用于 RNP APCH 的 A 部分。不同角度性能要求仅用于 RNP APCH 的 B 部分。
⑧ RNP 0.3 导航规范主要用于直升机运行。

RNAV 导航规范主要包括 RNAV 10(RNP 10)、RNAV 5、RNAV 2 和 RNAV 1。其中,RNAV 10(RNP 10)适用于海洋及边远航路,RNAV 5/2/1 适用于陆地航路,RNAV 2/1 也适用于终端区进/离场程序,中国民航目前仅将 RNAV 1 应用于终端区进/离场 PBN 飞行程序。

以下仅从空中航行服务提供者(air navigation service provider，ANSP)考虑、航空器要求、飞行运行要求等方面简单介绍 RNAV 导航规范及相关运行要求。

5.2.1 RNAV 10 规范

在 PBN 概念定义 RNAV 10 之前，国际上已普遍使用 RNP 10 导航规范。在 PBN 运行框架下，RNAV 10 运行要求的适航和运行审批，与 RNP 10 一致。如果某航空器已经获得 RNP 10 适航和运行审批，则无需重新审批。

5.2.1.1 ANSP 考虑

空中航行服务提供者(ANSP)考虑主要涉及导航基础设施、通信、监视服务以及航路间隔等问题。

RNP 10 旨在为缩小洋区和偏远陆地的侧向和纵向最低间隔标准提供支持，这些区域的导航设备、通信和监视能力十分有限。RNP 10 不需要任何陆基导航设备基础设施，RNP 10 导航源主要采用 GNSS 和/或 INS(或 IRS)，也不针对特定航路或特定区域运行规定通信或空中交通服务监视要求，最小航路间距为 50 n mile。

在 AIP 中应该具体明确现有特定航路的导航应用为 RNP 10，同时确定航路的最低航段飞行高度要求，并且所有航路必须基于 WGS‐84 坐标系。

如出现以下任何情况，飞行员/运营人应向有关管理当局通报。

(1) 27.8 km(15 n mile) 或以上的侧向导航偏差。

(2) 18.5 km(10 n mile) 或以上的纵向导航偏差。

(3) 航空器预计到达报告点时间和实际到达时间相差 3 min 或以上。

(4) 导航系统故障。

5.2.1.2 航空器要求

1. 机载导航设备

RNP 10 要求在洋区和偏远陆地运行的航空器，至少配备两个独立的、可用的远程导航系统，它们可以是一个惯性导航系统(INS)、一个惯性参照系统/飞行管理系统(IRS/FMS)或一个全球导航卫星系统(GNSS)，其完好性可保证导航系统所提供的误导信息不能超出可接受范围。

2. 系统性能、监视和告警

精度：在指定为 RNP 10 的空域内或航路上运行期间，至少在 95% 的总飞行时间中侧向总系统误差必须在 ±10 n mile 之内。至少在 95% 总飞行时间中沿航迹误差也必须在 ±10 n mile 之内。

完好性：航空器导航设备故障按照适航条例被归类为重大故障，出现概率小于 10^{-5}/h。

连续性：失去功能被归类为洋区和偏远陆地导航重大故障。连续性要求通过装载两套独立的远程导航系统(不包括空间信号)来满足。

空间信号：如果使用全球导航卫星系统，在空间信号误差导致侧向定位误差超过

20 n mile 的概率大于 10^{-7}/h 时,航空器导航设备应提供告警。

3. 特定导航服务标准[7]

1)配备两套 GNSS 的航空器

依照有关航空当局的要求,获准使用 GNSS 作为洋区和偏远陆地运行主要导航手段的航空器,这也满足 RNP 10 的要求并且无时间限制。

必须安装两套通过美国技术标准规范(TSO)批准的 GNSS 设备并采用经批准的故障探测与排除能力(fault detection and exclusion, FDE)可用性预报程序[8]。在任何情况下,预计无法获得 FDE 的最长允许时间为 34 min。

2)配备两套 INS 或 IRS 装置的航空器——标准时限

根据《联邦法规汇典》(CFR)标题 14 第 121 部分附录 G(或同等的国家标准),获得批准的、配备两套 INS 或 IRS 的航空器,满足最多达 6.2 飞行小时的 RNP 10 要求。

3)配备两套 INS 或 IRS 装置的航空器——延长时限

对于根据《联邦法规汇典》标题 14 第 121 部分附录 G 已获审定的带有 INS 的航空器,只有选择审定 INS 系统精度优于 3.7 km/h(2 n mile)径向误差[2.967 8 km/h(1.601 5 n mile)侧向航迹误差]的运营人,才需要进行额外延迟时限审定。

4)配备获准作为在洋区和偏远陆地主要导航手段的单一 INS 或 IRS 装置和单一 GNSS 的航空器

配备一个单一 INS 或 IRS 和单一 GNSS 的航空器,无时限地符合 RNP 10 的要求。INS 或 IRS 装置必须根据《联邦法规汇典》标题 14 第 121 部分附录 G 进行审批。GNSS 必须经过 TSO‐C129a 的认可,并且必须具有获得审批的 FDE 可用性预报程序。在任何情况下,FDE 能力不可用的最大容许时间是 34 min。

5.2.1.3　飞行运行要求

1. 飞行计划

在制定飞行计划阶段,飞行机组和签派员应该特别关注影响 RNP 10 空域(或 RNP 10 航路)运行的情况,包括:

(1)核实是否已经考虑了 RNP 10 时限;

(2)如果运行需要,核实 GNSS(如 FDE 能力)要求。

2. 飞行前程序

飞行前除正常程序外,还需要审查在 RNP 10 空域或 RNP 10 航路运行的应急程序。这些程序与正常的洋区应急程序相同,唯一的例外是,当航空器再也不能以批准的 RNP 10 性能导航时,机组必须能够识别并立即告知空中交通管制员。

3. 航路飞行运行

在洋区区域进入入口,必须至少有两套能够达到此导航规范的远程导航系统处于运行状态。如果情况并非如此,飞行员应考虑选择另一条不需要该特定设备的航路或者不得不改航备降进行设备维修。

在进入洋区空域之前,必须使用外部导航设备尽可能精确地核实航空器的位置,可利用 DME/DME 或 VOR/DME 进行无线电位置更新或者位置核实。

在洋区飞行期间,机组必须强制执行交叉检查程序以确定导航误差,从而避免航空器无意中偏离空中交通管制的放行航路。如果导航设备故障或者导航下降,机组人员必须向空中交通管制员报告,或者采取应急程序制止继续偏航。

4. 导航数据库

RNAV 10 运行无机载导航数据库强制要求。如果航空器装载有导航数据库,机载导航数据库必须是最新的并适合于运行,必须包括航路上所需的导航设备和航路点。

5.2.2 RNAV 5 规范

RNAV 5 即欧洲先期运行的 B－RNAV,适用于陆基导航设施相对比较完善的大陆航路飞行运行,通常要求提供空中交通服务雷达监视。如果某航空器已经获得 B－RNAV 适航和运行审批,无需重新审批[9]。

5.2.2.1 ANSP 考虑

RNAV 5 运行的航路间隔与交通密度有关,同向交通可采用 16.5 n mile 的标准航路间隔,反向交通可采用 18 n mile 的间隔。在空中交通管制干预能力允许的情况下,可使用最低 10 n mile 的航路间隔标准。在 ATC 许可的情况下,可以建立平行偏置飞行能力。RNAV 5 航路航段切换采用“旁切”(fly by)方式转弯,转弯航迹取决于真空速、适用的坡度角限制和空中风,这些因素加上制造商采用的不同初始转弯标准,将造成转弯性能存在较大差异。RNAV 5 航路可以建立平行航路和缩小垂直间隔(reduced vertical separation minimum, RVSM)航路。

5.2.2.2 航空器要求

1. 机载导航系统

RNAV 5 运行以区域导航设备/系统为基础,自动确定航空器在水平面内的位置,主要利用以下一种或多种定位传感器的输入信号。

(1) 甚高频全向无线电信标/测距仪(VOR/DME)。

(2) 测距仪/测距仪(DME/DME)。

(3) 惯性导航系统或惯性参照系统(INS 或 IRS)。

(4) 全球导航卫星系统(GNSS)。

RNAV 5 飞行运行航空器要求在一种区域导航方式失效后,应具备另一种区域导航备份能力,因此实际运行中通常会加装两种以上区域导航系统。

2. 系统性能、监视和告警

飞行员和管制员应观察航空器航迹保持能力,观察每架航空器的航迹和高度保持能力。

如果观察或分析表明航空器出现了失去间隔或超障余度的情况,应该确定明显偏离航迹或高度的原因,并采取措施防止再次发生。

RNAV 5 飞行运行需要监视侧向性能和故障,以保障整个系统的安全并确保空中交通服务系统达到所需目标安全水平。航空器导航性能要求如下。

（1）精度：在指定为 RNAV 5 的空域内或航路上运行期间,至少在95%的总飞行时间中侧向总系统误差必须在±5 n mile 之内。至少在 95% 的总飞行时间中沿航迹误差也必须在±5 n mile 之内。

（2）完好性：航空器导航设备故障按照适航条例被归为重大故障,出现概率小于 $10^{-5}/h$。

（3）连续性：如果运营人可以切换到一个不同的导航系统飞往适当的机场,失去功能则被归类为小故障。

（4）空间信号：如果使用全球导航卫星系统,在空间信号误差导致侧向定位误差超过 10 n mile 的概率大于 $10^{-7}/h$ 时,航空器导航设备须提供告警。

注:在指定 RNAV 5 空域内所使用的 RNAV 5 系统,其所需最低完好性和连续性水平通常通过一个单独安装的系统实现,该系统由一个或多个传感器、一台区域导航计算机、一台导航显示器/水平状态指示器/偏航指示器构成。导航性能监视工作由飞行机组完成,当系统出现故障时,航空器具有参照陆基导航设备进行导航的能力。

3. 特定导航服务准则

1）惯性导航系统(INS)/惯性参照系统(IRS)

RNAV 5 运行如果以惯性传感器为基础位置传感器,并在无线电导航源覆盖不到时提供备份位置数据源,则可使用 INS 或者 IRS 提供导航服务。

如果惯性系统在空中无法实现无线电位置更新,则自前次在地面上进行校正/位置后,RNAV 5 运行最长使用时间不得超过 2 h。

2）甚高频全向无线电信标(VOR)

VOR 在距离导航设施60 n mile(DVOR 为75 n mile)以内,导航定位精度满足 RNAV 5 运行要求,通常采用 VOR/DME 定位方式。由于传播效应(如多路径)VOR 信号覆盖范围内的某些区域可能会出现较大误差。在出现此类误差时,必须规定部分区域不能使用 VOR 导航。

3）测距仪(DME/DME)

只要在 DME 台信号覆盖范围内,DME 导航定位精度均能够满足 RNAV 5 运行要求,通常采用 DME/DME 定位方式。在飞行运行时须对接收的 DME 台信号进行检查,以确认收到信号正确可靠。

4）全球导航卫星系统(GNSS)

机载 GNSS 系统必须具备接收机自主完好性监视(receiver autonomous integrity monitoring, RAIM)功能或者星基增强、地基增强功能或者多源导航传感器组合增强功能,以实现卫星导航完好性监视。

如果 RNAV 5 运行批准使用传统导航设备作为 GNSS 发生故障时的备份,航空器必须安装批准中规定的所需传统陆基导航机载设备。

如果 RNAV 5 运行使用 GNSS 作为主用导航设备,在签派放行前必须进行 RAIM 预测。

如果 RAIM 预测结果发现在计划 RNAV5 运行的任何阶段,出现连续 5 min 以上失去适当水平的故障检测能力(即 RAIM 空洞),则应该修改飞行计划(即推迟离场或规划一个不同的离场程序)。

5.2.2.3 飞行运行要求

1. 飞行计划

在飞行前计划制定阶段,必须确认预定航路所需的导航设备基础设施,包括任何非RNAV应急设备在计划运行时段内的可用性。飞行员还必须确认运行所需的机载导航设施的可用性。

2. 飞行前程序

RNAV 5 运行如果使用 GNSS 作为主用导航,则对航路上 GNSS 接收机自主完好性监视水平有要求,在签派放行前可通过 RAIM 预测来预报服务。如果预测 RNAV 5 运行的任何阶段连续 5 min 以上失去适当水平的故障检测(fault detection,FD)能力,则应该修改飞行计划(即推迟离场或规划一个不同的离场程序)。

3. 航路飞行运行

对于 RNAV 5 飞行运行,飞行员应使用侧向偏差指示器(如 HSI)、飞行指引仪(FD)或处于侧向导航模式的自动驾驶仪(AP)。

配备侧向偏差显示器的航空器飞行员,必须确保侧向偏差刻度适用于与航路/程序相关的导航精度(如满刻度偏离值为±5 n mile)。在飞行期间,飞行员应使用 PFD、ND 以及 MCDU 交叉检查,实现对飞行进程的监控。

除非遇到紧急状况或 ATC 允许偏离,否则在包括 RNAV 5 运行的所有导航规范飞行运行过程中,飞行员必须保持航空器沿航路中心线飞行。对于正常运行,侧航迹偏差(XTK)应控制在程序或航路相关的导航精度值的+1/2 以内(RNAV 5 为 2.5 n mile)。在程序/航路转弯期间或之后,允许短暂超出此标准(如早转或晚转),最大偏差为导航精度值的一倍(RNAV 5 为 5 n mile)。

如果 ATC 发布一个航向指令让航空器偏离航路飞行,飞行员不需要修改飞行计划。当航空器不在公布航路上飞行运行时,则程序/航路规定的导航精度不适用。

当航空器区域导航性能不再满足 RNAV 5 要求时,飞行员必须立即通知 ATC。如果使用单独的 GNSS 设备导航,需注意:

(1)在失去接收机自主完好性监视检测功能时,可以继续使用 GNSS 位置进行导航,但定位结果不可信。此时,飞行机组应尝试利用其他陆基导航定位信息交叉检查航空器位置,以确认定位结果可接受。如果确认 GNSS 定位结果不能接受,飞行机组应立即启用备用导航方式并通知 ATC。

(2)如果因 RAIM 告警使导航显示无效时,飞行机组应立即启用备用导航方式并通知 ATC。

4. 导航数据库

RNAV 5 运行无机载导航数据库强制要求。如果使用机载导航数据库,则在 NAIP、AIP 和机载导航数据库中,所有航路点、导航台坐标必须基于 WGS-84 坐标系。没有机载导航数据库,飞行机组须手动输入航路点。

如果安装并使用导航数据库,该数据库应该是最新的并适合于计划运行的地区,还必须包括航路所需的导航设备和航路点。

5.2.3　RNAV 1/2 规范

RNAV 1/2 规范主要用于有雷达监视和直接陆空通信的繁忙陆地航路和终端区运行。RNAV 1 和 RNAV 2 导航规范统一了欧洲精密区域导航（P-RNAV）和美国区域导航（US-RNAV）标准。ICAO 规定，RNAV 1/2 导航规范适用于航路阶段、标准仪表离场（SID）和标准仪表进场（STAR），以及仪表进近程序的起始进近、中间进近阶段。中国民航规定，RNAV 2 主要用于航路飞行，RNAV 1 主要用于终端区进/离场、起始进近、中间进近和复飞阶段飞行[10]。

5.2.3.1　ANSP 考虑

RNAV 1/2 导航规范主要是针对雷达监视环境下的区域导航运行而制定的。RNAV 1/2 的航路间隔标准取决于航路布局、空中交通密度和 ATC 的干预能力，可以建立平行偏置飞行航路，具体实施时可以参考雷达监视下运行的间隔标准。

RNAV 1/2 可以使用 GNSS、DME/DME 和 DME/DEM/IRS 导航，GNSS 为首选导航源。如果 DME 是 IRS 唯一无线电位置更新源，则必须确保 DME 全程覆盖。在有 DME 覆盖盲区的区域，IRS 维持 RNAV 1 运行的可用时间仅为 5 min。

如果使用 DME 陆基导航台定位，DME 台距离要求为 3~160 n mile，仰角控制在 40°以下、DME/DME 与飞机之间的方位线夹角为 30°~150°。如果某个 DME 不可用时，将导致 DME/DME 不能提供满足航路或程序要求的导航服务，则该 DME 台被称作关键 DME。如存在关键 DME，应在航图中明确公布。

虽然近距离 VOR（40 n mile 以内）台可能也满足 RNAV 1/2 运行定位精度要求，但需要进行严格评估，通常不建议使用 VOR/DME 导航定位。

对于程序设计和基础设施评估，运行程序中规定在 95% 概率下 FTE 必须控制在 0.5 n mile（RNAV 1）和 1 n mile（RNAV 2）以内。

5.2.3.2　航空器要求

1. 机载导航系统

RNAV 1 和 RNAV 2 的航空器机载导航设备/系统要求相同，但是导航性能要求不同。RNAV 1/2 飞行运行主要利用以下一种或多种定位传感器的输入信号，因此机载系统必须加装相应接收机/设备。

（1）测距仪/测距仪（DME/DME）。

（2）惯性导航系统或惯性参照系统（INS 或 IRS）。

（3）全球导航卫星系统（GNSS）。

RNAV1/2 飞行运行首选导航定位源仍然是 GNSS。

2. 系统性能、监视和告警

飞行员和管制员应观察航空器的航迹和高度保持能力。如果观察或分析表明航空器出现了失去飞行间隔或超障余度的情况，应该确定明显偏离航迹或高度的原因，并采取措施防止再次发生。

RNAV 1/2 飞行运行需要监视侧向性能和故障,以保障整个系统的安全并确保空中交通服务系统达到所需的目标安全水平。

RNAV 1/2 运行航空器导航性能要求如下。

(1) 精度:在指定为 RNAV 1 空域内或航路上飞行运行期间,至少在95%的总飞行时间中侧向总系统误差必须控制在±1 n mile 之内。至少在 95%的总飞行时间中沿航迹误差也必须在±1 n mile 之内。在指定为 RNAV 2 空域内或航路上飞行运行期间,至少在 95%的总飞行时间中侧向总系统误差必须控制在±2 n mile 之内,沿航迹误差也必须控制在±2 n mile 之内。

(2) 完好性:航空器导航设备故障按照适航条例被归为重大故障,出现概率小于 10^{-5}/h。

(3) 连续性:如果运营人可以切换到一个不同的导航系统飞往适当的机场,失去功能则被归类为小故障。

(4) 空间信号:使用全球导航卫星系统在 RNAV 1 空域内或航路上运行期间,如果空间信号误差导致侧向定位误差超过 2 n mile 的概率大于 10^{-7}/h,则航空器导航设备必须提供告警。使用全球导航卫星系统在 RNAV 2 空域内或航路上飞行运行期间,如果空间信号误差导致侧向定位误差大于 4 n mile 的概率超过 10^{-7}/h,则航空器导航设备必须提供告警服务。

3. 特定导航服务标准

1) 全球导航卫星系统标准

航空器按照 FAA AC 20 - 130A 要求安装的 TSO - C129/C129a 传感器(B 类或 C 类)和 TSO - C115b 飞行管理系统;或按照 FAA AC 20 - 130A 或 AC 20 - 138A 要求安装的 TSO - C145 传感器和 TSO - C115B、飞行管理系统;或按照 FAA AC 20 - 138 或 AC 20 - 138A 安装的 TSO - C129/C129aA1 类传感器;或按照 FAA AC 20 - 138A 安装的 TSO - C1460 传感器,均符合 RNAV 1/2 飞行运行要求[11]。

2) 测距仪(DME/DME)标准

RNAV 1/2 飞行运行如果使用 DME/DME 定位方式,则对 DME/DME 区域导航系统有如下要求。

(1) 在对导航设施进行调谐后 30 s 内进行位置修正,可自动调谐多个测距仪设施。

(2) 提供连续的 DME/DME 位置修正。如果至少在前一个 30 s 内一直有第三个 DME 或第二对 DME 可供使用,则当区域导航系统在 DME/DME 对之间转换时,DME/DME 定位不得有中断。

(3) 当需要产生一个 DME/DME 位置时,区域导航系统使用相对方位夹角为 30° ~ 150°的测距仪。

(4) 航空器离 DME 台距离要求大于或等于 3 n mile 且小于 160 n mile,仰角小于 40°。

3) 测距仪(DME)和惯性参照装置(IRU)的标准

使用 DME/DME 对 IRU 进行位置更新,除 DME/DME 符合以上测距仪标准外,惯性系统性能必须符合《联邦法规汇典》标题 14 第 121 部分附录 G 中的标准,即 IRU/IRS 的累计误差不超过 2 n mile/15 min[7]。RNAV 1 运行如果使用 IRU/IRS 导航并需要维持 RNAV 1 运行等级,IRU/IRS 使用时间不超过 5 min。

5.2.3.3　飞行运行要求

1. 飞行计划

实施 RNAV 航路、SID 和 STAR 运行的营运人和飞行员应在飞行计划中填写相应的后缀以指明已获得了运行批准。

基于 DME/DME 导航时，应检查通告和相关信息，确认关键 DME 的可用性。飞行员应评估在飞行中发生关键 DME 失效情况下的导航能力（可能需要飞往备降目的地）。如果飞机没有安装 GNSS 设备，则导航系统必须使用 DME/DME/IRU 进行位置更新。

作为最低标准，ABAS 应提供完好性告警。对于采用 SBAS 接收机（所有 TSO－C145/C146）导航的航空器，营运人应检查在 SBAS 信号不可用区域内 GPS RAIM 的可用性。

机载导航数据必须是现行有效的，并且适用于计划运行的区域，包含导航设施、航路点以及编码的起飞机场、目的地机场和备降场的终端区飞行程序和航路等。

2. 飞行前程序

如果航空器上加装有 GNSS 机载导航设备，并且 RNAV 1/2 飞行运行使用 GNSS 作为主用导航源，在签派放行前必须进行 RAIM 预测。如果预测结果满足要求则可以放行，如果预测 RNAV 1 或 RNAV 2 运行的任何飞行阶段连续 5 min 以上失去适当水平的故障检测（FD）能力，则应修改飞行计划（如推迟离场或计划一个不同的离场程序）。

飞行机组必须确认在区域导航系统或飞行管理系统（FMS）中正确输入了指定的航路和进、离场程序。进场和离场程序必须根据程序名称从机载导航数据库中调出，并且与航图程序核实确保信息一致。飞行机组应参考航图或采取其他适用的方式交叉检查许可的飞行计划，如适用，还应检查导航系统文本显示和地图显示。

3. 航路飞行运行

除非遇到紧急情况或 ATC 批准偏离，否则在整个 RNAV 1/2 运行期间，飞行员都应根据机载水平偏离指示器和（或）飞行引导系统保持在航路中心线上。对于正常运行，横向航迹误差或偏离（飞机位置与 RNAV 系统计算航径之间的差异，即 FTE）应控制在相关程序或航路导航精度的±1/2 以内（如 RNAV 1 为 0.5 n mile，RNAV 2 为 1.0 n mile）。允许在程序或航路转弯后出现最大为导航精度 1 倍的短暂偏离（早转或晚转），如 RNAV 1 为 1.0 n mile，RNAV 2 为 2.0 n mile。

如果 ATC 发布一个航向指令使飞机脱离 RNAV 程序或航路，则在接到重新加入的许可或 ATC 发布一个新的许可之前，飞行员不允许更改区域导航系统中的程序或航路。若飞机不是在公布的程序或航路上飞行，则规定的精度要求不适用。

4. 导航数据库

RNAV 1/2 运行机载区域导航系统必须装载一个包含局方公布的现行有效导航数据的数据库，该数据库能够按照定期制（AIRAC）周期进行更新。数据库所有航路点坐标、DME 台坐标必须基于 WGS－84 坐标系。

在飞行运行过程中，根据 ATC 的许可指令，允许飞行机组从数据库中选择、插入个别的已命名的定位点。不允许通过人工输入经纬度坐标或用距离/方位的方式输入或创建一个新航路点。

数据库必须有保护措施,以防止飞行员修改所存储的数据。禁止机组改变数据库的航路点类型(旁切或飞越)。

5.2.4　附加运行要求

为支持和批准 RNAV 运行,除了在《PBN 手册》中对 RNAV 的运行要求作了规定外,各国家和地区民航局也制定了相应的咨询通告或运行批准指南。中国民航局飞行标准司针对 RNAV 5 和 RNAV 1/2 运行,先后制定了《RNAV 5 运行批准指南》(AC-91-08)和《在航路和终端区实施 RNAV 1 和 RNAV 2 的运行指南》(AC-91-FS-2008-09)两个咨询通告[10]。

在以上法律法规基础上,以及前述 RNAV 运行要求的基础上,RNAV 运行还有相关附加要求,主要包括以下内容。

1. 航路规划/飞行程序设计

按照 ICAO 和 CAAC 有关航路和飞行程序设计的规范和标准,规划 RNAV 导航航路和设计 RNAV 终端区飞行程序,并进行陆基导航设施和空管保障设施的建设和评估,以满足 RNAV 运行的要求。

2. 飞行计划表填写要求

根据《空中交通管理》(ICAO DOC 4444)附件 2 的要求,在 Flight Plan(飞行计划)表上必须填写相关代码,以指明该航空器已获得批准运行的导航规范,如图 5.2 和 5.3 所示。

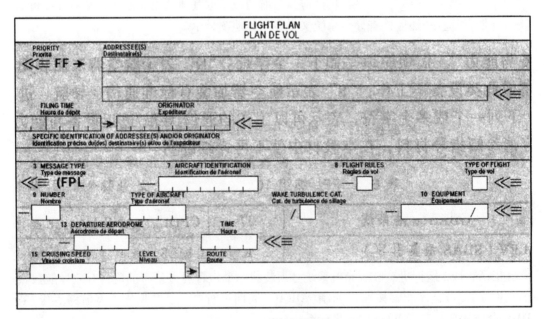

图 5.2　飞行计划表(1)

PBN 导航规范包括 RNAV 和 RNP 导航规范,在不同版本的 DOC 4444 中飞行计划表的填写规则要求不同。

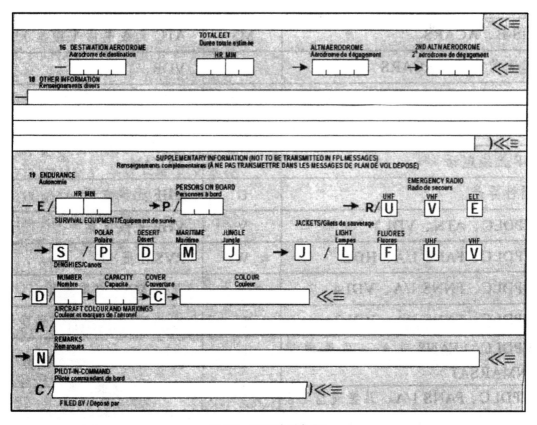

图 5.3　飞行计划表(2)

根据 2012 年 10 月中国民航局空管局下发的《国际民航组织新版飞行计划格式和空中交通服务程序指导材料》(第二版)的规定,要求自 2012 年 11 月 15 日起,全球将统一执行新版飞行计划格式标准和空中交通服务电报程序。新版飞行计划标准格式和空中交通服务电报程序是对 ICAO《航行服务程序—空中交通管理》(PANS - ATM,DOC 4444 号文件)第十五版的第一次修订[12]。

在该规定中,设计 PBN 运行的修订内容有多项,以下主要对飞行计划表中编组 10 和编组 18 填写规则进行说明。

根据编组 10 涉及机载设备和能力的说明,机载设备与能力由以下元素组成。

(1) 在飞机上存在的相关可用设备。

(2) 与机组成员资格能力相符的设备和能力。

(3) 经过有关当局授权使用的设备和能力。

编组 10 包括 A/B 两项,A 项说明"无线电通信、导航及进近助航设备与能力",B 项说明"监视设备与能力"。A 项应填写如下一个字母:"N"表示航空器未加装无线电通信、导航、进近设备或此类设备不工作;"S"表示航空器加装有标准通信、导航、进近设备可工作;和(或)下列一个或多个字符,表示可以工作的通信/导航/进近设备与能力,如表 5.2 所示。B 项内容请参阅指导材料,在本教材中就不再详细说明。

表 5.2　FPL 编组 10 中 A 项内容含义

A	GBAS 着陆系统	J7	CPDL、FANS 1/A,卫星通信(铱星)
B	LPV(SBAS 垂直引导)	K	MLS
C	LORAN－C	L	ILS
D	DME	M1	ATC 无线电话、卫星通信(INMARSAT)
E1	FMC、航路点位置报告、ACARS	M2	ATC 无线电话(多功能运输卫星)
E2	FIS－B、ACARS	M3	ATC 无线电话(铱星)
E3	起飞前放行、ACARS	O	VOR
F	ADF	P1－P9	RCP 预留
G	GNSS	R	获得 PBN 批准
H	HF 无线电话	T	TACAN
I	惯性导航	U	UHF 无线电话
J1	CPDLC、ATN、VDL2	V	VHF 无线电话
J2	CPDLC、FANS 1/A、HDL	W	RVSM 批准
J3	CPDLC、FNNS 1/A、VDL4	X	获得 MNP 规范批准
J4	CPDLC、FANS 1/A、VDL2	Y	有 8.33 KHz 频道间隔能力的 VHF
J5	CPDLC、FANS 1/A、卫星通信(INMARSAT)	Z	携带的其他设备或能力
J6	CPDLC、FANS 1/A、卫星通信(多功能运输卫星)		

编组 18 为"其他情报"信息。本组数据项和表示内容很多,包括 PBN 运行的相关信息,对应数据项和表示内容如表 5.3 所示。

表 5.3　FPL 编组 18 中 PBN 运行内容含义

PBN/	表示区域导航和/或所需导航性能的能力,只能填写指定的字符内容,最多 8 个词条,不超过 16 个符号 区域导航规范: Al RNAV 10(RNP 10) B1 RNAV 5 所有允许的传感器 B2 RNAV 5 全球导航卫星系统 B3 RNAV 5 测距仪/测距仪 B4 RNAV 5 甚高频全向信标/测距仪 B5 RNAV 5 惯性导航或惯性基准系统 B6 RNAV 5 罗兰 C C1 RNAV 2 所有允许的传感器 C2 RNAV 2 全球导航卫星系统 C3 RNAV 2 测距仪/测距仪 C4 RNAV 2 测距仪/测距仪/IRU D1 RNAV 1 所有允许的传感器 D2 RNAV 1 全球导航卫星系统 D3 RNAV 1 测距仪/测距仪 D4 RNAV 1 测距仪/测距仪/IRU 所需导航性能规范: L1 RNP 4 O1 基本 RNP 1 所有允许的传感器 O2 基本 RNP 1 全球导航卫星系统 O3 基本 RNP 1 测距仪/测距仪

续　表

PBN/	O4 基本 RNP 1 测距仪/测距仪/IRU S1 RNP APCH S2 具备 BARO - VNAV 的 RNP APCH T1 有 RF 的 RNP AR APCH(需要特殊批准) T2 无 RF 的 RNP AR APCH(需要特殊批准)
NAV/	除 PBN/规定之外,按有关 ATS 单位要求,填写与导航设备有关的重要数据,在此代码项下填入全球导航卫星增强系统,两个或多个增强方法之间用空格 示例: NAV/GBAS SBAS

编组 18"PBN"与编组 10 数据项 A 的关系说明如下:

(1) 如果在编组 10A 中使用了"R",则在第 18 编组"PBN/"需要填写内容;相反,如果在"PBN"填写了内容,则在第 10A 中,需填写"R"。

(2) 如果填写了 B1、B2、C1、C2、D1、D2、O1 或 O2,那么与之对应,在编组项 10A 中必须包含"G"。

(3) 如果填写了 B1、B3、C1、C3、D1、D3、O1 或 O3,那么对应的在编组项 10A 中必须包含"D"。

(4) 如果填写了 BI 或者 B4,那么对应的在编组项 10A 中必须包含"O"或"S",并且同时要包含"D"。

(5) 如果填写了 B1、B5 或 C1,那么对应的在编组项 10A 中必须包含"I"。

(6) 如果填写了 Cl、C4、D1、D4、O1、O4,那么对应的在编组项 10A 中必须包含"D"和"I"。

3. DME GAP 评估

DME 覆盖盲区(DME GAP)是指利用 DME 导航时,导航精度能够满足运行要求但却不能接收到 DME 信号的航路段。这些 DME GAP 要求在 AIP/NAIP 上予以公布。

如果仅利用 DME/DME 实施区域导航,则不允许航空器在存在 DME GAP 的航路段飞行。如果采用 DME/DME/IRU 实施区域导航,要求存在 DME GAP 的航路段,使用 GNSS 或 IRS/IRU 导航。

在 RNAV 1 运行时,如果是 DME/DME 导航,则必须满足 DME/DME 完全覆盖并达到精度要求;如果存在 DME GAP 恢复到 IRU 导航,DME GAP 航路段 IRU 运行时间不允许超过 5 min。

4. 关键 DME 公布

如果一台关键 DME 不可用,则导致沿指定航路或者 PBN 飞行程序飞行时,DME/DME 导航不可用。

要求在 AIP/NAIP 上公布关键 DME 台。如果因为关键 DME 不可用,导致航空器不能连续按 RNAV 要求运行,机组应该立即报告 ATC。如果出现突发性 DME 失效导致不能满足 RNAV 运行要求,ATC 应立即通告机组。

5. 临时航路点要求

如果因为紧急情况或管制原因,ATC 要求航空器临时改航飞向飞行计划外的一个临时航路点,则需要对这些计划外的航路点进行评估。评估工作必须在飞行前完成,并且将这些点列入机载导航数据库中,不允许机组任意临时创建航路点,否则必须 By ATC 飞行。

6. 降等级运行

在 PBN 运行过程中,如果 GNSS 作为导航源失去导航功能或者陆基导航和惯性导航不能满足飞行计划导航规范运行要求时,飞行机组应该立即报告 ATC。ATC 根据运行环境和空域情况,对该航空器发出降等级运行指令。机组根据 ATC 指令和运行情况,降低运行精度和运行等级或者恢复到传统台到台飞行。

5.3 RNP 导航规范

RNP 导航规范主要包括 RNP 4、RNP 2、RNP 1、A-RNP、RNP APCH、RNP AR APCH 和 RNP 0.3。RNP 导航规范的适用飞行阶段如表 5.1 所示。

以下仅从 ANSP 考虑航空器要求、飞行运行要求等方面简单介绍 RNP 导航规范及相关运行要求。

5.3.1 RNP 4 规范

RNP 4 规范适用于海洋和偏远地区,飞行运行可以不需要任何陆基导航设施。GNSS 是支持 RNP 4 规范运行的主用导航传感器,GNSS 既可以作为一个独立导航源导航,也可以作为多传感器导航系统的一部分[13]。

5.3.1.1 ANSP 考虑

RNP 4 运行超障余度参考《空中航行服务程序—航空器运行》(ICAO DOC 8168 号文件,第 Ⅱ 卷)的要求,航路最小间隔参考《空中航行服务程序—空中交通管理》(ICAO DOC 4444 号文件)的要求[2,12]。

航空器加装有管制员—飞行员数据链通信(CPDLC)和合约式自动相关监视(ADS-C)系统,并且支持增加的要求报告率,满足 30 n mile 侧向和 30 n mile 纵向最小间隔要求。

RNP 4 航路也可以建立 ADS-B 监视能力和平行偏置飞行能力,间隔要求参考相关规定或由 ATC 指定。平行偏置飞行时,现行飞行计划中原有航路导航精度和其他性能要求必须适用于偏置航路。

在 AIP 中应明确现有特定航路的导航应用为 RNP 4,同时确定航路的最低航段飞行高度要求,并且所有航路必须基于 WGS-84 坐标系。

5.3.1.2 航空器要求

1. 机载导航设备

对于洋区或偏远陆地空域的 RNP 4 运行,航空器必须装备至少两套完全可用的、独立的、其完好性能保证导航系统不提供误导信息的远程导航系统(LRNS)。

航空器必须使用 GNSS 并可将其作为一个独立的导航系统或作为多传感器系统中的一个组成部分。当 GNSS 作为一个独立导航系统或多传感器系统的一个组成部分时,接收机必须具备自主完好性监视(RAIM)功能。

2. 系统性能、监视和告警

RNP 4 运行机载系统必须具备 OPMA 功能,机载导航系统导航性能要求如下。

(1)精度:在指定为 RNP 4 空域内或航路上的运行期间,至少在 95% 的总飞行时间中,侧向总系统误差必须在 ± 4 n mile 之内,沿航迹误差也必须在 ± 4 n mile 之内。可以假定 FTE 为 2.0 n mile(95%)。

(2)完好性:航空器导航设备故障按照适航条例被归为重大故障,出现概率小于 10^{-5}/h。

(3)连续性:失去功能被归类为洋区和偏远陆地导航重大故障。连续性要求通过装载两套独立的远程导航系统(不包括空间信号)来满足。

(4)性能监视与告警:如果未达到精度要求或者侧向总系统误差超过 8 n mile 的概率大于 10^{-5}/h,RNP 系统必须提供告警或 RNP 系统和飞行员必须共同提供告警。

(5)空间信号:如果使用全球导航卫星系统,在空间信号误差导致侧向定位误差超过 8 n mile 的概率大于 10^{-7}/h 时,航空器导航设备须提供告警。

5.3.1.3　飞行运行要求

1. 飞行计划

如果仅使用 GNSS 作为唯一导航传感器,则在 RNP 4 运行签派放行前,必须使用经批准的故障探测与排除(FDE)性能可用性预测程序,预计 FDE 性能不可用的最大允许时间为每次 25 min。如果预测显示最大允许 FDE 中断超时,必须根据 FDE 可用时间重新制定飞行计划。

如果航空器安装并使用远程导航多传感器系统时,则签派放行前无需对 FDE 可用性进行预测,但是除 GNSS 外的其他远程导航传感器必须能满足 RNP 4 航路飞行运行的要求。当接收机自主完好性监视不可用,但全球导航卫星系统信息仍然有效时,使用惯性导航系统或其他导航传感器,可以对全球导航卫星系统数据完好性进行检查。

2. 飞行前程序

飞行前必须检查 RNP 4 空域或 RNP 4 航路运行应急程序,这些程序与正常洋区应急程序相同,区别在于当航空器不能以 RNP 4 导航性能导航时,机组必须能够识别并通知 ATC。

在签派放行或制定飞行计划时,运营人必须确保航路中具备充分的导航能力,使航空器能够以 RNP 4 导航。如果有运行需要,须进行 FDE 预测。

3. 航路飞行运行

在 RNP 空域的进入点,必须至少有两套能够满足 RNP 4 运行的并列入飞行手册的远程导航系统正常工作。如果 RNP 4 运行所需的某一设备无法使用,飞行员应该考虑选择备用航路或改航备降。

飞行中运行程序必须包括强制性的交叉检查程序,以尽早发现导航误差,避免因疏忽造成偏离空中交通管制放行航路。如果导航性能不满足运行要求,机组人员必须立即报告 ATC。

在 RNP 4 航路侧向导航模式中,飞行员应该使用侧向偏离指示器、飞行指引仪或自动驾驶仪。带有侧向偏离指示器的航空器飞行员,必须确保侧向偏离指示器刻度(满刻度偏离)符合航路导航精度(如±4 n mile)。

对于正常运行,侧向航迹误差/偏离应该限制在与该航路相关导航精度的±1/2(即2 n mile)范围内,FTE 不允许超过±1/2(即2 n mile,95%概率)范围。允许在航路转弯过程中或航路转弯结束后,短暂偏离这一标准并且最多不超过该导航精度的 1 倍值(即4 n mile)。

4. 导航数据库

RNP 4 运行航空器必须装载机载导航数据库,导航数据库必须具备存取导航信息的功能,以支持导航系统参考及飞行计划特征。禁止飞行机组对导航数据库进行人工更改,并不排除设备内"用户定义的数据"的存储。从存储器中调取数据时,数据必须仍保留在存储器中。系统必须提供识别导航数据库版本和有效运行期的手段。

5.3.2 RNP 2 规范

RNP 2 适用于缺乏或没有陆基导航设施、空中交通服务监视、低密度飞行运行的海洋/偏远地区航路以及内陆航路,高空主要支持运输航空,低空同时也支持通用航空飞行运行。RNP 2 运行唯一使用 GNSS 导航,在 GNSS 受到干扰区域不能实施 RNP 2 运行。

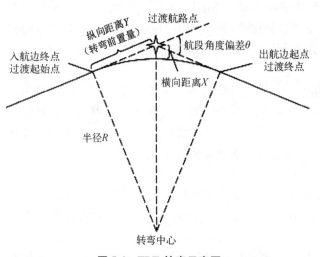

图 5.4 FRT 转弯示意图

RNP 2 航路可使用固定半径过渡(FRT)方式执行航路段转换。固定半径过渡(FRT)用来定义沿航线过渡转弯航迹,比如平行航路过渡转弯和飞越(fly-by)航路点过渡转弯。在 FRT 转弯过程中,航空器飞行航迹必须与定义的弧线一致,因此转弯坡度必须根据地速进行实时调整,如图 5.4 所示。FRT 可用于 RNP 2 航路飞行运行和 A-RNP 飞行运行。

在 FL 200(含)以上,FRT 转弯半径固定为 22.5 n mile,在 FL 190(含)以下,FRT 转弯半径固定为 15 n mile,转弯半径须在航路上合适的航路点上标注,入航边和出航边必须与 FRT 相切。如果前后两航路段航迹改变超过 90°,则不能使用 FRT 转弯。

5.3.2.1 ANSP 考虑

建立 RNP 2 航路必须考虑在该区域内飞行航空器改航的可能性,必须明确 RNP 连续性要求。如果航空器构型不能满足 RNP 2 在洋区及边远地区运行的连续性要求,则必须限制 RNP 2 在这些区域的运行。

RNP 2 运行超障余度参考《空中航行服务程序—航空器运行》(ICAO DOC 8168 号文

件,第Ⅱ卷)的要求,航路最小间隔参考《空中航行服务程序—空中交通管理》(ICAO DOC 4444 号文件)的要求。

在大陆 ATS 航路或者海洋及边远地区航路建立 RNP 2 运行,必须在 AIP/NAIP 上进行标注,同时确定航路的最低航段飞行高度要求,所有航路必须基于 WGS-84 坐标系。

5.3.2.2 航空器要求

1. 机载导航设备

虽然 RNP 2 主要适用于海洋或偏远陆地以及大陆航路,但同时也适用于运输航空和通用航空飞行运行,因此对机载导航设备的要求根据需要有所不同。按照 CCAR-121 的规定,如果在海洋或边远陆地飞行运行,航空器必须加装至少两套完全可用的、独立的、其完好性能保证导航系统不提供误导信息的远程导航系统(LRNS)。如果在大陆航路飞行运行,或者用于通用航空飞行运行,必须按照相关法规的要求加装机载导航设备,并制定最低设备清单(minimum equipment list, MEL)。

由于 RNP 2 主要基于 GNSS 导航,因此必须加装至少一套 GNSS 机载导航设备,GNSS 设备必须具备 FD(如 ABAS RAIM)功能以支持 RNP 2 ATS 航路飞行运行。机载 RNP 系统、GNSS 机载导航设备在签派放行前必须具备卫星导航完好性预测能力。

2. 系统性能、监视和告警

RNP 2 飞行运行航空器必须具备机载性能监视和告警(OPMA)能力,机载系统必须具备执行 FRT 转弯过渡能力。

RNP 2 运行机载系统导航性能要求如下。

(1)精度:在指定为 RNP2 空域内或航路上运行期间,在任何飞行阶段,至少在 95% 的总飞行时间中,侧向总系统误差必须在 ±2 n mile 之内,沿航迹误差也必须在 ±2 n mile 之内。FTE 不超过 1.0 n mile(95%)。

(2)完好性:航空器导航设备故障按照适航条例被归为重大故障,出现概率小于 10^{-5}/h。

(3)连续性:失去功能被归类为 RNP 2 在海洋和偏远地区、大陆航路飞行运行导航重大故障。如果在大陆航路飞行运行,GNSS 失去导航功能可以恢复到其他导航方式。如果使用一套 GNSS 导航设备执行 RNP 2 飞行运行,必须执行更为严格的连续性要求,在航空器飞行手册(AFM)中必须注明运行批准中严格功能限制。

(4)空间信号:如果使用全球导航卫星系统,在空间信号误差导致侧向定位误差超过 4 n mile 的概率大于 10^{-7}/h 时,航空器导航设备须提供告警。

5.3.2.3 飞行运行要求

1. 飞行计划

由于 RNP 2 仅使用 GNSS 作为导航源,因此在 RNP 2 运行签派放行前必须进行 RAIM 预测,RAIM 预测显示最大容许 FD 中断时间不允许超过 5 min。如果超时必须根据 FD 可用时间重新制定飞行计划。

2. 飞行前程序

机载导航数据必须是现行有效的并且包含合适的程序。如果导航数据库周期在飞行过程中发生变更,运营人和机组必须建立相关程序确保导航数据精度,包括用合适的导航设施定义航路和程序。

飞行前必须检查 RNP 2 空域或 RNP 2 航路运行应急程序,这些程序与正常应急程序相同,区别在于当航空器不能以 RNP 2 导航性能导航时,机组必须能够识别并通知空中交通管制。

3. 航路飞行运行

RNP 2 飞行运行中不需要利用陆基导航设施对水平导航(LNAV)进行交叉检查。如果航空器不能满足相关法规要求并且 ATC 要求执行 RNP 2 航路飞行运行,机组必须通报ATC 并要求 ATC 发新指令。

在 RNP 2 航路侧向导航模式中,飞行员应该使用侧向偏差指示器、飞行指引仪或自动驾驶仪。带有侧向偏差指示器的航空器飞行员,必须确保侧向偏差指示器刻度(满刻度偏差)符合航路导航精度(即±2 n mile)。

对于正常运行,侧向航迹误差/偏差应该限制在与该航路相关导航精度的±1/2(即1 n mile)范围内,FTE 不允许超过±1/2(即 1 n mile,95%概率)范围。允许在航路转弯过程中或刚做完航路转弯之后,短暂偏离这一标准并且最多不超过该导航精度的 1 倍(即2 n mile)。

如果使用 FRT 转弯过渡,且前后航段的精度要求不一致,则可以控制转弯精度在最大值以内。比如,上一航段精度为 1 n mile,下一航段精度为 2 n mile 时,在转弯中导航精度可以控制在 2 n mile 以内。

4. 导航数据库

RNP 2 运行航空器必须装载机载导航数据库,导航数据库内容必须是正式发布的内容并且可以进行周期性更新。如果机载导航数据库与航图不一致,则不能执行 RNP 2 飞行运行。如果航行资料和机载导航显示的磁航线角存在差异,3°以内差异在飞行运行中是可以接受的。

飞行机组在飞行运行过程中,可以根据需要或者 ATC 指令,插入或者删除计划航路点,但是禁止通过输入坐标或者方位/距离人工创建航路点,也禁止更改导航数据库中航路点旁切(fly-by)或飞越(fly-over)属性。

5.3.3 RNP 1 规范

RNP 1 规范适用于中等交通流量、没有或缺乏空中交通雷达监视服务终端区飞行运行[14]。RNP 1 规范可用于标准进场/离场、起始进近、中间进近以及复飞等飞行阶段。

RNP 1 航路可以与固定半径转弯(RF)航段衔接,并且使用气压高度垂直导航方式,机载系统必须具备 OPMA 功能。

5.3.3.1 ANSP 考虑

RNP 1 运行要求在能建立管制员—飞行员直接话音通信的环境和区域运行。RNP 1

飞行运行基于 GNSS 导航。虽然 DME/DME 能够保证 RNP 1 运行的精度,但是 RNP 1 主要用于没有 DME/DME 信号覆盖或者不能提供运行所需精度的区域,并且 DME 陆基导航设施建设成本高、导航性能评估复杂,因此 RNP 1 飞行运行主用 GNSS,并且不能在 GNSS 信号有干扰的区域实施 RNP 1 运行。如果 RNP 1 不能运行并且恢复到传统运行,可以使用传统陆基导航。

RNP 1 运行超障余度参考《空中航行服务程序—航空器的运行》(ICAO DOC 8168 号文件,第Ⅱ卷)的要求。RNP 1 终端区程序采用普通下降剖面,需要在 AIP/NAIP 上标注最低航段飞行高度,所有航路点必须基于 WGS - 84 坐标系。

RNP 1 航路间隔取决于航路构型、交通密度和 ATC 的干预能力,水平最小间隔参考《空中航行服务程序—空中交通管理》(ICAO DOC 4444 号文件)的要求。

5.3.3.2　航空器要求

1. 机载导航设备

航空器按照 FAA AC 20 - 130A 要求安装的 TSO - C129/C129a、TSO - C1450 机载 GNSS 导航传感器(B 类或 C 类)和 TSO - C115b 飞行管理系统或按照 FAA AC 20 - 138/138A 要求安装的 TSO - C129Aal 或 TSO - C1460 机载 GNSS 导航传感器,均符合 RNP 1 飞行运行要求。

2. 系统性能、监视和告警

RNP 1 飞行运行航空器必须具备机载性能监视和告警(OPMA)能力,机载系统导航性能要求如下。

(1)精度:在指定为 RNP 1 空域内或航路上运行期间,在任何飞行阶段,至少在 95% 的总飞行时间中,侧向总系统误差必须在±1 n mile 之内,沿航迹误差也必须在±1 n mile 之内。FTE 不超过 0.5 n mile(95%)。

(2)完好性:航空器导航设备故障按照适航条例被归为重大故障,出现概率小于 10^{-5}/h。

(3)性能监视与告警:如果未达到精度要求或者如果侧向总系统误差超过 2 n mile 的概率大于 10^{-5}/h,RNP 系统须提供告警或 RNP 系统和飞行员须共同提供告警。对于符合 TSO - C129a 的 GNSS 导航传感器(独立式或集成式),在 ARP 点 30 n mile 以外缺省告警门限为 2 n mile,在 ARP 点 30 n mile 以内缺省告警门限为±1 n mile。

(4)连续性:如果机组可以切换到不同的导航系统飞往适当的机场,失去功能则被归类为小故障。

(5)空间信号:如果使用全球导航卫星系统,在空间信号误差导致侧向定位误差超过 2 n mile 的概率大于 10^{-7}/h 时,航空器导航设备须提供告警。

5.3.3.3　飞行运行要求

1. 飞行计划

由于 RNP 1 仅使用 GNSS 作为导航源,因此在 RNP 1 运行签派放行前必须进行 RAIM 预测,RAIM 预测显示最大容许 FD 中断时间不超过 5 min。如果超过 5 min 则应修改飞行计划(如推迟离场或计划一个不同的离场程序)。

2. 飞行前准备

飞行管理计算机系统初始化时,机组必须确认机载导航数据库是当前有效的并且包含了相应的飞行程序,同时还必须证实航空器的位置是正确的。

通过进离场程序或进近程序的名称,从机载导航数据库中调出飞行程序,并确认与航图一致后方能使用。在获得 ATC 许可后,机组可以通过增加或者删除个别航路点的方式修改进离场程序。不允许通过人工输入经纬度的方式来建立新的航路点,也不允许改变航路点"旁切"或"飞越"属性。

机组如发现航图上标注的信息与主导航显示器上的磁航线角信息有差异,这种差异只要控制在±3°以内都是可以接受的,造成差异的原因可能源于航电制造商所用磁差表的不同。

3. 终端区飞行运行

RNP 1 飞行运行机组必须使用航道偏离指示器(CDI)、飞行指引仪(FD)或侧向导航模式的自动驾驶仪(AP)。配备侧向偏离显示器的航空器飞行员必须确保侧向偏差刻度适合于航路/程序相关的导航精度(RNP 1 满刻度偏差为±1 n mile)。

如果 ATC 发布一个航向指令让航空器飞离计划航路,机组在收到许可回到该航路或在管制员确认新的许可之前,不能修改飞行计划。当航空器不在所公布的航路上时,规定的精度要求不适用。

对于 RNP 1 离场飞行,在开始起飞之前,飞行员应该核实航空器 RNP 系统是否可用且运行正常,是否加载了正确的机场、跑道数据和离场程序。收到起飞离场指令后,飞行员必须在起飞前核实相应的变更是否已经输入并且可用于导航。飞行员必须将 RNP 能力的丧失(失去完好性告警能力或导航能力)以及建议措施通知 ATC。

对于 RNP 1 进场飞行,进场前飞行机组应该核实已加载正确的终端 RNP 1 航路。应该将航图与主飞行显示器(PFD,如适用)和多功能控制与显示装置(MCDU)进行对比,对有效飞行计划进行检查。检查包括确认航路点顺序、航迹角和距离、高度或速度限制等。如果有要求,还需检查确认是否将抑制某一特定导航设备。

4. 导航数据库

RNP 1 飞行运行航空器必须加装机载导航数据库,运营人必须对使用中的导航数据库进行定期检查,以达到现行导航数据质量要求。为了尽量减少航迹定义误差(PDE),机载导航数据库应该符合 RTCA DO 200A 要求,确保 RNP 1 标准仪表离场或标准仪表进场程序数据库的完好性。

5.3.4 A - RNP 规范

高级 RNP(A - RNP)导航规范适用于海洋及边远地区、大陆航路、终端区进离场、进近和复飞等飞行阶段。A - RNP 导航规范,涵盖了 RNAV 5、RNAV 2、RNAV 1、RNP 2、RNP 1 和 RNP APCH 等导航规范中对航空器资质、运营人运行能力的相关要求,因此 A - RNP 的一些特征/要求对于一个飞行阶段是必须的或可选的,但对于另一个飞行阶段可能并不适用。

A - RNP 所涵盖的导航规范中具有诸多共同之处,如果针对不同的导航规范对航空器和运营人都要进行——审定,势必会造成重复审定。制定 A-RNP 导航规范的主要目的是为了避免重复审定,只要具备 A-RNP 运行资质和运行能力,就具备了 RNAV 5、RNAV 2、RNAV 1、RNP 2、RNP 1 和 RNP APCH 运行资质和运行能力。

由于 RNP AR APCH 有特殊的审批和运行要求,而 A-RNP 不需要特殊审批,因此 RNP AR APCH 导航规范不包含在 A-RNP 导航规范中。RNP AR APCH 导航规范要求航空器具备 RF 航段飞行能力,而 A-RNP 导航要求航空器具备平行偏置飞行、固定半径 (RF)转弯、RNAV 等待、固定半径转弯过渡(FRT)和到达时间控制(TOAC)能力。

5.3.4.1　实施考虑

A-RNP 基于 GNSS 导航运行,并不强制要求基于陆基 DME 台导航,但在实际飞行运行过程中须考虑每个国家或地区对陆基导航的相关要求。对特定 A-RNP 运行,可能要求在雷达监视下运行。如果监视基于导航功能(如 ADS-B、ADS-C 等),则必须考虑在失去导航功能后带来的运行风险。

A-RNP 运行的最小间隔标准,参考 ICAO 附件 11 和《空中航行服务程序—空中交通管理》(DOC 4444 号文件)的要求。只要位置报告率满足应用要求,A-RNP 运行中可以使用 CPDLC(FANS 1/A)和 ADS-C/ADC-B 或者使用 CPDLC(ATN)或 ADS-B。

A-RNP 如果采用平行偏置飞行并且前后航段航线角变化超过 90°时,导航系统必须在航线角改变之前终止偏置飞行。如果航路段终止于一个定位点,偏置飞行也必须终止。

5.3.4.2　航空器要求

1. 机载导航设备

A-RNP 运行主要基于 GNSS 导航服务,航空器也可以加装惯性基准系统(IRS)和测距仪(DME),具体加装设备要求需要根据运行区域空域情况以及国家或地区的相关规定来实施。这些机载系统可以独立安装,也可以使用集成系统,比如 GPS/IRS 集成甚至是紧耦合集成。

GNSS 导航传感器必须符合 FAA AC 20-1380 或者 FAA AC 20-1300 的规定。GNSS 导航传感器的水平定位误差必须小于 36 m(95%),增强型 GNSS(GBAS 或 SBAS)导航传感器精度必须优于 2 m(95%)。如果 GNSS 卫星可能出现潜在失效或者 GNSS 卫星几何构型处于临界状态,总系统误差必须维持在程序设计超障余度以内(95%)。

惯性基准系统(IRS)必须满足 FAA 14CFR 第 121 部附录 G 或相关等效规定。由于附录 G 定义 10 h 以上飞行运行,惯导系统的小时漂移不能超过 2 n mile。如果已证明符合附录 G 的惯导系统,可以认为在最初的 30 min 内每小时漂移率不超过 8 n mile(95%)。

如果 DME 用于 RNP 终端区飞行程序或者航路运行,且得到局方许可则 DME 仅用于位置更新。

如果航空器上加装有多源导航传感器系统,当主用区域导航传感器失效后,航空器可以自动恢复到备用区域导航传感器导航。

2. 系统性能、监视和告警

A-RNP 运行航空器必须具备机载性能监视和告警(OPMA)功能。航空器导航系统或者航空器导航系统和飞行机组共同监视总系统误差(TSE)。如果航空器不满足精度要求或者 TSE 超过两倍精度值的概率超过 $10^{-5}/h$，系统将发出告警。

（1）精度：在指定空域、航路、飞行程序实施 A-RNP 运行期间，水平 TSE 在 95% 总飞行时间内必须控制在 RNP 值以内（±0.3 n mile 到 ±2.0 n mile），在 95% 总飞行时间内沿航迹误差必须控制在 RNP 值以内，FTE 不能超过要求 RNP 值的一半，如果 RNP 值为 0.3 n mile 则 FTE 不能超过 0.25 n mile。

（2）完好性：航空器导航设备故障按照适航条例被归为重大故障，出现概率小于 $10^{-5}/h$。

（3）连续性：A-RNP 导航规范将失去功能归类为小故障情况。如果一个国家或应用将失去功能归类为重大故障，典型情况下要满足连续性要求航空器必须加装双套独立导航系统。

（4）空间信号：如果使用 GNSS RNP 系统架构，在空间信号误差导致侧向定位误差超过两倍 RNP 值的概率大于 $10^{-7}/h$ 时，航空器导航设备须提供告警功能。

5.3.4.3　飞行运行要求

1. 飞行计划

航空运营人和飞行员计划执行 RNP 运行，要求的 A-RNP 能力须在飞行计划中明确填写。

由于 A-RNP 主要依赖 GNSS 导航，因此签派放行前必须作 RAIM 预测，RAIM 预测显示最大容许 FD 中断时间与计划 RNP 运行要求有关。如果 FD 中断时间超过计划 RNP 运行要求则应修改飞行计划。

2. 飞行前准备

机载导航数据必须是现行有效的并且包含合适的程序。如果导航数据库周期在飞行过程中发生变更，运营人和机组必须建立相关程序确保导航数据精度，包括用合适的导航设施定义航路和程序。

3. 一般运行程序

飞行管理计算机系统初始化时，机组必须确认机载导航数据库是当前有效的并且包含了相应的飞行程序，同时还必须证实航空器的位置是正确的。

通过进离场程序或进近程序的名称，从机载导航数据库中调出飞行程序，并确认与航图一致后方能使用。如果机组确认导航数据库中的飞行程序或数据存在问题，则不能实施 RNP 航路、SID、STAR 和进近飞行。

由于完好性告警足以满足 GNSS 完好性监控要求，因此飞行机组不需要使用传统陆基导航设备进行交叉检查，但是建议对导航的合理性进行监视，一旦失去 RNP 能力必须立即报告 ATC。如果可用，在 RNP 航路、SID、STAR 和进近飞行阶段，飞行员应耦合飞行指引（FD）和/或自动驾驶仪（AP）水平导航模式。

4. 导航数据库

如果发现机载导航数据库存在差异导致 RNP 航路、SID 和 STAR 不可用，应立即告知导航数据库供应商，航空运营人应以公司通告的形式告知机组受影响的航路、SID 和

STAR 程序。航空运营人应持续检查运行导航数据库,确保数据库满足 A - RNP 系统数据质量要求。

5.3.5　基于 Baro - VNAV 的 RNP APCH 规范

RNP APCH 属于有垂直引导的进近程序(APV),中国民航将 APV 程序称为类精密进近程序。RNP APCH 根据垂直引导方式不同,可以分为基于气压垂直引导(Baro - VNAV)的 RNP APCH 程序,以及基于 SBAS 垂直引导的 RNP APCH 程序。

基于 Baro - VNAV 的 RNP APCH 适用于所有机场(不包含 RNP AR APCH 运行机场)作为主用进近引导或者作为 ILS、MLS 等进近的备份。

基于 Baro - VNAV 的 RNP APCH 程序根据程序构型不同,分为 T 型和 Y 型两种程序构型。进近程序各航段 RNP 值通常为: 起始进近和中间航段为 1 n mile(95%),最后进近航段为 0.3 n mile(95%)。

基于 Baro - VNAV 的 RNP APCH 进近仅依赖 GNSS 提供水平导航,因此机场可以不需要建设任何陆基导航设施,除非有特殊需要或者在复飞阶段中使用。

5.3.5.1　实施考虑

基于 Baro - VNAV 的 RNP APCH 进近基于 GNSS 导航,提供两种最低着陆标准引导方式: 仅提供 LNAV 最低着陆标准引导并可以下降到最低下降高(minimum descent height, MDH)最低 75 m(250 ft),LNAV 属于非精密进近(NPA);提供 LNAV/VNAV 最低着陆标准引导并可以下降到 DH 75 m(250 ft),LNAV/VNAV 属于类精密进近(APV)。通常,在 RNP APCH 进近图上既公布 LNAV/VNAV 也公布 LNAV 最低着陆标准。

在复飞阶段,可利用陆基导航设备(如 NDB、VOR、DME 台)提供复飞引导,如果 GNSS 可用则作为复飞首选导航源。

在空域规划中和飞行运行前,必须考虑由于卫星故障或失去机载监视和告警功能(如 RAIM 空洞)而造成多架航空器丧失 RNP APCH 功能这一风险的可接受性。

基于 Baro - VNAV 的 RNP APCH 并不包括对通信或空中交通服务监视的具体要求。超障余度通过航空器性能和运行程序获得。如果航空器被批准用于气压高度垂直引导的 APV 程序,航空器必须加装符合相关要求的机载系统,程序设计必须考虑到航空器不具备垂直导航能力的情况。

基于 Baro - VNAV 的 RNP APCH 进近程序必须基于 WGS - 84 坐标系设计。

5.3.5.2　航空器要求

1. 机载导航设备

基于 Baro - VNAV 的 RNP APCH 运行主要基于 GNSS 导航,因此只要安装了符合以下要求的机载 GNSS 设备,均符合基于 Baro - VNAV 的 RNP APCH 运行要求。

(1)按照 TSO - C129a/ETSO - C129a A1 类或 E/TSO - C1460G 类和运行类 1、2 或 3 的要求获得批准的 GNSS 独立系统或设备。

(2)按照 TSO - C1290/ETSO - C1290 B1、C1、B3、C3 类或 E/TSOC14501、2 或 3 类要

求获得批准的、用于多传感器系统(如飞行管理系统)设备中的 GNSS 传感器。对按照 E/TSO - C1290 获得批准的 GNSS 接收机而言,建议使用卫星故障检测与排除(FDE)能力以提高功能的持续性。

(3) 按照 AC20 - 130A 或 TSO - C115b 的要求获得批准的使用 GNSS 并证明具备基于 Baro - VNAV 的 RNP APCH 能力的多传感器系统。

基于 Baro - VNAV 的 RNPAPCH 以 GNSS 定位为基础,其他类型导航传感器所获取的位置数据可与 GNSS 数据融合。只要其他定位数据不会导致超过 TSE 预算的定位误差就可以使用,否则应取消选择其他类型导航传感器。

2. 系统性能、监视和告警

(1) 精度:在基于 Baro - VNAV 的 RNP APCH 的起始、中间航段和复飞运行期间,在至少95%的总飞行时间中,侧向总系统误差必须在±1 n mile 之内,沿航迹误差也必须在±1 n mile 之内。

在基于 Baro - VNAV 的 RNP APCH 最后进近航段运行期间,在至少95%的总飞行时间中,侧向总系统误差必须在±0.3 n mile 之内,沿航迹误差也必须在±0.3 n mile 之内。

在基于 Baro - VNAV 的 RNP APCH 最后进近航段,在 95% 概率下 FTE 不应超过 0.25 n mile。

(2) 完好性:航空器导航设备故障按照适航条例被归为重大故障,出现概率小于 $10^{-5}/h$。

(3) 连续性:如果飞行员可以切换至 GNSS 以外的导航系统飞往另一个适当的机场,失去 RNP APCH 功能则被归类为小故障。如果复飞程序基于传统导航方式(如 NDB、VOR、DME),航空器必须安装并能够使用相关导航设备。

(4) 性能监视与告警:在基于 Baro - VNAV 的 RNP APCH 起始、中间航段和复飞阶段,如果航空器未达到精度要求或侧向总系统误差超过 2 n mile 的概率大于 $10^{-5}/h$,则要求机载 RNP 系统提供告警或 RNP 系统和飞行员共同提供告警。在基于 Baro - VNAV 的 RNP APCH 最后进近航段,如果航空器未达到精度要求或侧向总系统误差超过 0.6 n mile 的概率大于 $10^{-5}/h$,则要求机载 RNP 系统提供告警或 RNP 系统和飞行员共同提供告警。

(5) 空间信号:在基于 Baro - VNAV 的 RNP APCH 起始、中间航段和复飞阶段,如果导致侧向定位误差超过 2 n mile 的空间信号误差概率大于 $10^{-7}/h$,机载导航设备须提供告警。在基于 Baro - VNAV 的 RNP APCH 最后进近航段运行期间,如果导致侧向定位误差超过 0.6 n mile 的空间信号误差概率大于 $10^{-7}/h$,则航空器机载导航设备应提供告警。

5.3.5.3 飞行运行要求

1. 飞行计划

基于 Baro - VNAV 的 RNP APCH 主要依赖 GNSS 导航,因此签派放行前须作 RAIM 预测。如果预测基于 Baro - VNAV 的 RNP APCH 运行的任何阶段连续 5 min 以上失去 FD 能力,则应修改飞行计划(如推迟离场或计划一个不同的离场程序)。

应使用所有可能的信息渠道,确认计划航路、程序和仪表进近(包括终止 RNP 运行的传统运行)中使用的导航设施在运行期间是可用的。

2. 飞行前准备

在系统初始化时,飞行员必须确认导航数据库是现行可用的,并且核实航空器位置正确。飞行员必须确保机载航电系统所描述的航路点顺序与航图或计划航路一致。

3. 一般进近要求

在开始进近之前除执行常规程序外,基于 Baro‒VNAV 的 RNP APCH 进近时机组还必须通过对比进近图确认已经载入正确的进近程序,检查内容包括:航路点的顺序、航径终结码合理性、进近航段距离、航线角及最后进近航段长度。根据公布的图表、航图或多功能控制显示组件(MCDU)、进近航路点的旁切和飞越属性。

对于多传感器系统,机组必须在进近过程中确认使用 GNSS 导航传感器用于航空器位置计算。在进场前和最后进近定位点之前,还必须证实机场修正海压(QNH)值并正确设置。

在基于 Baro‒VNAV 的 RNP APCH 程序执行期间,飞行员必须使用侧向偏离指示器(如 ND)、飞行指引仪(FD)和/或自动驾驶仪(AP),必须确保侧向偏离指示器刻度(满刻度偏离)适合于与该程序各个航段相关的导航精度(即起始和中间航段为±1.0 n mile、最后进近航段为±0.3 n mile 和复飞航段为±1.0 n mile)。所有飞行员都应该保持在机载侧向偏离指示器和/或飞行引导所示的程序中线上,除非 ATC 允许偏离或遭遇紧急情况。

由于完好性告警足以满足 GNSS 完好性监控要求,因此飞行机组不需要使用传统陆基导航设备进行交叉检查,但是建议对导航的合理性进行监视,一旦失去 RNP 能力必须立即报告 ATC。

在最后进近航段使用气压垂直导航进行垂直航径引导时,航空器垂直偏离不允许超过+30 m/−15 m(+100 ft/−50 ft)。如果机载气压高度表/大气数据系统不具备温度补偿功能,基于 Baro‒VNAV 的 RNP APCH 进近必须符合进近程序图上公布的高、低温运行限制要求。

如果机载气压高度表/大气数据系统具备温度补偿功能并符合法规要求,则基于 Baro‒VNAV 的 RNP APCH 运行不受高低温限制。

4. 导航数据库

基于 Baro‒VNAV 的 RNP APCH 进近要求运行航空器必须加载现行有效的、与机载航电系统兼容的导航数据库。如果发现机载导航数据库存在差异并导致基于 Baro‒VNAV 的 RNP APCH 进近不能实施,应告知导航数据库供应商,航空运营人应以公司通告的形式告知机组受影响的基于 Baro‒VNAV 的 RNP APCH 程序。航空运营人应持续检查运行导航数据库,确保数据库满足 RNP 系统数据质量要求。

5.3.6 基于 SBAS 的 RNP APCH 规范

基于 SBAS 垂直引导的 RNP APCH 程序,在进近过程中水平位置(经纬度坐标)和高程信息(高度)均来自基于星基增强的 GNSS 接收机,可以为航空器提供三维定位和引导。

基于 SBAS 的 RNP APCH 进近,适用于有 SBAS 增强信号覆盖并能获得可靠增强服务的机场作为主用进近程序引导或者作为 ILS、MLS 等进近的备份。如果机载 GNSS 接收机为 SBAS 接收机,而机场终端区没有 SBAS 增强信号覆盖或者无法获得可靠的 SBAS 增强服务,则 SBAS 接收机仅提供基本型 GNSS 接收机导航定位服务;如果机载航电系统同时具备 Baro‑VNAV 功能,则该航空器仍然可以执行基于 Baro‑VNAV 的 RNP APCH 进近(如公布)。

基于 SBAS 的 RNP APCH 程序根据程序构型不同,同样分为 T 型和 Y 型两种构型。进近程序各航段保护区通常范围为:起始进近和中间航段为左右 1 n mile(95%),最后进近航段为左右 0.3 n mile(95%)。

5.3.6.1 实施考虑

基于 SBAS 的 RNP APCH 进近基于 GNSS 导航,提供两种最低着陆标准引导方式:① 提供航向道性能(localizer performance,LP)最低着陆标准引导并可以下降到 MDH 最低 75 m(250 ft),LP 属于非精密进近(NPA);② 提供 LPV 最低着陆标准引导并可以下降到 DH 60 m(200 ft),带有垂直引导的航向道性能(localizer performance with vertical guidance,LPV)属于类精密进近(APV),如图 5.5~图 5.9 所示。早期 LP 引导程序较多,现在很少有机场实施 LP 引导,绝大部分为 LPV 引导。

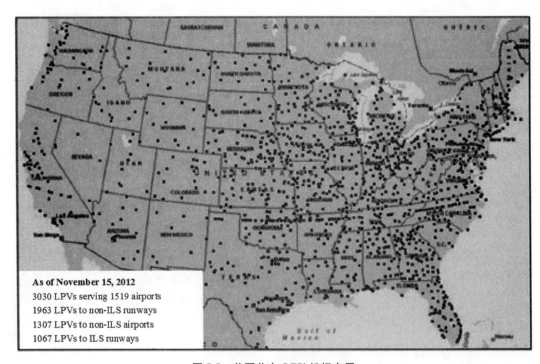

图 5.5 美国公布 LPV 机场布局

目前,基于 SBAS 增强后的 GNSS 接收机,与其他机载航电系统配合,可以实现 DH 最低至 600 m(200 ft)的 APV 进近,并且能实现 CAT I 精密进近。

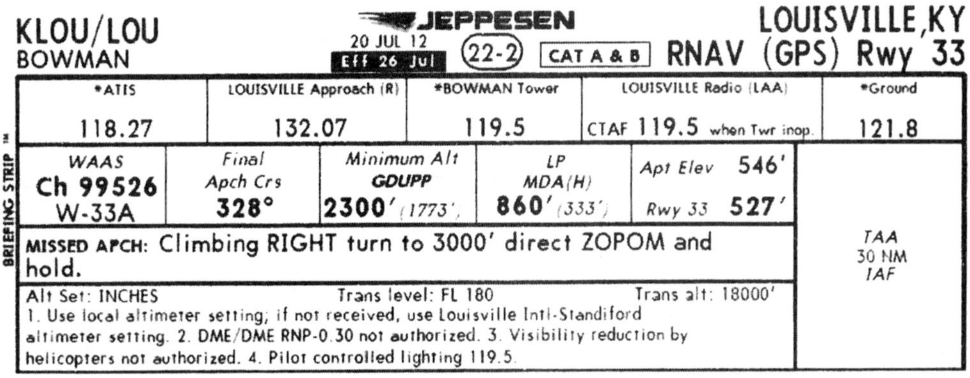

KLOU/LOU
BOWMAN

JEPPESEN
20 JUL 12
Eff 26 Jul
(22-2) CAT A & B

LOUISVILLE,KY
RNAV (GPS) Rwy 33

*ATIS	LOUISVILLE Approach (R)	*BOWMAN Tower	LOUISVILLE Radio (LAA)	*Ground
118.27	132.07	119.5	CTAF 119.5 when Twr inop.	121.8

WAAS Ch 99526 W-33A	Final Apch Crs 328°	Minimum Alt GDUPP 2300' (1773')	LP MDA(H) 860' (333')	Apt Elev 546'	TAA 30 NM IAF
				Rwy 33 527'	

MISSED APCH: Climbing RIGHT turn to 3000' direct ZOPOM and hold.

Alt Set: INCHES　　　　Trans level: FL 180　　　　Trans alt: 18000'
1. Use local altimeter setting; if not received, use Louisville Intl-Standiford altimeter setting. 2. DME/DME RNP-0.30 not authorized. 3. Visibility reduction by helicopters not authorized. 4. Pilot controlled lighting 119.5.

图 5.6　LOUISVILLE 机场 RNAV(GPS)进近图标题栏

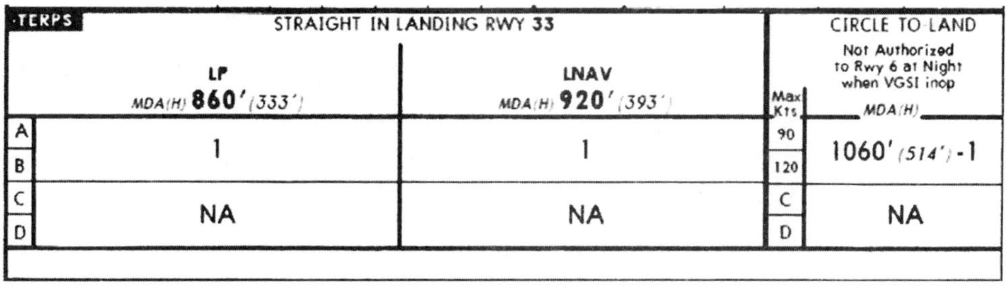

TERPS	STRAIGHT IN LANDING RWY 33			CIRCLE TO LAND Not Authorized to Rwy 6 at Night when VGSI inop
	LP MDA(H) 860' (333')	LNAV MDA(H) 920' (393')	Max Kts	MDA(H)
A	1	1	90	1060' (514') -1
B			120	
C	NA	NA	C	NA
D			D	

图 5.7　LOUISVILLE 机场 RNAV(GPS)进近图最低着陆标准

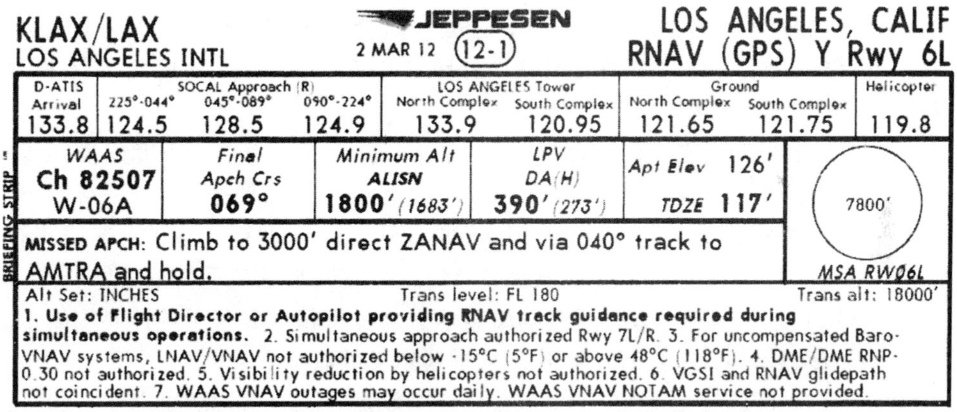

KLAX/LAX
LOS ANGELES INTL

JEPPESEN
2 MAR 12
(12-1)

LOS ANGELES, CALIF
RNAV (GPS) Y Rwy 6L

D-ATIS Arrival	SOCAL Approach (R)			LOS ANGELES Tower		Ground		Helicopter
	225°-044°	045°-089°	090°-224°	North Complex	South Complex	North Complex	South Complex	
133.8	124.5	128.5	124.9	133.9	120.95	121.65	121.75	119.8

WAAS Ch 82507 W-06A	Final Apch Crs 069°	Minimum Alt ALISN 1800' (1683')	LPV DA(H) 390' (273')	Apt Elev 126'	7800'
				TDZE 117'	MSA RW06L

MISSED APCH: Climb to 3000' direct ZANAV and via 040° track to AMTRA and hold.

Alt Set: INCHES　　　　Trans level: FL 180　　　　Trans alt: 18000'
1. Use of Flight Director or Autopilot providing RNAV track guidance required during simultaneous operations. 2. Simultaneous approach authorized Rwy 7L/R. 3. For uncompensated Baro-VNAV systems, LNAV/VNAV not authorized below -15°C (5°F) or above 48°C (118°F). 4. DME/DME RNP-0.30 not authorized. 5. Visibility reduction by helicopters not authorized. 6. VGSI and RNAV glidepath not coincident. 7. WAAS VNAV outages may occur daily. WAAS VNAV NOTAM service not provided.

图 5.8　LOS ANGELES 机场 RNAV(GPS)进近图标题栏

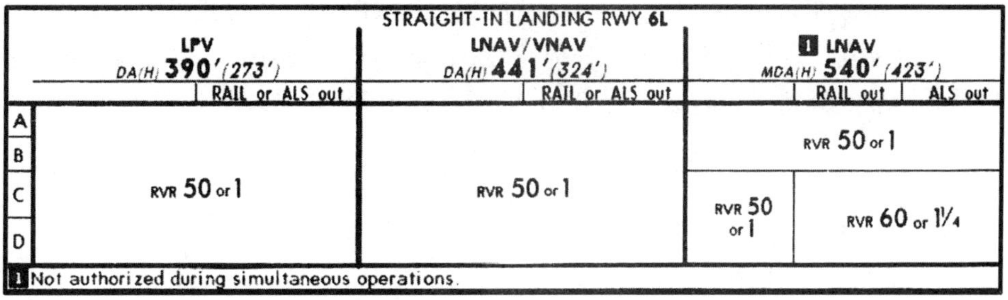

	STRAIGHT-IN LANDING RWY 6L		
	LPV DA(H) 390' (273')	LNAV/VNAV DA(H) 441' (324')	1 LNAV MDA(H) 540' (423')
	RAIL or ALS out	RAIL or ALS out	RAIL out | ALS out
A			RVR 50 or 1
B	RVR 50 or 1	RVR 50 or 1	
C			RVR 50 or 1 | RVR 60 or 1¼
D			

1 Not authorized during simultaneous operations.

图 5.9　LOS ANGELES 机场 RNAV(GPS)进近最低着陆标准

在复飞航段,可利用陆基导航设备(如 NDB、VOR、DME 台)提供复飞引导,如果 GNSS 可用则作复飞首选。

在空域规划中和飞行运行前,必须考虑到由于卫星故障或者增强 GNSS 系统失效而造成多架航空器丧失 RNP APCH 功能这一风险的可接受性。

基于 SBAS 的 RNP APCH 并不包括对通信或空中交通服务监视的具体要求。超障余度通过航空器性能和运行程序获得。

基于 SBAS 的 RNP APCH 进近程序必须基于 WGS‑84 坐标系设计。

5.3.6.2　航空器要求

1. 机载导航设备

(1) 根据 E/TSO C146a 认证的 GNSS SBAS 独立设备,符合基于 SBAS 的 RNP APCH 运行要求,也符合 RTCA DO 229C 要求,为 G 类机载设备并符合 3 类运行要求。

(2) 集成导航系统(如 FMS)集成 GNSS SBAS 传感器,符合 E/TSO C115b 和 AC20‑130A 机载设备符合运行要求。

(3) 集成通过 E/TSO C146a 认证的 GNSS SBAS D 类接收机符合基于 SBAS 的 RNP APCH 运行要求,也符合 RTCA DO 229C 要求。

(4) 增强型 GNSS 系统符合基于 SBAS 的 RNP APCH 运行要求。

2. 系统性能、监视和告警

(1) 精度:在基于 SBAS 的 RNP APCH 的最后进近和直线复飞航段,侧向和垂直 TSE 基于 NSE、PDE 和 FTE 的控制结果。在整个进近阶段,TSE 必须控制在 RNP 值以内(95%)。

(2) 完好性:水平和垂直引导信息错误将导致 RNP APCH 运行下降到 LPV 和 LP 最低标准,可能导致潜在的风险。

(3) 连续性:虽然失去进近能力归类为小故障,但是飞行员可能不能恢复到传统导航和飞向一个备降机场。基于 SBAS 的 RNP APCH 运行至少需要一套导航系统。

(4) 机载性能监视和告警:在基于 SBAS 的 RNP APCH 运行最后进近航段飞行,机载性能监视和告警功能要求为:LPV 进近引导信息必须在水平和垂直偏离显示器(HIS,EHSI,CDI/VDI)显示,包括失效指示。偏离显示必须保持精度并基于预计要求航迹。水平和垂直慢刻度显示与最后进近航段 FAS 数据块定义的航迹有关。

(5) 空间信号(SIS):如果 SIS 引起水平位置误差大于 0.6 n mile 的概率大于 10^{-7}/h,则要求在离 FAP 2 n mile 以内,航空器导航设备必须提供提前 10 s 告警功能。在 FAP 以后,如果 SIS 引起的水平位置误差超过 40 m 的概率大于 2×10^{-7}/h,则要求航空器机载导航设备必须提前 6 s 发出告警。在进近的任何阶段,如果 SIS 引起的垂直位置误差超过 50 m (LPV 最低标准下降到 200 ft,该值为 35 m)的概率大于 2×10^{-7}/h,航空器机载导航设备必须提前 6 s 发出告警。

5.3.6.3　飞行运行要求

1. 飞行计划及飞行前准备

在预先飞行计划阶段,飞行员必须确保预计飞行计划中的进近程序是从一个验证后的导航数据库中提取的,也必须采用必要手段确保在航空器失去 LP 或 LPV 着陆能力的情况下,能采用可能的导航方式在目的机场或备降场着陆。

如果复飞程序基于传统导航方式(如 NDB、VOR),则机载系统必须加装合适的导航设备,机场终端区必须安装相应的导航设施。如果复飞阶段基于区域导航方式,航空器也必须加装合适的机载系统以满足复飞程序的要求。

2. 一般进近要求

基于 SBAS 的 RNP APCH 进近前飞行机组除执行一般程序外,飞行员必须证实载入的进近程序与进近图一致。证实和检查内容包括:航路点顺序、进近航路段的航线角和航段距离、最后进近航段垂直下滑角(VPA)。

ATC 为了调配终端区航空器间隔,可以下达雷达引导航向、"直飞"指令以旁路起始进近航段,截获起始进近或者中间进近航段指令或插入导航数据库中的航路点。收到 ATC 指令,飞行员必须明白指令对导航系统的影响。禁止在终端区手工输入航路点,在 IF 点执行"直飞"指令航向改变不允许超过 45°。

3. 导航数据库

基于 SBAS 的 RNP APCH 运行,最后进近航段通过 FAS 数据块(FAS data block)来定义。通常,对于建立有 LP 或者 LPV 进近着陆标准的机场,在机载导航数据库中定义有 FAS 数据块。FAS 数据块用水平和垂直参数来定义最后进近水平航迹和剖面。机载系统在调用 FAS 数据块时用循环冗余校验(CRC)来确保数据的正确性。飞行员通过在 CDU 上利用进近程序代码、辨听呼号、ND 和 MCDU 页面检查的方式来确认调用进近程序的正确性。

5.3.7 RNP AR APCH 规范

RNP AR APCH 是一种需要特殊审批并授权运行的 RNP 进近程序,进近实施水平导航基于 GNSS,垂直导航基于气压高度(Baro - VNAV),也是一种类精密进近程序(APV)。所谓要求授权运行,是指执行 RNP AR APCH 进近的航空器和飞行机组,需要通过民航当局审批后方可授权运行。

RNP AR APCH 进近程序,一般用于地形复杂、空域受限或使用该类程序能够取得明显效益的机场,比如我国西部高原、高高原机场,以及其他区域地形、空域环境复杂的机场。我国目前运行 RNP AR APCH 程序的机场众多,最典型的机场有九寨黄龙机场、林芝/米林、拉萨/贡嘎机场等。由于 RNP AR APCH 运行审批和运行程序复杂,所以不建议在运行环境良好的机场使用。

5.3.7.1 实施考虑

RNP AR APCH 运行,GNSS 是进近引导的唯一水平导航源。在已知存在 GNSS 干扰的区域,不得运行 RNP AR APCH 进近程序。实施 RNP AR APCH 进近,不需要在空中交通服务监视下运行,也不需要特殊的通信,但是航空器必须具备 OPMA 功能及其他相关功能。

由于 RNP AR APCH 垂直导航使用气压高度,因此在飞行运行过程中有高低温限制(通常限制低温),如果航空器具备温度补偿功能则不受此限制。如果温度低于低温限制值或高于低温限制值,则禁止运行。同时,为了确保气压高度测量值准确,通常不允许使用本场以外的其他机场的气压基准值(即修正海压 QNH),并且要求在最后进近定位点(FAF)再次确认 QNH 值。RNP AR APCH 属于 APV 进近,因此决断高(DH)不能低于 75 m(250 ft)。

RNP AR APCH 进近没有特定的陆基导航设施,无需对陆基导航信号进行飞行检查。RNP AR APCH 进近程序及导航数据库数据,必须经过可靠的验证方可使用。数据公布之前的验证过程,应确认障碍物数据、程序基本可飞性、航段距离、坡度、下降梯度、地形警告功能的兼容性,以及其他相关因素。

鉴于 RNP AR APCH 进近程序的复杂性,在程序使用前应该经过可靠的地面验证(包括模拟机验证)和实地飞机试飞验证,以评估包括基本可飞性在内的相关问题。对于没有需求的机场,建议不要实施 RNP AR APCH 运行方式。

RNP AR APCH 运行与 RNP APCH 运行有着典型的区别,主要区别表现在以下几个方面。

(1)航空器功能要求不同。

(2)飞行程序设计标准不同。

(3)飞行机组培训/训练、资质和能力要求不同。

(4)飞行运行组织实施要求不同等。

通过 A-RNP 运行审批或 RNP APCH 运行审批,则可以获得 RNP APCH 运行资质;而 RNP AR APCH 运行需要通过特殊审批后才能获得运行资质。

RNP AR APCH 进近程序必须基于 WGS-84 坐标系设计。

5.3.7.2　航空器要求

1. 机载导航设备

RNP AR APCH 进近程序主要基于 GNSS 导航,惯性导航和陆基导航不能用于进近引导。但是,执行 RNP AR APCH 飞行运行的航空器,要求必须加装惯性基准系统和/或陆基导航机载接收机,用于复飞阶段飞行引导。

机载 GNSS 导航设备可以是 ABAS 增强的 GNSS 接收机或导航传感器,也可以是 GBAS 或者 SBAS 增强的 GNSS 接收机或导航传感器,分别应满足如下要求。

(1)传感器必须符合 AC 20-1380 或 AC 20-130A 指南。对于符合 AC 20-1380 的系统,可以在不作进一步证实的情况下将以下传感器精度用于总系统精度分析:GPS(ABAS)传感器精度小于 36 m(119 ft)(95%),增强型 GPS(GBAS 或 SBAS)传感器精度小于 2 m(7 ft)(95%)。

(2)在出现潜在 GPS 卫星故障和 GPS 卫星几何构型处于边缘状态[例如,水平完好性限制(HIL)等于水平告警限制]时,航空器维持在用于评估程序的超障容区内的概率(侧向和垂直)必须大于 95%。

惯性参照系统(IRS)必须符合 FAR 标题 14 第 121 部分附录 G 或等效文件的标准。尽管附录 G 确定的要求是:最长 10 h 飞行的惯性误差漂移率为每小时 2 n mile(95%)。

已证明符合第 121 部分附录 G 要求的系统,可以假定前 30 min 的初始误差漂移率为 8 n mile/h(95%),而无需进一步证实。

2. 机载性能监视和告警

(1)侧向精度:在 95% 的飞行时间内,所有按照 RNP AR APCH 程序运行的航空器的侧向总系统误差(TSE)不允许超过对应航路段 RNP 值(0.1~0.3 n mile),沿航迹误差不允许超过对应航路段 RNP 值(0.1~0.3 n mile)。

(2)垂直精度:垂直系统误差包含高度表误差(采用国际标准大气温度和递减率)、沿航迹误差的影响、系统计算误差、数据分辨率误差和飞行技术误差。

垂直方向在 99.7% 概率下,系统误差必须低于(英尺[①]):

$$\sqrt{(6\,076.115 \times 1.225\text{RNP} \times \tan\theta)^2 + 75^2 + [-8.8 \times 10^{-8}(h+\Delta h)^2 + 6.5 \times 10^{-3}(h+\Delta h) + 50]^2}$$

$$(5-1)$$

式中,θ 为垂直导航迹角;h 是本地高度报告站的高度;Δh 是航空器高于本地高度报告站的高度。

3. 航空器特殊功能要求

RNP AR APCH 程序飞行运行,对航空器有诸多功能上的特殊要求,因此适用于 RNP AR APCH 运行的航空器为特殊航空器,结合 RNP AR APCH 程序必须对航空器能力和功能进行特殊的审批,通过特殊审批的航空器才能运行该程序。

对于某机场设计的 RNP AR APCH 程序,对航空器在进近前的机载设备配置和构型,通常标注在进近图上,如图 5.10 所示。

所需设备:
(2) FMGC
(2) MCDU
(2) FD
(2) AP
(4) EFISDU
(2) LDEV
(2) V/DEV
(1) RNP P/B
(2) GPS
(3) IRS
(2) FCU
EGPWS

图 5.10 RNP AR APCH 进近所需设备要求

注:括号内数字表示设备个数。

5.3.7.3 飞行运行要求

1. 飞行计划及飞行前准备

(1)最低设备清单(MEL):应该制定/修改运营人最低设备要求清单以满足 RNP AR APCH 仪表进近程序的设备要求。可从航空器制造商获得关于这些设备要求的指南。所需设备取决于预定的导航精度及复飞是否需要小于 1.0 的 RNP。

(2)自动驾驶仪(AP)和飞行指引仪(FD):导航精度小于等于 RNP 0.3 或有 RF 航段的 RNP AR APCH 程序,要求在任何情况下都要使用由 RNP 系统驱动的自动驾驶仪或飞行指引仪。当某一飞行在目的机场和/或备降机场实施 RNP AR APCH 需要自动驾驶仪时,签派员必须确定自动驾驶仪已经安装并且能够运行。

(3)导航数据库的有效性:在系统初始化中,若航空器装备了经认证符合 RNP 要求的系统,飞行员必须确认机载导航数据库的现行有效性,导航数据库在飞行期间应该是最新的。

---

① 1 英尺 = 0.304 8 米。

（4）RNP 值预测：RNP AR APCH 运行签派放行前,必须进行对预计进近时间段内、进近航迹上最小可运行的 RNP 值预测。如果最后进近航迹 RNP 值为 0.3,假设预测最小 RNP 值为 0.2,则签派可以放行。如果预测最小 RNP 值为 0.4,则不能放行。预测软件中使用的卫星遮蔽角要求不小于 5%。对于周边有高山的机场,如果要精确预测,则必须考虑机场周边高山等障碍物产生的实际遮蔽角,否则预测结果不可信。

2. 一般进近要求

执行 RNP AR APCH 飞行运行的航空器,必须通过特殊的审批;执行 RNP AR APCH 飞行运行的机组,必须经过专门培训并通过审定;RNP AR APCH 飞行运行程序,也必须经过特殊的审批。

（1）修改飞行计划：除非 RNP AR APCH 程序可以从机载数据库按照程序名称检索并与航图程序一致,否则不能授权飞行员飞行该程序。飞行员不得修改侧向航径,除非 ATC 要求直飞进近程序中某一定位点,并且该定位点必须在 FAF 之前且不能是 RF 航段。在起始、中间进近或复飞航段上,可以改变高度和/或速度,但是这些点若是高度、速度限制点则严禁更改。

（2）RNP 导航精度管理：飞行机组人员的操作程序必须确保在整个进近过程中导航系统使用正确的导航精度。如果进近图上显示多个不同导航精度对应的最低标准,机组人员必须确认所需导航精度已经输入 RNP 系统（通常在导航数据库中已经定义）。如果导航系统并未从机载导航数据库中为该程序的每一航段提取和设定导航精度,飞行机组人员则必须确保程序在实施进近之前（在 IAF 之前）,正确设定了进近或复飞所需的最小导航精度。

（3）GNSS 位置更新：RNP AR APCH 程序飞行过程中,GNSS 是唯一位置更新源。在进近期间,一旦失去 GNSS 更新功能且导航系统不具备继续进近的性能时,飞行机组人员必须终止 RNP AR APCH 进近并立即复飞,除非飞行员已经建立继续进近所需的目视参考物。

（4）陆基无线电更新：所有 RNP AR APCH 程序都以 GNSS 作为位置更新基础,禁止使用 VOR 台进行位置更新,也不建议使用 DME/DME 进行位置更新。在 RNP AR APCH 飞行运行进场简令卡、离场简令卡以及进近图上,必须明确提醒飞行机组抑制特定陆基导航设施位置更新。

（5）航迹偏离监视：飞行员必须在 RNP AR APCH 程序中,使用侧向导航模式的侧向偏离指示器、飞行指引仪和/或自动驾驶仪。对于正常运行,侧向航迹误差/偏离应该限制在与该程序航段相关导航精度的±1/2 范围内。允许在转弯过程中或航路转弯之后短暂地侧向偏离这一标准（如早转或晚转）。最多不超过该程序航段导航精度的 1 倍。最后进近航段期间垂直偏差必须在 22 m（75 ft）以内。在侧向偏差超过 1 倍 RNP 值或垂直偏差超过 22 m（75 ft）的情况下,飞行员必须执行复飞,除非飞行员看到继续进近所需的目视参考。

（6）温度补偿：RNP AR APCH 进近图上通常标注有运行限制低温。对于具备温度补偿能力的航空器,如果运营人为飞行员提供温度补偿功能的培训,飞行机组人员可不考虑 RNP AR APCH 程序的温度限制。

（7）高度表拨正设定：由于 RNP AR APCH 仪表进近程序中降低了固有的超障余度,

飞行机组人员必须在最后进近定位点(FAF)前再次核实已经设定的本场气压基准信息(即QNH拨正值)。

(8)高度表交叉检查:飞行机组人员必须完成高度表交叉检查,以确保左右座两个高度表在FAF之前(但不早于IFA)指示偏差在30 m(±100 ft)以内。如果高度表交叉检查发现偏差过大,则必须立即复飞。

(9)复飞:RNP AR APCH复飞程序与RNP APCH复飞类似,复飞RNP值大于等于1.0 n mile。一旦失去GNSS导航能力,除非机组已经建立继续进近需要的目视参考,否则必须立即复飞。初始复飞时,必须立即恢复到IRS/IRU导航,IRS/IRU维持复飞的时间为5 min。如果激活起飞/复飞导致侧向导航终止,并且飞行指引仪转换至源于惯性系统的航迹保持方式,则飞行机组应该尽快将侧向导航再次与自动驾驶仪和飞行指引仪耦合。

3.导航数据库

RNP AR APCH飞行运行,航空器必须加装并使用现行有效的机载导航数据库,且可以检索到RNP AR APCH程序。机载导航数据库必须能够防止飞行机组人员对存储数据进行修改。

5.4　PBN 程序设计

5.4.1　仪表进近程序分类及标准

5.4.1.1　进近程序分类

在PBN运行框架下,根据提供水平/垂直引导方式和性能的不同,仪表进近程序分为三类,即精密进近(precision approach, PA)、类精密进近(approach with vertical guidance, APV)和非精密进近(non-precision approach, NPA)程序[15]。

1.精密进近(PA)

PA为使用精确方位和垂直引导,并根据不同的运行类型规定相应的最低标准的仪表进近程序。主要包括ILS、MLS、PAR、GLS、ILS/DME、ILS/PRM(precision runway monitor)、RNAV/ILS进近程序等。

2.类精密进近(APV)

APV为有方位引导和垂直引导,但不能满足建立精密进近和着陆运行要求的仪表进近。主要包括气压高度提供垂直引导的RNP APCH、RNP AR APCH进近程序,以及SBAS辅助提供垂直引导的APV进近程序。APV程序包括RNAV(GPS)、RNAV(GNSS)、RNAV(GPS)PRM、LDA w/glideslope、LDA PRM DME进近程序等。

3.非精密进近(NPA)

NPA为有方位引导,但没有垂直引导的仪表进近。非精密进近程序主要包括NDB、VOR、LOC、LOC BC、LDA、ASR/SRA/SRE、NDB/DME、VOR/DME、LOC/DME、LOC BC/DME、LDA/DME、GPS进近程序等。

5.4.1.2　着陆最低标准

机场最低着陆标准主要用决断高/高度(DH/A)、最低下降高/高度(MDH/A)、能见度/跑道视程(VIS/RVR)、云底高等数据来表示。对于起飞,用 RVR 和/或 VIS 来表示,如需要还包括云底高;对于 PA 和 APV,用 DAH 和 RVR/VIS 表示;对于 NPA 和盘旋进近,用 MDAH 和 RVR/VIS 来表示。

1. PA 最低着陆标准

(1) Ⅰ类运行:DH≥60 m(200 ft),VIS≥800 m/RVR≥550 m。

(2) Ⅱ类运行:60 m>DH≥30 m(100 ft),RVR≥300 m。

(3) ⅢA 类运行:DH<30 m(100 ft)或无 DH,RVR≥175 m。

(4) ⅢB 类运行:DH<15 m(50 ft)或无 DH,175 m>RVR≥50 m。

(5) ⅢC 类运行:无 DH 和 RVR 限制。

2. APV 最低着陆标准

气压高度垂直导航的 RNP APCH、RNP AR APCH 或基于 SBAS 的 APV 进近程序,除非特殊批准,其 DH 不低于 75 m(250 ft),RVR/VIS 不低于 800 m。在进近图上,在最低着陆标准栏,通过标注 LNAV、LNAV/VNAV、LP、LPV 来区分不同着陆最低标准。基于气压高度垂直引导的 RNP APCH 进近程序着陆标准为标准 LNAV、LNAV/VNAV;基于 SBAS 垂直引导的 RNP APCH 进近程序着陆标准为标准 LP、LPV。

3. NPA 最低着陆标准

除非特殊批准,其 MDH 值不低于 75 m(250 ft),RVR/VIS 值不低于 550 m/800 m。

5.4.2　程序设计基本原则

PBN 仪表飞行程序主要包括 RNAV 1 进离场程序、RNP 1 进离场程序、RNP APCH 进近程序、RNP AR APCH 进近程序以及复飞程序等。目前,RNAV 1 进离场程序、RNP1 进离场程序、RNP APCH 进近程序的设计规则,主要参考《目视和仪表飞行程序设计规则》(ICAO DOC 8186 第二卷)和《仪表飞行程序设计手册》(ICAO DOC 9368)[16];RNP AR APCH 进近程序的设计规则,主要参考《美国 RNP SAAAR 标准》(FAAO 8260.52 和 8260.71),以及《要求授权的所需导航性能(RNP AR APCH)程序设计手册》(ICAO DOC 9905)[17]。

RNAV 1 进离场程序的设计,由于航路点为经纬度坐标点,因此参考机场障碍物分布及航空器性能来设计进离场程序相对比较灵活。RNAV 1 进场程序,后续可衔接 ILS 进近程序。为方便截获 ILS 信号实施 ILS 最后进近,通常 RNAV STAR 程序一直延伸至起始进近和中间进近航段,在最后进近点(FAP)衔接 ILS 进近。

RNP APCH 程序设计,通常采用 T 型或者 Y 型设计。如图 5.11 所示,台北/松山机场 RNP APCH 采用 T 型设计。

RNP AR APCH 进近程序设计,可以采用固定半径转弯(RF)航段,来避让机场周边复杂障碍物。航路点的规划设计、RF 航段转弯半径的确定,以及下降梯度及高度的控制,都必须经过详细精确计算。如图 5.12 所示为 Kathmandu 机场 RNP AR APCH 进近程序平面图。

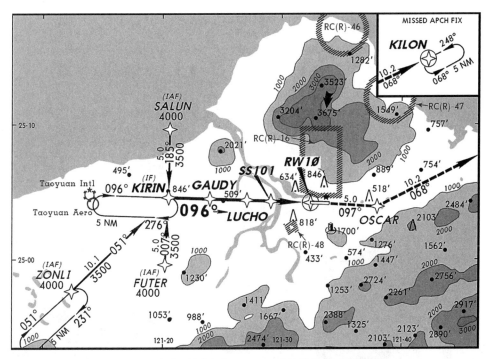

图 5.11 台北/松山机场 RNP APCH 进近程序平面图

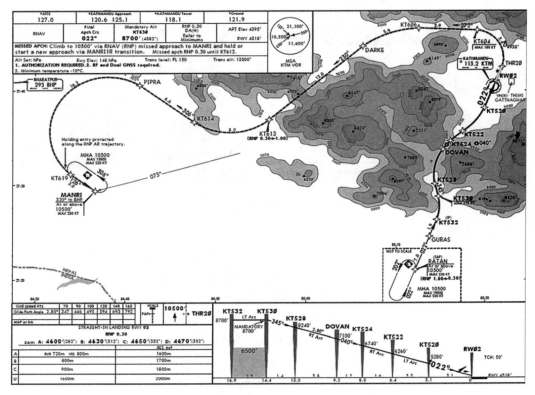

图 5.12 Kathmandu 机场 RNP AR APCH 进近程序平面图

5.4.3　导航数据库

5.4.3.1　概念和定义

导航数据库是指任何以电子形式存储在系统中、用于支持导航应用的导航数据集合，打包及格式化文件的总称[18]。机载导航数据库的内容主要包括 VHF 导航设施、航路、机场、公司航路等相关信息。

机载导航数据库是现代大中型运输机飞行管理系统（FMS）及自动飞行控制系统（AFCS）飞行操控的主要信息源和重要依据，因此现代大中型运输航空器上均装载有机载导航数据库，如图 5.13 所示。在基于性能的导航（PBN）飞行运行过程中，机载导航数据库中必须包括正确、有效的导航数据或飞行程序。

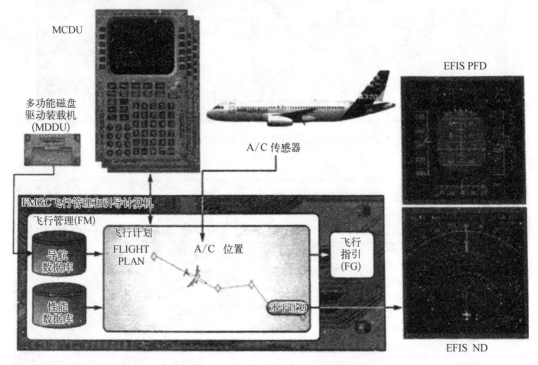

图 5.13　机载导航数据库的功能示意图

机载导航数据库分为永久导航数据库，以及补充和临时导航数据库。

机载 FMC 存储有 2 个 AIRAC 周期的永久导航数据库，每一个永久导航数据库以 28 天为一个 AIRAC 周期，一年中共有 13 个周期，每周期都有生效日期和截止日期。

补充和临时导航数据库，由飞行机组根据需要在 CUD/MCDU 相关页面人工输入，并根据先到先用的原则存储在任一数据库中。通常情况下，补充导航数据库以不确定方式存储，需要指定机组按操作程序人工删除，临时导航数据库在飞行任务完成后自动清除。补充和临时导航数据库数据的容量依机载 FMC 不同而有所不同。典型情况下 B737NG 的补充和临时导航数据库可共同存储 40 个导航辅助设备/航路点及 6 个机场信息。

机载永久导航数据库中的数据，分为标准数据和客户化数据两种。

标准数据(STANDARD DATA),是指根据各国/地区民航部门公布的航空资料汇编(AIP)及修订/补充资料制作的航空数据。标准数据为公共数据并按区域代码来区分,包含航路/航线数据、进离场程序、进近程序,供该区域内飞行及运行的所有航空公司使用。

客户化数据(TAILORED DATA),是指根据航空公司向数据库制造商提供的原始数据及信息,由数据库制造商根据航空公司客户化要求定制的航空数据。客户化数据为专用数据并按航空公司代码来区分,包含公司航路、进离场程序、进近程序、客户化航路点及导航台等,仅供提出客户化需求的航空公司飞行及运行使用。

5.4.3.2　航空数据链

导航数据是航空数据的一种,导航数据库的制作流程,与航空数据的制作流程一致,可以用航空数据链(aeronautical data chain)来描述。

航空数据链是航空数据从采集到最终使用过程中数据处理各环节的概念性表述,包括航空数据采集、收集整理、编码、创建、传输和使用等环节。

航空数据链内的组织机构,包括航空运营人、数据服务供应商、原始设备制造商(OEM)、航电设备制造商、缔约国航行情报服务和数据服务专业机构等。

5.4.3.3　数据供应商资质

如果导航数据服务提供商能证明已符合定义的数据库制作规范性文件的要求,则可以获得相关组织或机构颁发的认可函(LOA)。LOA分为1类LOA和2类LOA。

在美国由FAA认定导航数据服务提供商的资质并颁发LOA,在欧洲由EASA负责认定并颁发LOA,在加拿大由交通部负责认定并颁发与LOA等效的确认函(AL)。欧洲、美国、加拿大三方相互认可LOA资质,中国民航局也认可这三方颁发的LOA。

1. 1类LOA

1类LOA证明持有人具备航空数据处理资质,数据处理过程符合ED-76/RTCA DO-200A数据质量的要求,航空数据按ARINC 24标准处理。1类LOA不涉及预期功能或特定航电系统的兼容问题[19]。1类LOA供应商不能将导航数据库直接交付给终端用户使用。

2. 2类LOA

2类LOA证明持有人具备航空数据处理资质,数据处理过程符合RTCA DO-200A/ED-76A数据质量的要求,将1类LOA提交的ARINC 424格式数据根据目标航电要求格式化,其交付的数据与特定的航电系统兼容。加拿大AL等效于2类LOA[20-21]。

2类LOA供应商将ARINC 424文件按目标航电要求打包后生成导航数据库,可以直接将导航数据库交付给终端用户使用。终端用户须经过严格检查和比对后,才能将导航数据库装载到机载航电上使用,并且必须确保该数据库在AIRAC生效之内才能使用。

3. LOA持有人

截至2015年12月,已获得EASA颁发1类LOA的主要持有人有:NavTech公司、

Lufthansa Flight Nav 公司、Jeppesen 公司(德国)。

截至 2015 年 12 月,已获得 FAA 颁发 2 类 LOA 和加拿大颁发 AL 的主要持有人有:GARMIN 国际公司、Jeppesen Sanderson 公司(美国)、Honeywell Arcospace 公司、Rockwell Collins 公司、GE 公司、Thales 公司、Smiths Aerospace 公司、Universal Avionics Systems 公司、CMC 电子公司(加拿大)。

5.5　PBN 实施过程及实例

5.5.1　PBN 实施过程

各国/地区民航实施 PBN,可以分三个过程来实施:

过程 1:明确需求。各国/地区通过空域概念(即 CNS/ATM)确定 PBN 战略和运行要求,评估本国/地区机队装备和通信、导航和监视/空中交通管理基础设施,并确定导航功能要求。

过程 2:确定导航规范。确定国际民航组织建议的导航规范的是否达到了空域概念的各项目标,是否提供了所需的导航功能,以及是否支持了由过程 1 中确定的机队装备和通信、导航和监视/空中交通管理基础设施,过程 2 可能需要审查过程 1 中所明确的空域概念和所需导航功能,以确定平衡点。

过程 3:规划与实施。制定本国/地区 PBN 实施计划,为 PBN 实施提供实用的指导,从而使导航要求转化为具体实施。

5.5.2　广州/白云机场 RNAV 运行实例

我国已在多个机场设计 RNAV 1 进离场程序并正式运行,包括广州/白云机场、北京/首都机场、深圳/宝安机场、上海/虹桥机场、上海/浦东机场等。广州/白云机场是我国第一个正式运行 RNAV 1 进离场程序的机场。

2006 年 6 月 26 日,广州/白云机场 RNAV 1 进离场飞行程序获民航局批准。2010 年 1 月 1 日至 4 月 7 日,广州/白云机场区域导航(RNAV 1)飞行程序全面实施过渡期,部分时段(每天 21:00 到次日 10:00)强制实施。从 2010 年 4 月 8 日零时起,广州/白云机场全面实施 RNAV 1 终端区区域导航运行。

广州/白云机场 RNAV 终端区运行与传统运行相比较,存在诸多不同差异。在公布的国家航行资料汇编(NAIP)上,主要存在以下差异。

1. 航图标识不同

以 02L 跑道离场图为例,在 NAIP 图上传统标准仪表离场(SID)图标识为"RWY 02L",区域导航离场图标识为"RNAV RWY 02L",如图 5.14 所示。

2. 航路布局和结构不同

传统标准仪表离场(SID)图和标准仪表进场(STAR)图上,航路点为终端区导航台(如 VOR/DME 台)或者由终端区导航台(VOR/DME)确定的距离/方位交叉定位点

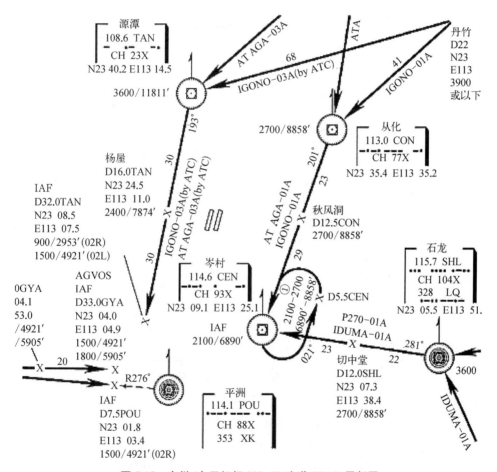

图 5.14　广州/白云机场 02L 跑道仪表离场图标识

（a）传统程序　　　　（b）RNAV程序

（intersection），如图 5.15 所示。而区域导航离场（RNAV SID）图和区域导航进场（RNAV STAR）图上，区域导航航路点（Waypoint）为经纬度坐标点。坐标点可以是导航台，也可以是空间坐标点，如图 5.16 所示。因此，区域导航航路结构与传统航路结构相比较，布局更为灵活，可以提高终端区飞行运行流量。

图 5.15　广州/白云机场 02L/R 跑道 STAR 局部图

3. 机载系统要求不同

PBN 运行框架下的 RNAV SID/STAR 运行，在终端区图上对运行所需要的机载区域导航系统有明确的规定。如广州/白云机场 02L 跑道 RNAV STAR 图上，明确要求必须使用 GNSS 或者 DME/DME/RU 导航，同时要求使用雷达监视，如图 5.17 所示。

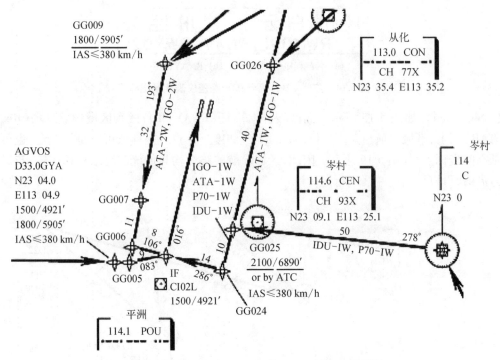

图 5.16　广州／白云机场 02L 跑道 RNAV STAR 局部图

1. 速度限制：
　　进场 3 300 米以下最大 IAS 460 km/t(250 kt)；
　　等待最大 IAS 380 km/h(205 kt)。
2. 在雷达管制时,实际飞行高度听从 ATC 指令。
3. 使用 ATA-2W、IGO-2W 需经 ATC 许可。
4. 双跑道同时仪表进近时：
　　(1) 使用 P70-1W、ATA-1W、IGO-1W、IDU-1W 需经 ATC 许可；
　　(2) 在 GG025-CI 02L 段使用 P70-1W、ATA-1W、IGO-1W、IDU-1W 需严格
　　　　按照 ATC 给定高度或航迹指令运行。
5. 雷达监视。要求 GNSS 成 DME/DME/IRU、RNAV 1。
6. 本程序使用坐标与 WGS-84 运行等效。

图 5.17　广州／白云机场 RNAV 1 运行机载系统要求

4. 管制要求不同

RNAV 1 运行除了要求雷达监视、使用与 WGS-84 等效坐标系或 WGS-84 坐标系外,对航路段的使用也有要求,具体要求如图 5.17 所示。图中"严格按照 ATC 给定高度或航迹指令运行",是为了管制间隔保持、导航信号的覆盖和精度保持,偏离航迹运行不能保证 DME/DME 导航服务的有效性。

5.5.3　RNP AR 飞行程序设计实例

5.5.3.1　飞行程序设计的主要内容

飞行程序设计的要素主要包括航段长度、航段与航段的对正、梯度设计、保护区大小、

超障余度。RNP AR 飞行程序也不例外,但与 RNP APCH 最大的区别是 RNP AR 的保护区半宽规定为 2×RNP,不存在缓冲区或副区,都为主区[22]。RNP AR 飞行程序设计主要考虑 RNP 值的选择、指示空速的选择、下降梯度要求等。表 5.4 列出了可适用于特定仪表程序航段的 RNP 值。表 5.5 给出了不同类型航空器指示空速限制。表 5.6 和表 5.7 给出了不同航段的下降梯度限制和最大垂直航径角。

表 5.4 特定仪表程序航段的 RNP 值

航 段	RNP AR 的 RNP 值		
	最 大	标 准	最 小
进 场	2	2	1.0
起 始	1	1	0.1
中 间	1	1	0.1
最 后	0.5	0.3	0.1
复 飞	1	1	0.1

表 5.5 不同类型航空器指示空速限制

航 段	各类航空器的指示空速/(km/h)				
	A 类	B 类	C 类	D 类	E 类
起始、中间	280	335	445	465	467
最 后	185	240	295	345	按规定
复 飞	205	280	445	490	按规定
最小空速限制/(km/h)					
起 始	204	259	389	389	按规定
最 后	185	222	259	306	按规定
中 间	204	259	333	333	按规定
复 飞	185	241	306	343	按规定

表 5.6 不同航段的下降梯度限制

航 段	下 降 梯 度	
	标 准	最 大
进 场	4%(2.4°)	8%(4.7°)
起 始	4%(2.4°)	8%(4.7°)
中 间	2.5%(1.4°)	等于最后航段梯度
最 后	5.2%(3°)	见表 5.8

表 5.7 最大垂直航径角

航空器类型	垂直航径角/(°)	梯度/%
A<150 km/h	6.4	11.2
150 km/h≤A<167 km/h	5.7	9.9

航 空 器 类 型	垂直航径角/(°)	梯度/%
B	4.2	7.3
C	3.6	6.3
D	3.1	5.4

　　在 RNP AR 进近程序设计中,起始进近航段和中间进近航段设计与 RNP APCH 差别不大,但保护区不一样,且 RNP AR 在起始和中间进近航段都可以使用 RF 航段。与 RNP APCH 区别最大、最为复杂和困难的就是最后进近和复飞航段,RNP APCH 飞行程序设计的最后进近和复飞是通过障碍物评价面(APV－OAS)评价障碍物[23],而 RNP AR 飞行程序是由两个障碍物评价面(OAS)规定超障余度。

　　(1) 基于气压高度表系统的 VEB 的最后进近面,如图 5.18 所示。

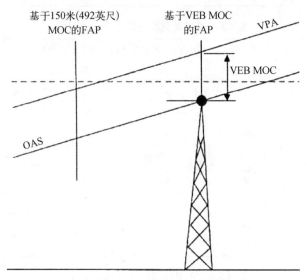

图 5.18　基于 VEB 的最后进近面

　　(2) 基于过渡距离(TrD)的水平面和复飞(Z)面。RNP AR 进近程序的最后进近航段通常由于障碍物或空域限制不得不要求设计 RF 航段,但为了确保最后进近飞机有足够的时间和距离对正跑道,根据 ICAO DOC 9905 规范的要求,最后进近 RF 航段滚出点(FROP)距离跑道入口必须同时满足下列两项要求[22]:① 在着陆跑道入口点标高上方 150 m(492 ft)对正跑道要求的距离 D_{150},单位为 m;② 依据最快航空器在 ISA+15℃、机场标高、15 秒(当复飞基于 RNP 1.0 或 1.0 以上时)或 50 秒(当复飞 RNP 小于 1.0 或者复飞基于 RNP APCH 时)的 15 节顺风对应的距离 D_{15} 或 D_{50},单位为 m。

$$D_{150} = \frac{150 - RDH}{\tan VPA} \tag{5-2}$$

$$D_{15} = \frac{HATh - RDH}{\tan VPA} + (V_{TAS} + 27.78) \times 4.167 \qquad (5-3)$$

$$D_{50} = \frac{HATh - RDH}{\tan VPA} + (V_{TAS} + 27.78) \times 13.89 \qquad (5-4)$$

式中,RDH 为跑道入口基准高,通常为 15 m;VPA 为垂直航径角,标准设计航径角为 3°;HATh 为跑道入口以上高,单位为 m,即决断高;V_{TAS} 为真速,单位为 km/h。

最后进近航段 VEB 的 MOC 是采用平方和根方式(RSS)得到已知的三倍标准偏差的 3σ 值,乘以 4/3,求取四倍标准偏差 4σ 的值,再加上偏移误差来确定总的 MOC。

$$MOC = bg - Isad + \frac{3}{4}\sqrt{Anpe^2 + Wpr^2 + Fte^2 + Ase^2 + Vae^2 + Atis^2} \qquad (5-5)$$

$$Anpe = 1.225 \times RNP \times 1\,852 \times \tan VPA \qquad (5-6)$$

$$Wpr = 18 \times \tan VPA \qquad (5-7)$$

$$Ase = -2.887 \times 10^{-7} \times (elev)^2 + 6.5 \times 10^{-3} \times (elev) + 15 \qquad (5-8)$$

$$Vae = \left(\frac{elev - LTP_{elev}}{\tan VPA}\right) \times [\tan VPA - \tan(VPA - 0.01°)] \qquad (5-9)$$

式中,elev 为机场标高;bg 为机体几何误差,$bg = 40 \times \sin\gamma$,$\gamma$ 为坡度角;Isad 为国际标准大气温度偏差;Anpe 为实际导航性能误差;Wpr 为航路点分辨率误差;Fte 为飞行技术误差,取常值 23 m;Ase 为高度测量系统误差;Vae 为垂直角度误差;Atis 为终端自动情报系统,取常值 6 m。

复飞航段的开始爬升点位置 SOC 计算公式:

$$X_{soc} = [(OCH - RDH)/\tan VPA] - TrD \qquad (5-10)$$

式中,TrD 为过渡距离。

$$TrD = \frac{t \times MaxGndSpeed}{3\,600} + \frac{4}{3}\sqrt{Anpe^2 + Wpr^2 + Fte^2} \qquad (5-11)$$

式中,t 为过渡时间,取 15 s;MaxGndSpeed 为最大地速,需要考虑顺风;Anpe、Wpr 和 Fte 取值与前面相同。

5.5.3.2　实例分析

本小节以某机场某个跑道方向为例,设计 RNP AR 进近程序,设计进近程序 RNP 值为 0.3,复飞 RNP 为 1,复飞限速 306 km/h,复飞爬升梯度为标准的 2.5%[24]。

考虑运行 C 类航空器,最后进近速度使用 295 km/h。因此滚出点距离入口的最短距离 D_{FROP} 计算如表 5.8 所示。考虑实际运行的情况设置 D_{FROP} 距离跑道入口 3.5 n mile(6 482 m),满足最短距离要求。复飞过渡距离和起始爬升位置 SOC 的计算如表 5.9 所示。

表 5.8　滚出点距离入口的最短距离计算

参 数 名 称	值	计 算 公 式	参 数 名 称	值	计 算 公 式
入口标高/m	1 196.4		RDH/m	15	
IAS/(km/h)	295	C 类飞机标准速度	HATh/m	165	OCH
FAP 高度 ALT/m	1 800	FAP 标准高度	D_{15}/m	4 357	
TAS/(km/h)	331		D_{150}/m	2 576	
VPA/(°)	3	标准 VPA	D_{FROP}/m	4 357	

表 5.9　RNP AR 复飞过渡距离和 SOC 计算

参　　数	值	参　　数	值
IAS/(km/h)	306	风速 VW/(km/h)	19
机场标高 ALT/m	1 196.4	时间/s	15
TAS/(km/h)	332.9	过渡距离 TRD/m	3 082.1
RNP/n mile	1	DH/m	165
VPA/(°)	3	XSOCcatC/m	−219.9
RDH/m	15		

经分析 FAP 的程序高度定为 1 800 m,最后进近航段控制障碍物海拔为 1 300 m,距离入口 1 620.8 m,进行最后进近控制障碍物的超障评估。经计算 OCH 为 165 m。

此外对目视超障面 VSS 进行评估后确定没有障碍物穿透目视超障面。

5.5.4　RNP 运行参考页面

在 RNP 运行期间,机组需要参考使用多个与 RNP 运行相关的 CDU 页面,以及相关的告警信息和失效警告灯等。不同机型和不同航电设备,FMS 的 CDU 显示格式和内容不尽相同。以下示例中,CDU 页面内容来源于某公司 B737NG 机型 FCOM 手册。

1. 位置参考页面

CDU 位置参考页面如图 5.19 所示,该页面显示不同的导航源计算的航空器位置。在该

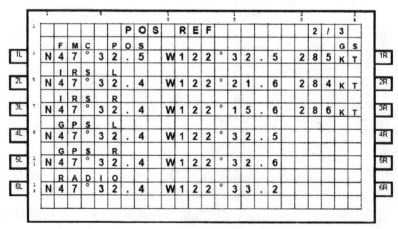

图 5.19　CDU 位置参考页面

页面可以看出,FMC 计算的综合位置,IRS 位置、GPS 位置和无线电导航位置可能存在差异。

2. 位置偏移页面

CDU 位置偏移页面如图 5.20 所示,该页面显示表明,左/右两套 FMC 独立计算的位置不同,并且显示独立导航源计算的位置与 FMC 计算位置之间的关系。在 4L 处显示,RNP 值为 2.8 n mile,当前计算的 ANP 值为 0.15 n mile。

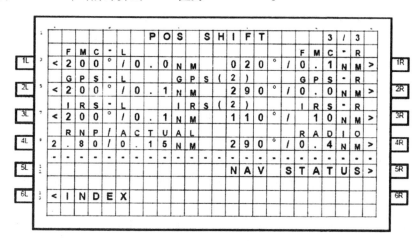

图 5.20　CDU 位置偏移页面

3. 导航状态页面

CDU 导航状态页面如图 5.21 所示,该页面显示当前航空器的导航状态,包括无线电导航设施类型、频率及呼号。同时显示冗余导航系统,包括 2 部 GPS 和 2 部 IRS。

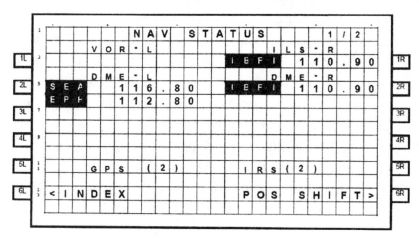

图 5.21　CDU 导航状态页面

参 考 文 献

[1] ICAO. Aeronautical telecommunications[S]. Montreal：ICAO,2006.
[2] ICAO. Procedures for air navigation services — aircraft operations (PANS - OPS)
　　[S]. Montreal：ICAO,1986.

［ 3 ］ICAO. Performance based navigation（PBN）Manual［S］. 4th ed. Montreal：ICAO, 2013.

［ 4 ］中国民航局.基于性能的导航实施路线图［S］.2009.

［ 5 ］张光明,张飞桥.导航性能对 PBN 运行的影响［C］.烟台：第 30 届中国控制大会论文集,2011.

［ 6 ］ICAO. Performance based navigation（PBN）manual［S］. Montreal：ICAO, 2008.

［ 7 ］Stirting L, Mcconathy L, Bettardo B, et al. Code of federal regulations［M］. Washington：General Services Adminis, 2001.

［ 8 ］Service Aircraft Certification. Technical standard order［J］. Design, 2009, 1：1-7.

［ 9 ］中国民航局.RNAV5 运行批准指南［S］.2008.

［10］中国民航局.在航路和终端区实施 RNAV 1 和 RNAV 2 的运行指南［S］.2008.

［11］FAA. Airworthiness approval of positioning and navigation systems（AC 20-130A）［S］. Washington：FAA, 2014.

［12］ICAO. Air traffic management — procedures for air navigation services（PANS-ATM）［S］. 16 th ed. Montreal：ICAO, 2016.

［13］中国民航局.在海洋和偏远地区空域实施 RNP4 的运行指南［S］.2009.

［14］中国民航局.在终端区和进近中实施 RNP 的运行批准指南［S］.2010.

［15］中国民航局.民用航空机场运行最低标准制定与实施准则［S］.2011.

［16］朱代武,何光勤.目视和仪表飞行程序设计［M］.成都：西南交通大学出版社,2013.

［17］中国民航局.要求授权的特殊航空器和机组（SAAAR）实施公共所需导航性能（RNP）程序的适航与运行批准准则［S］.2006.

［18］中国民航局.航空运营人导航数据库管理规范［S］.2014.

［19］RTCA. Standards for processing aeronautical data［S］. Washington：RTCA, 1998.

［20］RTCA. Standards for aeronautical information［S］. Washington：RTCA, 2000.

［21］ARINC. Navigation system database［S］. 20th ed. Marland：ARINC, 2011.

［22］ICAO. Required navigation performance authorization required（RNP AR）procedure design manual［S］. Montreal：ICAO, 2009.

［23］朱代武,王冬冬,杨姝,等.PBN 飞行程序设计中障碍物评价辅助软件的开发研究［J］.科学技术与工程,2012,12(35)：9793-9799.

［24］陈红英,向小军.RNP AR 飞行程序设计方法及实例分析［J］.航空维修与工程,2014,(2)：44-46.